吉林大学本科"十三五"规划教材

控制工程导论

胡云峰　孙　吉　刘振泽　李寿涛　编

科 学 出 版 社

北　京

内 容 简 介

本书与工程实践紧密结合,对连续控制系统、离散控制系统、非线性系统等进行了描述,从控制系统的结构、分类、分析、设计出发,引出系统数学模型,对传递函数、动态结构图、典型环节等内容进行了细致的描述。本书重点对时域部分的系统阶跃响应分析、稳定性分析、稳态误差计算,频域部分的伯德图、幅相频率特性曲线、稳定裕度等内容进行了阐述,进而引入现代控制理论的相关内容,并针对控制方法在车辆工程中的应用给出了详细介绍。本书与"控制工程基础"慕课同步使用,便于读者学习。

本书结构紧凑、语言简练,讲解由浅入深、通俗易懂,可作为机械设计制造及其自动化、车辆工程、测控技术与仪器、过程装备及控制工程、机械电子工程、机械工程等相关专业本科生教材,也可作为系统与控制领域广大工程技术人员和科技工作者的学习参考书。

图书在版编目(CIP)数据

控制工程导论 / 胡云峰等编. —北京:科学出版社,2023.11
吉林大学本科"十三五"规划教材
ISBN 978-7-03-071017-8

Ⅰ.①控… Ⅱ.①胡… Ⅲ.①自动控制理论—高等学校—教材
Ⅳ.①TP13

中国版本图书馆 CIP 数据核字(2021)第 260806 号

责任编辑:姜 红 韩海童 / 责任校对:邹慧卿
责任印制:徐晓晨 / 封面设计:无极书装

科 学 出 版 社 出版
北京东黄城根北街 16 号
邮政编码:100717
http://www.sciencep.com

北京中石油彩色印刷有限责任公司 印刷
科学出版社发行 各地新华书店经销

*

2023 年 11 月第 一 版   开本:787×1092 1/16
2023 年 11 月第一次印刷   印张:14 1/2
字数:344 000

定价:66.00 元
(如有印装质量问题,我社负责调换)

前　　言

控制科学与工程学科涉及工业、农业、交通、环境、军事、生物、医学、经济、金融等领域。可以说，万事万物均离不开控制的元素，控制科学与工程学科与高等数学密切相关，是机械工程、计算机技术、仪器仪表工程、电气工程、电子与信息工程等领域蓬勃发展的基础。该学科涉及线性系统理论、非线性控制理论、大系统理论、人工智能、最优控制理论、最优估计理论和系统辨识、模式识别、系统工程、现代信号处理、自适应控制、计算机控制系统、网络与系统集成等纷繁复杂的内容，令诸多希望踏足控制领域的初学者望而却步。

"控制工程基础"是吉林大学为汽车工程学院、机械与航空航天工程学院、交通学院等相关本科专业开设的一门专业基础课，已经有数十年的建设历程，该课程内容具有理论和实践相结合的特点，目前为吉林省金课、吉林省精品在线开放课程和吉林省高校课程思政教学改革"学科育人示范课程"。该课程应用多种信息化教学手段，网上资源题库、试题、作业等内容丰富，并搭建了"基于控制工程基础课程原理的实验设计平台""基于 LabVIEW 的控制工程基础虚拟实验"等教学平台，可引导学生结合本专业理论解决相关的控制问题，实现对复杂工程问题建立相关的数学模型和化简，激发学生的学习热情。该课程深入浅出，受到了广大学生好评，取得了很好的教学效果。

本书是在"控制工程基础"课程建设的基础上，结合编者多年的教学实践，以经典控制理论为主要内容编撰而成，取材新颖、阐述严谨、内容丰富、重点突出、推导详尽、思路清晰、深入浅出、富有启发性，适于教学使用与读者自学。本书不仅系统地阐述了连续控制系统的分析和研究方法，对基本概念、数学模型、时域分析、频域分析及系统校正进行了较为全面且深入的讲解，同时也注重工程实践应用。

本书为吉林大学本科"十三五"规划教材。本书由胡云峰、孙吉、刘振泽和李寿涛共同编写，其中，胡云峰负责第 1、2、10 章的编写及习题的校验，孙吉负责第 3、4、8 章的编写，刘振泽负责第 5～7 章的编写及全书的统稿，李寿涛负责第 9 章的编写。本书在编写过程中得到了吉林大学通信工程学院"控制工程基础"课程组全体教师的鼎力支持，在此表示深深的谢意。

由于编者水平有限，书中不足之处在所难免，敬请各位读者批评指正。

编者

2022 年 11 月 26 日

目　　录

前言

1 自动控制的一般概念 ·· 1

  1.1 控制、自动控制及自动控制系统 ·· 1

  1.2 自动控制的基本控制方式 ··· 1

    1.2.1 开环控制 ··· 1

    1.2.2 反馈控制 ··· 4

    1.2.3 复合控制 ··· 5

  1.3 反馈控制系统的基本结构及分类 ·· 6

    1.3.1 反馈控制系统基本结构 ··· 6

    1.3.2 反馈控制系统分类 ··· 6

  1.4 控制工程基础概要 ·· 7

    1.4.1 系统建模 ··· 7

    1.4.2 系统分析 ··· 7

    1.4.3 自动控制系统校正 ··· 7

2 控制系统的数学模型 ·· 8

  2.1 控制系统的时域数学模型 ··· 8

    2.1.1 控制系统时域数学模型建立的基本方法 ·· 8

    2.1.2 控制系统时域数学模型建立示例 ··· 9

    2.1.3 非线性微分方程线性化 ·· 11

  2.2 控制系统的复数域数学模型 ··· 12

    2.2.1 传递函数 ·· 12

    2.2.2 典型环节传递函数 ·· 16

  2.3 控制系统结构图及其简化 ·· 22

    2.3.1 控制系统结构图基本单元、概念及画法 ·· 22

    2.3.2 控制系统结构图简化 ··· 23

  2.4 控制系统的信号流图 ·· 34

    2.4.1 系统信号流图画法 ·· 35

    2.4.2 根据系统的信号流图求取闭环传递函数 ·· 37

小结 ……………………………………………………………………………………… 39
习题 ……………………………………………………………………………………… 39

3 线性定常系统的时域分析法 ……………………………………………………………… 42
  3.1 典型输入信号 ……………………………………………………………………… 42
  3.2 线性定常系统的稳定性分析 ……………………………………………………… 43
    3.2.1 稳定性的概念 ………………………………………………………………… 43
    3.2.2 系统稳定的充要条件 ………………………………………………………… 44
    3.2.3 系统的稳定判据 ……………………………………………………………… 45
    3.2.4 劳斯-赫尔维茨判据应用 …………………………………………………… 47
  3.3 线性定常系统的动态性能分析 …………………………………………………… 50
    3.3.1 典型二阶系统动态性能分析 ………………………………………………… 51
    3.3.2 典型二阶系统动态性能指标 ………………………………………………… 54
    3.3.3 改善典型二阶系统动态性能的方法 ………………………………………… 56
    3.3.4 高阶系统动态性能分析 ……………………………………………………… 58
  3.4 线性定常系统稳态误差的计算 …………………………………………………… 59
    3.4.1 系统误差及系统稳态误差的概念 …………………………………………… 59
    3.4.2 系统稳态误差的计算 ………………………………………………………… 61
    3.4.3 反馈系统在扰动作用下系统稳态误差的计算 ……………………………… 64
    3.4.4 复合控制系统稳态误差的计算 ……………………………………………… 65
  小结 ………………………………………………………………………………………… 67
  习题 ………………………………………………………………………………………… 68

4 线性系统的根轨迹 ………………………………………………………………………… 71
  4.1 根轨迹与根轨迹方程 ……………………………………………………………… 71
    4.1.1 根轨迹 ………………………………………………………………………… 71
    4.1.2 根轨迹中系统闭环传递函数零极点与开环传递函数零极点的关系 ……… 72
    4.1.3 根轨迹方程 …………………………………………………………………… 73
  4.2 根轨迹绘制的基本法则 …………………………………………………………… 74
  4.3 系统根轨迹的绘制实例 …………………………………………………………… 76
  4.4 系统性能的根轨迹分析 …………………………………………………………… 79
    4.4.1 系统性能的定性分析 ………………………………………………………… 79
    4.4.2 附加开环零点对系统性能的改善 …………………………………………… 80
  小结 ………………………………………………………………………………………… 83
  习题 ………………………………………………………………………………………… 83

5 线性定常系统的频域分析法 ……………………………………………………………… 84
  5.1 频率特性的基本概念及几何表示方法 …………………………………………… 84
    5.1.1 频率特性的基本概念 ………………………………………………………… 84

5.1.2　频率特性的几何表示方法 ·· 85

　　5.2　典型环节频率特性绘制及特点 ·· 87

　　　　5.2.1　比例环节 ·· 88

　　　　5.2.2　惯性环节 ·· 89

　　　　5.2.3　积分环节 ·· 90

　　　　5.2.4　微分环节 ·· 92

　　　　5.2.5　振荡环节 ·· 94

　　　　5.2.6　不稳定惯性环节 ·· 96

　　5.3　闭环系统的开环频率特性绘制 ·· 98

　　　　5.3.1　开环频率特性绘制方法 ·· 98

　　　　5.3.2　开环对数幅频特性及对数相频特性绘制 ······························ 101

　　5.4　系统稳定性的频域判据 ·· 103

　　　　5.4.1　奈奎斯特稳定判据 ·· 103

　　　　5.4.2　对数稳定判据 ·· 106

　　5.5　系统稳定裕度 ·· 107

　　5.6　最小相位系统开环对数幅频特性与闭环系统 动态及稳态性能的关系 ·· 110

　　　　5.6.1　$L(\omega)$ 低频段与系统稳态误差的关系 ····························· 110

　　　　5.6.2　$L(\omega)$ 斜率对 $r(\omega_c)$ 的影响 ································ 111

　　　　5.6.3　开环增益 K 对 $r(\omega_c)$ 的影响 ································ 112

　　　　5.6.4　$r(\omega_c)$、ω_c 与系统动态性能的关系 ··············· 114

　小结 ··· 116

　习题 ··· 116

6　线性定常系统的校正 ·· 120

　　6.1　线性定常系统校正的概念、方式和方法 ··· 120

　　　　6.1.1　线性定常系统校正的概念 ·· 120

　　　　6.1.2　线性定常系统校正的方式 ·· 120

　　　　6.1.3　线性定常系统校正的方法 ·· 122

　　6.2　常用校正装置及其控制规律 ··· 122

　　　　6.2.1　超前校正及其装置 ·· 123

　　　　6.2.2　滞后校正及其装置 ·· 123

　　　　6.2.3　滞后超前校正及其装置 ·· 124

　　6.3　应用频域分析法进行串联校正的基本方法及步骤 ···························· 127

　　6.4　工程设计方法 ·· 130

　　　　6.4.1　典型 "I" 型系统设计方法 ·· 130

　　　　6.4.2　典型 "II" 型系统设计方法 ·· 132

　　6.5　线性定常系统的复合控制校正 ·· 135

小结 ……………………………………………………………………………………… 137

习题 ……………………………………………………………………………………… 138

7　线性采样系统分析 ………………………………………………………………… 140

7.1　离散采样系统的基本概念 ………………………………………………………… 140

7.2　z 变换理论 ……………………………………………………………………… 141

7.2.1　z 变换定义 ………………………………………………………………… 141

7.2.2　典型信号的 z 变换 ………………………………………………………… 142

7.2.3　z 变换定理 ………………………………………………………………… 143

7.2.4　z 变换说明 ………………………………………………………………… 147

7.2.5　z 变换的局限性 …………………………………………………………… 147

7.3　采样与信号保持 …………………………………………………………………… 148

7.3.1　采样过程数学描述 …………………………………………………………… 148

7.3.2　采样定理 ……………………………………………………………………… 149

7.3.3　信号的复现与保持器 ………………………………………………………… 150

7.4　脉冲传递函数 ……………………………………………………………………… 152

7.4.1　脉冲传递函数的定义 ………………………………………………………… 152

7.4.2　脉冲传递函数与差分方程的关系 …………………………………………… 153

7.4.3　脉冲传递函数的求法 ………………………………………………………… 154

7.4.4　串联环节的脉冲传递函数 …………………………………………………… 154

7.4.5　有零阶保持器的开环脉冲传递函数 ………………………………………… 155

7.4.6　闭环系统脉冲传递函数 ……………………………………………………… 156

7.5　离散采样系统的性能分析 ………………………………………………………… 158

7.5.1　离散采样系统稳定性分析 …………………………………………………… 158

7.5.2　离散采样系统的系统稳态误差计算 ………………………………………… 160

7.5.3　离散采样系统的动态性能分析 ……………………………………………… 161

7.6　离散采样系统和连续系统的性能对比 …………………………………………… 163

小结 ……………………………………………………………………………………… 164

习题 ……………………………………………………………………………………… 165

8　控制系统的状态空间分析 ………………………………………………………… 167

8.1　状态空间分析法的基本概念 ……………………………………………………… 167

8.2　线性系统状态空间模型的建立 …………………………………………………… 168

8.2.1　利用系统微分方程建立状态空间方程 ……………………………………… 168

8.2.2　利用系统传递函数建立状态空间方程 ……………………………………… 170

8.2.3　线性系统的状态空间方程与传递函数的关系 ……………………………… 171

8.2.4　状态空间方程之间的转换 …………………………………………………… 171

8.3　线性系统状态空间方程的求解 ·· 172

8.3.1　线性系统状态空间方程的解 ·· 172

8.3.2　状态转移矩阵及其性质 ·· 172

8.3.3　状态转移矩阵求取 ·· 173

8.3.4　线性系统的输出方程 ·· 173

8.4　线性系统的可控性和可观测性 ·· 173

8.4.1　线性系统的可控性 ·· 174

8.4.2　线性定常系统的状态可控性的代数判据 ·· 174

8.4.3　线性系统的可观测性 ·· 174

8.4.4　线性定常系统的状态可观测性的代数判据 ·· 174

8.4.5　对偶原理 ·· 175

8.5　线性系统状态空间的标准型 ·· 175

8.5.1　可控标准型 ·· 175

8.5.2　可观测标准型 ·· 175

8.6　线性系统的状态反馈和输出反馈 ·· 176

8.6.1　线性系统的状态反馈 ·· 176

8.6.2　线性系统的输出反馈 ·· 177

8.6.3　状态观测器 ·· 178

8.6.4　分离定理 ·· 179

8.7　李雅普诺夫稳定性分析 ·· 180

8.7.1　相关数学基础 ·· 180

8.7.2　李雅普诺夫意义下稳定性的含义 ·· 181

8.7.3　李雅普诺夫第二法 ·· 182

8.7.4　李雅普诺夫第二法在线性定常系统中的应用 ·· 183

小结 ·· 183

习题 ·· 184

9　MATLAB 的应用 ·· 185

9.1　MATLAB 与控制系统的数学模型 ·· 185

9.1.1　线性连续系统的数学模型 ·· 185

9.1.2　线性离散系统的数学模型 ·· 187

9.1.3　数学模型间的变换 ·· 188

9.2　MATLAB 与控制系统的时域分析 ·· 190

9.2.1　线性系统的性能计算 ·· 190

9.2.2　稳定性分析 ·· 193

9.3　MATLAB 与控制系统的频域分析 ·· 194

9.3.1　奈奎斯特曲线的绘制 ·· 194

9.3.2　伯德图的绘制 ·· 196

9.3.3 幅值裕度和相位裕度的求取 ………………………………………… 197
9.4 MATLAB 与离散系统的分析 ……………………………………………… 197
9.4.1 离散系统的时域响应 ………………………………………………… 197
9.4.2 离散系统的稳定性分析 ……………………………………………… 200
9.5 MATLAB 与系统的根轨迹 ………………………………………………… 200
9.5.1 绘制系统的根轨迹 …………………………………………………… 200
9.5.2 计算系统根轨迹的增益及其他极点的计算 ………………………… 202
小结 …………………………………………………………………………………… 203
习题 …………………………………………………………………………………… 203

10 控制系统在车辆工程中的应用 ……………………………………………… 205
10.1 电子节气门控制系统 ……………………………………………………… 205
10.1.1 电子节气门结构 …………………………………………………… 206
10.1.2 节气门模型推导 …………………………………………………… 208
10.1.3 节气门系统中的 PID 控制 ………………………………………… 210
10.2 发动机怠速控制系统 ……………………………………………………… 212
10.2.1 发动机怠速模型的建立 …………………………………………… 212
10.2.2 发动机怠速控制器设计 …………………………………………… 215
小结 …………………………………………………………………………………… 221

参考文献 ……………………………………………………………………………… 222

1 自动控制的一般概念

自动控制原理是自动控制技术或自动化技术的基础理论，它是研究自动控制系统基本规律的技术科学，是科学方法论的一种。自动控制技术，在现代科学技术的众多领域中发挥着越来越重要的作用。例如，无人驾驶飞机按照预定航线自动升降和飞行，人造卫星准确地进入预定轨道运行并收回，这一切都是以高水平的自动控制技术为前提的。不仅如此，自动控制技术的应用范围已经扩展到生物、医学、环境、经济、管理和许多其他社会生活领域中。自动控制技术已经成为现代社会活动中不可缺少的重要组成部分。

1.1 控制、自动控制及自动控制系统

本节首先介绍控制、自动控制和自动控制系统这三个概念。

（1）控制就是人们为了达到某个目标，对被控对象某个物理量进行的操作。从这个意义来看，控制是广泛存在的。

（2）人工控制与自动控制的定义分别为：人们为了达到某个目标，对被控对象某个物理量进行的操作，是由人直接参与而实现的，称为人工控制；而人们为了达到某个目标，对被控对象进行的操作，在无人直接参与的情况下，使得被控对象的某个物理量按照指定的规律自动运行，则称为自动控制。

（3）自动控制系统是由控制器和被控对象共同组成且具有一定功能的整体。被控对象是指在一个控制系统中被控制的事物或生产过程。自动控制系统是自动控制原理的研究对象。

1.2 自动控制的基本控制方式

自动控制的基本控制方式，就是按什么方式对系统被控物理量进行控制的问题。从系统结构来看，无论是简单的系统还是比较复杂的系统，基本控制方式均有三种，即开环控制（顺馈控制）、反馈控制（闭环控制）和复合控制。

1.2.1 开环控制

下面以一个直流电源控制为例进行说明，如图 1-1 所示。

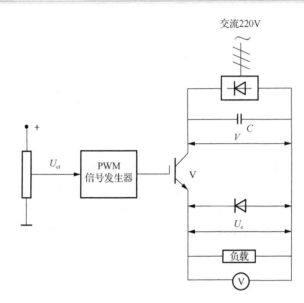

图 1-1　直流电源控制示意图

1. 系统组成

本系统是开环控制系统,由被控对象和控制器两部分组成。

(1) 被控对象:本系统中被控对象为直流电源,被控对象的输入量是脉冲宽度调制(pulse width modulation,PWM)信号发生器产生的脉冲序列信号,输出量是直流电源的输出可调电压 U_c。

(2) 控制器:本系统中的控制器是 PWM 信号发生器,其输入量 U_{ct} 是给定的,输出量是一系列周期一定、脉冲宽度受给定输入量控制的脉冲序列信号,也就是被控对象的输入量。

2. 控制目标

整个系统的目标是调压和稳压:调压是指输出电压在一定的范围内可以调节;稳压是指在给定不变的条件下,输出电压有干扰的情况下其值要基本保持不变。

3. 系统工作原理

(1) 直流电源通过一个整流装置把交流电压变成直流电压 U_0。

(2) 通过控制绝缘栅双极晶体管 V 导通时间长短来控制系统输出 U_c 大小,设定 U_{ct} 不变,如图 1-2 所示。

设在一个周期内,V 导通时间为 t_1 则输出电压为 U_{c1}(平均值),如图 1-3(a)所示,如果 V 导通时间为 t_2,则输出电压为 U_{c2}(平均值),如图 1-3(b)所示。可见 V 导通时间变长,输出电压 U_c 就会增加;V 导通时间不变,输出电压 U_c 也就不变(即稳压)。

总之,通过控制 V 在一个周期 T 内的导通时间长短来控制输出电压 U_c 大小(调压),V 导通时间不变,输出电压 U_c 就不变,

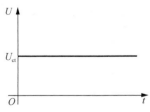

图 1-2　给定电压示意图

这就是系统的工作原理。

（3）利用PWM信号发生器来控制V导通时间长短，其工作原理如图1-4所示，输入是直流电压U_{ct}，当U_{ct}不变时，输出是等幅等宽的脉冲序列，脉冲宽度正比于U_{ct}。

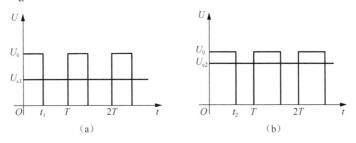

图1-3 不同给定电压下输出电压平均值示意图

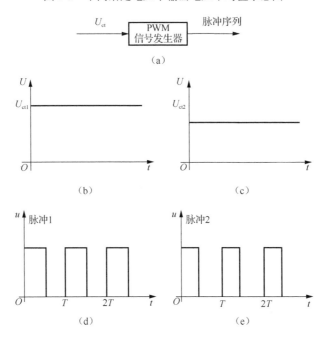

图1-4 PWM信号发生器工作原理图

PWM信号发生器工作原理如下：通过调节输入电压U_{ct}大小控制一个周期T内PWM信号发生器输出脉冲宽度，进而控制V导通时间长短，从而控制输出电压U_c大小。

当输入电压U_{ct}不变，PWM信号发生器输出脉冲宽度不变，V导通时间不变，则输出电压U_c不变，即稳压。

4. 开环控制概念

自动控制原理主要研究的问题是"控制问题"，即研究信号在系统中传递与变换的控制规律，通常用结构图描述。如图1-5所示，该系统信号传递最大特点是从输入信号U_{ct}到输出信号U_c只有单方向传递，从控制观点看，系统输出U_c仅受到输入信号U_{ct}的控制。具有这个控制特点的控制，称为开环控制，对应系统称为开环控制系统。

图 1-5 开环控制

5. 开环控制优缺点

开环控制的最大优点是结构简单、经济、调试和维修方便，因此对控制要求不高的系统常采用开环控制。但是开环控制没有抵抗扰动的能力，导致系统控制精度不高。使系统输出 U_c 偏离期望值的一切物理量称为扰动量，如本系统中交流电压波动和负载效应都是扰动量。比如，理想情况下，当 U_{ct} 一定时，V_t 导通时间不变，U_c 就应维持恒定；但是当电网电压 $U\sim$ 波动时，U_0 也波动，结果就是 U_c 偏离希望的目标值，即稳压精度不高。

1.2.2 反馈控制

扰动量是客观存在的，使系统具有抗扰能力是提高系统控制精度的关键。下面我们首先从人工控制找出控制规律，然后按这个规律组成反馈控制。

1. 人工控制

设系统输出变量期望值（目标）为 U_{cr}，用电压表测量输出实际电压值为 U_c，将 U_c 与 U_{cr} 进行比较，如果 $U_{cr} > U_c$，则人工调高 U_r，使 U_c 上升与 U_{cr} 相等，如果 $U_c > U_{cr}$，则人工调低 U_r，使 U_c 降低与 U_{cr} 相等。

可见在人工控制中不管什么扰动，只要输出实际值 U_c 和期望值 U_{cr} 有偏差，就去调节 U_r 使 U_c 等于 U_{cr}，即消除偏差。其控制规律是 U_c 变化总与 U_r 变化相反，即按偏差 $U_{cr} - U_c = \Delta u$ 的规律来控制。

2. 按人工控制规律组成自动控制

（1）组成：①设给定期望值 $U_r^* = \alpha U_{cr}$（给定输入或期望输入）；②用一个电位器分压，即测量实际电压 $U_b = \alpha U_c$；③用一个运算放大器代替人脑对 U_{cr} 与 U_c 进行比较和运算放大，即

$$U_{ct} = K_p \Delta u = K_p (\alpha U_{cr} - \alpha U_c) = K_p \alpha (U_{cr} - U_c) \tag{1-1}$$

电源反馈控制原理图如图 1-6 所示，图中 R_0 和 R_3 大小相等。

（2）反馈控制概念。

系统结构图如图 1-7 所示，从图中可知该系统控制变量由输入 U_r^* 和输出 U_c 共同组成，也就是说，被控物理量 U_c 不仅受系统输入 U_r^* 控制，同时也受输出 U_c 反馈的调节。自身构成一个闭环回路，具有这个特征的控制称为反馈控制或闭环控制，对应的系统称反馈控制系统，一般都是负反馈，即 U_r^* 与 U_b 极性相反。

所以反馈控制基本原理是按偏差进行控制，有偏差就会产生控制作用，这样控制作用会使偏差减小或消除。可见反馈控制系统服从给定 U_r^*，抵抗扰动，控制精度高。

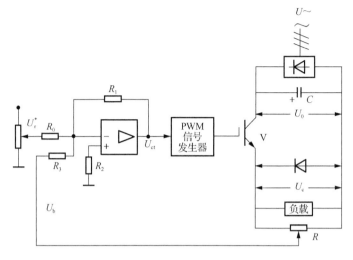

图 1-6 电源反馈控制原理图

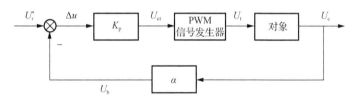

图 1-7 系统结构图

1.2.3 复合控制

反馈控制和开环控制共同组成的控制，称为复合控制，对应系统又称复合控制系统，其结构如图 1-8 所示。

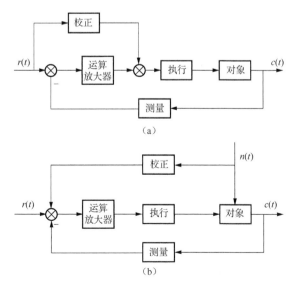

（a）

（b）

图 1-8 复合控制系统框图
注：$r(t)$ 是系统的输入，$c(t)$ 是系统的输出，$n(t)$ 是系统的扰动

1.3 反馈控制系统的基本结构及分类

1.3.1 反馈控制系统基本结构

反馈控制系统基本结构如图 1-9 所示。图中 $c(t)$ 为系统输出量，即被控制的物理量；$n(t)$ 为扰动量；$r(t)$ 为给定输入量；$b(t)$ 是主反馈量；$e(t)$ 为偏差量，$e(t)=r(t)-b(t)$。

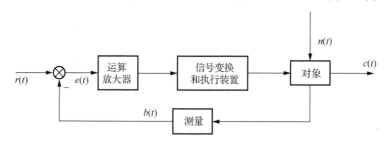

图 1-9 反馈控制系统基本结构图

1.3.2 反馈控制系统分类

控制系统有很多分类方法，一般按下面三种情况进行分类。

1. 按描述控制系统输出量与输入量之间关系的微分方程分类

（1）用线性微分方程描述系统输入量和输出量关系，称线性控制系统，即

$$a_n\frac{\mathrm{d}^n X_0(t)}{\mathrm{d}t^n}+a_{n-1}\frac{\mathrm{d}^{n-1}X_0(t)}{\mathrm{d}t^{n-1}}+\cdots+a_0 X_0(t)=b_m\frac{\mathrm{d}^m X_i(t)}{\mathrm{d}t^m}+\cdots+b_0 X_i(t) \tag{1-2}$$

式中，如果 $a_i(i=0,1,\cdots,n)$ 及 $b_j(j=0,1,\cdots,m)$ 均为常数且 $m\leqslant n$，则称该系统为线性定常系统，若各项系数随 t 变化，则称该系统为线性时变系统，经典控制理论主要研究线性定常系统。

（2）用非线性微分方程描述的系统，称为非线性控制系统。

2. 按给定输入量 $r(t)$ 变化规律分类

（1）恒值控制系统。当输入量 $r(t)$ 是一个阶跃函数即常值，要求输出量 $c(t)$ 也是一个常值，这类系统称为恒值控制系统，如恒速、恒流、恒压和恒温等控制系统称恒值控制系统，这类系统着重研究抗扰问题。

（2）随动控制系统。当输入量 $r(t)$ 是随着时间变化的未知函数，要求输出量以尽可能小的误差快速跟随输入量 $r(t)$ 变化，这类系统称为随动控制系统。

（3）程序控制系统。当输入量 $r(t)$ 是已知的时间函数，要求输出量 $c(t)$ 迅速而准确地复现输入量 $r(t)$，这类系统称为程序控制系统。

3. 按系统内部信号性质分类

（1）连续控制系统，即系统内部信号处处都是时间的连续函数。

（2）离散控制系统，即系统内部一处或多处的信号是时间离散函数。

1.4 控制工程基础概要

控制工程基础研究对象是自动控制系统，研究内容包括系统建模、系统分析及自动控制系统校正三个方面。

1.4.1 系统建模

系统建模主要包括系统的时域模型、复数域模型、结构图、传递函数、信号流图、根轨迹、频域模型等，重点是系统的复数域数学模型的建立方法。

1.4.2 系统分析

系统分析是指在已知系统数学模型和参数的基础上，分析研究系统在某些典型输入作用下的运动规律，主要有以下三方面。

1. 系统稳定性分析

系统稳定性是任何一个系统能正常工作的必要条件。本书第 3 章给出系统稳定性概念、稳定的充要条件、稳定性判据以及分析系统稳定的方法。

2. 系统动态性能分析

在系统稳定基础上，研究系统在单位阶跃函数信号作用下系统输出量 $c(t)$ 的运动规律，并给出评价系统动态性能指标的计算公式和改善系统性能指标的方法。

3. 系统稳态响应分析

系统稳态响应分析就是在系统稳定的基础上，提出系统误差及系统稳态误差的定义，并给出不同输入信号作用下不同类型系统稳态误差的计算公式和计算方法，以及改善系统稳态误差的方法。

1.4.3 自动控制系统校正

我们知道被控对象本身有其固有的性能指标，但是它本身的性能指标一般不能满足生产过程和工艺所希望达到的性能指标，因此我们希望应用上述基本理论来解决这个问题使系统满足指标要求，称为系统校正，这也是一个比较重要的问题。本书后文主要介绍两种校正方法，即分析法和工程设计方法。

2 控制系统的数学模型

要分析和设计自动控制系统，要先建立系统的数学模型，这里仅讨论线性定常单变量物理系统的数学模型。自动控制系统的数学模型，是描述物理系统的物理模型中输入变量与输出变量之间关系的数学方程。系统模型，简单地说就是一个理想化的物理系统，即已知物理系统，根据其工作原理及使用环境，深入进行分析，抓住其主要矛盾，在一定条件下，将一些次要因素忽略不计，使系统模型既相对简单，又能反映系统的基本特性，进而便于工程应用和分析。

通常建立线性定常单变量连续系统的数学模型方法有分析法和实验法。本章仅讲述根据系统工作原理进行深入分析来建立其数学模型的方法。线性定常单变量连续系统的数学模型有两种形式：一是以时间 t 为自变量的数学模型，称时域数学模型，这种数学模型是系统数学模型的基础形式；二是以 s（复数）为自变量的数学模型，称复数域数学模型，这种形式是工程上广泛应用的形式。

2.1 控制系统的时域数学模型

系统时域数学模型，就是描述系统物理模型的数学方程，是以时间 t 为自变量的数学方程，简单地说就是描述系统物理模型的微分方程。建立系统的微分方程，需要掌握一定的基本理论知识，例如微积分、物理、电工电子技术等。本节重点讲述如何应用这些基本理论知识，结合实际系统，去建立系统的物理模型及确立其数学模型微分方程的方法。

2.1.1 控制系统时域数学模型建立的基本方法

自动控制系统有简单和复杂之分。但是，建立系统数学模型的方法是相同的，基本方法如下。

（1）根据数学模型的概念，建立其物理模型，方法包含两个步骤。首先，根据物理系统工作原理及系统每个装置之间的变量关系，将系统分成若干部分，并确定每部分的输入变量和输出变量。然后，根据每部分的工作原理及元件特性，分别建立其物理模型。

（2）建立系统微分方程组，根据支配每部分物理模型的物理定理、有关数学知识及有关元件特性分别建立每部分物理模型的微分方程，求得系统的微分方程组。

（3）联立系统微分方程组，消去中间变量，求得描述系统输入和输出之间关系的微分方程。

2.1.2　控制系统时域数学模型建立示例

例 2-1　已知一个有源网络系统如图 2-1 所示，要求建立其数学模型，建立系统数学模型基本步骤如下。

（1）建立系统物理模型，如图 2-2 所示。有源网络工作原理图的核心是一个运算放大器，将其分成输入回路和输出回路。根据图 2-2 可知，输入回路中的输入变量为 u_r，输出变量为 i_0；输出回路中的输入变量近似为 i_1，输出变量为 u_c。a 点的电位与地的电位近似相等。

（2）建立每部分物理模型即电路模型。设运算放大器放大倍数比较大（一般大于 10^4），图 2-1 中，a 点电位接近地电位，称 a 点电位为虚地，认为 $i_0 \approx i_1$。另外，设 R_0、R_1 及 C_1 为常数，并忽略输入电路电源的输出电阻。在上面三个条件下的系统物理模型，如图 2-2 所示。

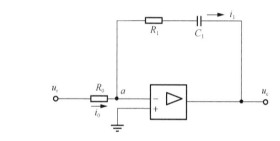

图 2-1　有源网络原理图

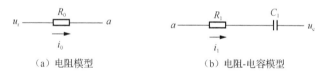

（a）电阻模型　　　　　　　　　　（b）电阻-电容模型

图 2-2　有源网络物理模型

（3）建立系统微分方程组。从图 2-2 可知，支配输入电路模型的是欧姆定律，即

$$i_0 = \frac{u_r}{R_0} \tag{2-1}$$

支配输出电路模型的是基尔霍夫电压定律，即

$$u_c = R_1 i_1 + \frac{1}{C_1}\int i_1\,\mathrm{d}t = R_1 i_0 + \frac{1}{C_1}\int i_0\,\mathrm{d}t$$

或

$$\frac{\mathrm{d}u_c}{\mathrm{d}t} = R_1 \frac{\mathrm{d}i_0}{\mathrm{d}t} + \frac{1}{C_1}i_0 \tag{2-2}$$

（4）联立微分方程组，求系统微分方程。将式（2-1）代入式（2-2）得

$$\frac{\mathrm{d}u_c}{\mathrm{d}t} = \frac{R_1}{R_0}\frac{\mathrm{d}u_r}{\mathrm{d}t} + \frac{1}{R_0 C_1}u_r$$

进一步整理得到式（2-3）：

$$T_0 \frac{du_c}{dt} = T_1 \frac{du_r}{dt} + u_r \qquad (2\text{-}3)$$

式中，$T_0 = R_0 C_1$、$T_1 = R_1 C_1$ 称为时间常数，单位为 s。

例 2-2　已知他励直流电动机（直流电机模型）如图 2-3 所示，要求建立其电枢 u_d 与其转子转速 ω 之间关系的微分方程，令加在电枢轴上负载为零。

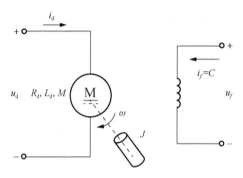

图 2-3　直流电机模型

（1）建立系统物理模型。①根据电动机原理，将其分成电枢电路及电动机转子（机械部分）两部分。电枢电路输入变量为 u_d，输出变量为 i_d；转子部分输入变量为电动机电磁力矩 M，输出变量为转速 ω。②分别建立电枢电路模型 [图 2-4（a）] 和转子机械模型 [图 2-4（b）]。设电动机磁通是常数，电枢绕组电阻及电感也是常数，根据电机工作原理及电路知识，建立系统物理模型。

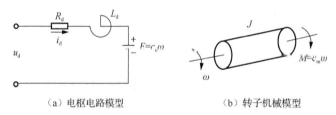

（a）电枢电路模型　　　　　　　（b）转子机械模型

图 2-4　直流电动机的电枢电路模型和转子机械模型

（2）建立系统微分方程组。支配图 2-4（a）电路的是基尔霍夫电压定律，所以其微分方程为

$$L_d \frac{di_d}{dt} + i_d R_d = u_d - E = u_d - c_e \omega \qquad (2\text{-}4)$$

式中，c_e 为电动机的电动势常数。

支配图 2-4（b）转子机械模型的是牛顿运动定律，所以其微分方程为

$$J \frac{d\omega}{dt} = M = c_m i_d \qquad (2\text{-}5)$$

式中，c_m 为电动机的转矩常数。

（3）联立微分方程组，消去中间变量 i_d，求得系统微分方程，即

$$\frac{JL_d}{c_e c_m}\frac{d^2\omega}{dt^2}+\frac{JR_d}{c_e c_m}\frac{d\omega}{dt}+\omega=\frac{u_d}{u_e} \qquad (2\text{-}6)$$

整理后得

$$T_m T_L \frac{d^2\omega}{dt^2}+T_m\frac{d\omega}{dt}+\omega=\frac{u_d}{c_e} \qquad (2\text{-}7)$$

式中，$T_m=\dfrac{JR_d}{c_e c_m}$ 为机电时间常数，单位为 s；$T_L=\dfrac{L_d}{R_d}$ 为电磁时间常数，单位为 s。

例 2-3 汽车在路面上行驶如图 2-5 所示，为了研究和分析汽车在道路上行驶时的平稳性，要求建立其数学模型。在图 2-5 和图 2-6 中，m 为汽车质量，是个常量；$d(t)$ 为汽车位移；$r(t)$ 为汽车车轮相对平衡位置的位移，是输入变量；$c(t)$ 为汽车车身相对平衡位置的位移，是输出变量。

（1）建立汽车运动物理模型。根据汽车在道路上运动情况，用一个质量为 m 的方块，弹簧系数为 K 的弹簧，一个阻尼系数为 λ 的阻尼器来表示，构成其物理模型如图 2-6 所示。

（2）建立微分方程。支配其运动的是牛顿运动定律，即

$$m\frac{d^2c(t)}{dt^2}+\lambda\frac{d[c(t)-r(t)]}{dt}+K[c(t)-r(t)]=0$$
$$m\frac{d^2c(t)}{dt^2}+\lambda\frac{dc(t)}{dt}+Kc(t)=\lambda\frac{dr(t)}{dt}+Kr(t) \qquad (2\text{-}8)$$

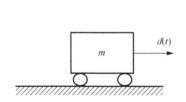

图 2-5 汽车路面行驶物理系统

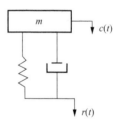

图 2-6 汽车路面行驶物理模型

2.1.3 非线性微分方程线性化

自动控制系统是由一些功能不同的装置组成的。严格说，它们的输入-输出关系都是非线性的，如电阻、电容及电感等参数值随着环境温度、电流和频率的变化呈现非线性特性，并非常值。为了便于工程分析和设计，对非线性程度不太严重的元件或装置，在一定条件下，近似用线性微分方程代替非线性微分方程进行描述，这个方法称线性化。具体办法包括如下两方面。

（1）当元件或装置非线性程度不太严重时，在一定条件下，直接忽略其非线性因素，把它看成线性元件和装置。如电阻、电容、电感等元件，以及有源网络等。

（2）当一个装置输入-输出关系是连续函数，且非线性程度比较严重时，可以采取缩小研究范围线性化方法，其原理如图 2-7 所示。图中 A 点的斜率 $k=\dfrac{\Delta c}{\Delta r}$，也就是说在小范围内，

非线性特性用一条直线来代替。

线性化应注意以下问题。其一，线性化所得到的数学模型是有条件的；其二，非线性函数是连续的，即有导数存在，否则不能进行线性化。

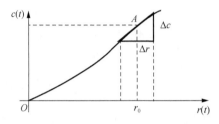

图 2-7　非线性系统局部线性化原理图

2.2　控制系统的复数域数学模型

用微分方程描述系统的优点就是比较直观、容易理解，但不便于工程上应用。要想分析系统运动特性，需要求解微分方程。工程上我们希望系统结构或参数变化时，不用求解微分方程，就能很快了解结构或参数的变化对系统运动特性的影响。当要求改善系统某些性能时，我们可以根据系统的数学模型很快地知道如何通过调节系统的参数或者加入什么样的环节来实现对系统性能的调节。基于这些原因，从工程需要出发，提出另一种形式的数学模型，即系统复数域数学模型，也就是系统传递函数。

2.2.1　传递函数

1. 传递函数概念

已知直流电动机的数学模型：

$$T_m T_L \frac{d^2 t}{dt^2} + T_m \frac{dn}{dt} + n = \frac{1}{c_e} u_d \qquad (2\text{-}9)$$

设系统初值为零，即 $t \leqslant 0$ 时，系统输入和输出以及它们各阶导数均为零，将式（2-9）两边进行拉普拉斯变换得

$$T_m T_L s^2 n(s) + T_m s n(s) + n(s) = \frac{1}{c_e} u_d(s)$$

$$\left(T_m T_L s^2 + T_m s + 1 \right) n(s) = \frac{1}{c_e} u_d(s)$$

令

$$G(s) = \frac{n(s)}{u_d(s)} = \frac{\dfrac{1}{c_e}}{T_m T_L s^2 + T_m s + 1} \qquad (2\text{-}10a)$$

$$n(s) = G(s) u_d(s) \qquad (2\text{-}10b)$$

从式（2-10b）看出，系统输入 u_d 对 n 的控制作用，是通过 $G(s)$ 传递过去的，所以 $G(s)$ 表示传递系统的输入能力。另外，$G(s)$ 是 s 的函数，故 $G(s)$ 称为电动机的传递函数。

一般形式，已知线性定常单变量系统微分方程如式（2-11）所示，当系统初始状态为零，对式（2-11）两边进行拉普拉斯变换，经整理后得式（2-12）。

$$a_n \frac{\mathrm{d}^n c}{\mathrm{d}t^n} + a_{n-1}\frac{\mathrm{d}^{n-1}c}{\mathrm{d}t^{n-1}} + \cdots + a_0 c = b_m \frac{\mathrm{d}^m r}{\mathrm{d}t^m} + b_{m-1}\frac{\mathrm{d}^{m-1}r}{\mathrm{d}t^{m-1}} + \cdots + b_0 r \tag{2-11}$$

$$G(s) = \frac{b_m s^m + b_{m-1}s^{m-1} + \cdots + b_0}{a_n s^n + a_{n-1}s^{n-1} + \cdots + a_0} = \frac{C(s)}{R(s)} \tag{2-12}$$

根据以上示例得出系统传递函数定义为：在零初始条件下线性定常系统或元件输出量的拉普拉斯变换与输入量的拉普拉斯变换之比。

传递函数是一个很重要的概念，要想正确应用，必须深入理解以下几个方面。

（1）传递函数是在系统初值为零条件下定义的，所以只有系统初值为零时，才能应用传递函数去分析系统，否则就不能应用。为什么在系统初值为零条件下定义传递函数？经过理论和实践证明，初值为零的系统和初值不为零的系统，在相同输入作用下，系统的运动规律是一样的，只是输出初值不同而已。但是初值为零的系统的传递函数表达式比初值不为零的系统的传递函数表达式简单，因此系统分析计算也就更容易。

（2）传递函数是从系统微分方程变换来的，传递函数分母多项式对应微分方程特征式，分子多项式对应系统输入变量微分式，所以传递函数也是系统的数学模型。由于其变量为一个复数变量 s，因此传递函数称复数域数学模型。可见，已知系统微分方程，可以立即求出其传递函数，相反已知系统传递函数也可立即求出系统微分方程。

（3）传递函数是系统一个输出变量经过拉普拉斯变换之后与一个输入变量经过拉普拉斯变换之后的比值。所以对两输入-单输出系统，如图 2-8 所示，在两个变量同时作用下，不能求取传递函数，这一结论同样适用于多输入-单输出系统。但是，根据传递函数定义及叠加原理，可以求取系统输出 $C(s)$。

令 $R_2(s)=0$，$G(s)=G_1(s)G_2(s)=\dfrac{C_1(s)}{R_1(s)}$，推出：$C_1(s)=G(s)R_1(s)$。

令 $R_1(s)=0$，$\dfrac{C_2(s)}{R_2(s)}=G_2(s)$，推出：$C_2(s)=G_2(s)R_2(s)$。

因此，$C(s)=C_1(s)+C_2(s)=G(s)R_1(s)+G_2(s)R_2(s)$。

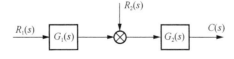

图 2-8　两输入-单输出系统

2. 传递函数的性质

（1）传递函数是一个有理真分式，即 $n \geq m$，其中 n 为分母最高项数，m 为分子最高项数。传递函数具有复数的一切性质，分母分子多项式各项系数均是实数。

（2）传递函数仅仅由系统结构及参数所决定，与系统外部输入信号性质及大小无关。不论内部是机械系统、电系统还是液压系统，只要它们传递函数相同，都可以应用计算机进行数字仿真研究其运动性质。

（3）传递函数与微分方程是一一对应的，微分方程是数学模型基础，传递函数是工程应用的数学模型形式。

（4）传递函数拉普拉斯逆变换是单位理想脉冲的时间响应，即

$$C(s) = G(s)R(s)$$

而 $r(t) = \delta(t)$，即 $R(s) = 1$，则有

$$C(s) = G(s)，\quad c(t) = g(t) = L^{-1}\left[G(s)\right]$$

3. 传递函数的极点和零点以及它们在系统运动中的作用

传递函数的极点及零点可以用于分析系统的运动特性，所以传递函数的极点及零点是两个很重要的概念。

1）传递函数的极点

已知：

$$G(s) = \frac{s+4}{s^2+3s+2} = \frac{s+4}{(s+1)(s+2)} \tag{2-13}$$

当 $s = -1$ 或 $s = -2$，传递函数等于无穷大，即 $G(-1) = \infty$，称 -1 为该系统的极点，记 "✕"；而 $-1, -2$ 是该传递函数对应微分方程的特征方程的根。可见传递函数的极点就是传递函数对应微分方程的特征方程的根。其在 s 平面极点分布见图 2-9。

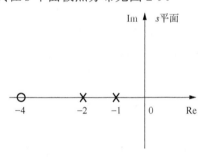

图 2-9　式（2-13）零极点分布图

2）传递函数的零点

在式（2-13）中，令 $s = -4$，$G(s) = 0$，-4 就称该传递函数的零点，记 "○"。可见，在 s 平面上使传递函数 $G(s)$ 等于零的点称为零点。其零点分布见图 2-9。要求已知传递函数会求取其零极点，并画出其零极点分布图，反过来已知系统零极点分布图，应能立即写出其传递函数。

3）传递函数极点在系统运动中的作用

设对式（2-13）改造后形成的新系统为 $G(s) = \dfrac{2}{(s+1)(s+2)}$，该系统无重复的极点和零

点。设输入 $r(t)=1(t)$，$R(s)=\dfrac{1}{s}$，其极点分布图如图 2-10 所示，根据传递函数定义得

$$C(s)=\frac{2}{(s+1)(s+2)}\frac{1}{s}=\frac{1}{s}-\frac{2}{s+1}+\frac{1}{s+2}$$

对上式求拉普拉斯逆变换可得

$$c(t)=L^{-1}\left[C(s)\right]=1-2\mathrm{e}^{-t}+\mathrm{e}^{-2t} \tag{2-14}$$

其单位阶跃响应如图 2-11 所示。

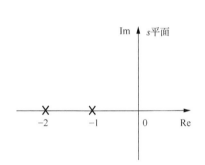

图 2-10　式（2-13）改造形成的新系统极点分布图

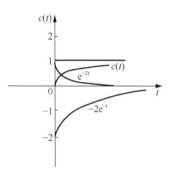

图 2-11　式（2-14）的响应曲线

从系统解的表达式及 $c(t)$ 响应曲线得出：在数学上，线性微分方程的解由特解和齐次微分方程的通解组成。$c(t)$ 表达式［式（2-14）］第一项称微分方程特解，第二项、第三项为通解，或称自由变量，而每个自由变量对应一种运动形式即运动规律，又称自由运动模态。可见，系统产生动态过程的内因是其自由运动模态。

系统每个自由运动模态是传递函数极点产生的，如本例中 e^{-t} 对应 $\dfrac{1}{s+1}$，e^{-2t} 对应 $\dfrac{1}{s+2}$。所以，传递函数极点是系统产生过渡过程的内因，这就是传递函数极点在系统运动中的作用。

另外，从 $c(t)$ 表达式和极点分布图看出，系统在运动过程中，每个极点作用大小也不相同，离 s 平面虚轴最近的极点起的作用最大（如极点 -1），其过渡过程时间最长，幅值也最大。而离虚轴相对较远的极点，作用就较小，这个结论为进一步分析系统运动特性提供了基本理论。

4）传递函数零点在系统运动中的作用

设对式（2-13）改造后形成新系统为 $G(s)=\dfrac{4(s+0.5)}{(s+1)(s+2)}$，其零极点分布图如图 2-12 所示，设 $R(s)=\dfrac{1}{s}$，由 $C(s)=G(s)R(s)$，则系统时间响应为

$$C(s)=\frac{4(s+0.5)}{(s+1)(s+2)}\frac{1}{s}=1+\frac{2}{s+1}-\frac{3}{s+2}$$

对上式求拉普拉斯逆变换可得

$$c(t)=L^{-1}\left[C(s)\right]=1+2\mathrm{e}^{-t}-3\mathrm{e}^{-2t} \tag{2-15}$$

其时间响应如图 2-13 中曲线 $c(t)$ 所示。同时为了说明响应 $c(t)$ 与其组成分量的关系，我们把响应 $c(t)$ 的三个分量也绘制在图 2-13 中。

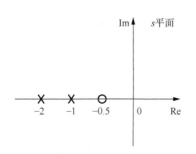

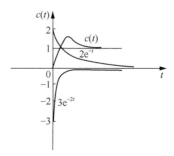

图 2-12　对式（2-13）改造形成的新系统零极点分布图　　　图 2-13　式（2-15）的响应曲线

与无零点系统比较，当传递函数极点个数相等时，可以看出：①自由运动模态个数及运动形式未变，因此传递函数零点不产生自由运动模态；②从图 2-13 可知，零点的变化影响曲线的形状，也就是说每个自由运动模态在运动过程中所占的比例发生了变化。

根据以上分析，传递函数零点的作用可以改变每个自由运动模态在运动过程中所占比例，为改善系统性能提供理论基础及方法，有以下三点总结。

（1）系统运动信息都集中在传递函数零极点上，极点是系统产生动态过程的内因，传递函数零点可以改变每个自由运动模态在运动过程中所占比例，这是分析系统运动特性的理论基础。

（2）如果传递函数没有零点，已知其极点分布图，大致就能知道系统的运动规律。反过来，如果已知 $c(t)$ 变化规律，大致就知道传递函数极点在 s 平面上分布位置。

（3）如果已知传递函数的极点，且不能改变，而 $c(t)$ 未满足要求，则可以加入适当的零点改变 $c(t)$ 规律来满足要求，这是一个设计方法。

2.2.2　典型环节传递函数

如何求取系统的传递函数，从其定义看，首先求出系统的微分方程，然后用拉普拉斯变换求取。但是，对一个比较复杂的系统，求其微分方程是很不容易的，这个方法不便于工程应用。工程中求取系统传递函数的方法是，首先求系统典型环节及其传递函数，然后按典型环节之间的关系画出结构图，最后通过对结构图运算求取系统传递函数。

1. 典型环节概念

已知某系统传递函数 $G(s)=\dfrac{K}{s}=\dfrac{C(s)}{R(s)}$，令 $G(s)=\dfrac{x_1(s)}{R(s)}\dfrac{C(s)}{x_1(s)}$，即 $\dfrac{x_1(s)}{R(s)}=K$，所以 $x_1(s)=KR(s)$，其中 K 是一个常数。可见 $x_1(s)$ 与输入 $R(s)$ 是比例运算关系。因为 $\dfrac{C(s)}{x_1(s)}=\dfrac{1}{s}$，所以 $C(s)=\dfrac{1}{s}x_1(s)$ 是一个积分运算。

从数学观点来看，传递函数是由为数不多的数学基本因子乘积组成的，工程上把每个数学基本因子称为典型环节。

可见典型环节是从数学上定义的。每个典型环节就是一种基本的传递函数，所以传递函数是由若干个典型环节乘积组成的。

2. 典型环节及其传递函数和特点

1）比例环节

概念：当一个环节其输出变量与输入变量的关系是比例关系时，该环节称为比例环节。

传递函数：根据比例环节概念，其数学方程为 $C(s)=KR(s)$，K 是一个比例常数。则其传递函数为

$$G(s)=\frac{C(s)}{R(s)}=K \qquad (2\text{-}16)$$

比例环节特性：设输入为单位阶跃函数，则输出为 K，如图 2-14 所示。从图特性看出，比例环节的最大特点是，传递输入信号快而不失真，在动态过程和稳态过程中始终发挥作用。比例环节的物理装置如图 2-15 所示。

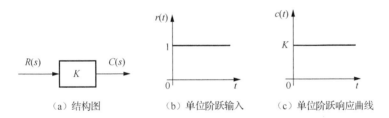

（a）结构图　　　　　（b）单位阶跃输入　　　　　（c）单位阶跃响应曲线

图 2-14　比例环节结构图及单位阶跃响应曲线

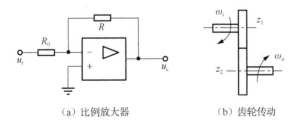

（a）比例放大器　　　　　（b）齿轮传动

图 2-15　比例环节的物理装置

2）惯性环节

概念：当一个环节输出变量与输入变量的关系可以用一阶微分方程描述时，该环节称为惯性环节。

传递函数：根据其概念，微分方程为 $T\dfrac{\mathrm{d}C(t)}{\mathrm{d}t}+C(t)=R(t)$，$T$ 称为惯性环节时间常数。其传递函数为

$$G(s) = \frac{C(s)}{R(s)} = \frac{1}{Ts+1} \qquad (2\text{-}17)$$

特性：设输入为单位阶跃函数，则输入对应的拉普拉斯变换 $R(s) = \frac{1}{s}$。根据其 $G(s)$ 求得

单位阶跃响应表达式 $c(t) = 1 - e^{-\frac{1}{T}t}$ 及其曲线如图 2-16 所示。

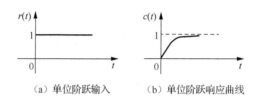

（a）单位阶跃输入　　（b）单位阶跃响应曲线

图 2-16　惯性环节的单位阶跃响应曲线

可见惯性环节特点是：在输入 $r(t)$ 为单位阶跃函数作用下，$c(t)$ 按指数规律上升。也就是说，$c(t)$ 是滞后于 $r(t)$ 变化的，故称为惯性环节。$c(t)$ 跟随 $r(t)$ 的快慢则由其时间常数大小决定。由其极点距离 s 平面虚轴远近决定。因其极点为 $\frac{1}{T}$，从 $c(t)$ 表达知，T 越大响应就慢，T 越小响应就快。

惯性环节的物理装置如图 2-17 所示。

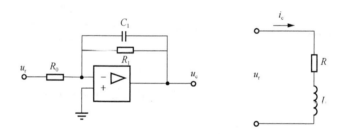

图 2-17　惯性环节的物理装置

3）积分环节

概念：当一个环节的输出变量 $c(t)$ 正比于其输入变量 $r(t)$ 的积分时，该环节称为积分环节。

数学模型：根据其概念，其时域数学模型为 $c(t) = \frac{1}{T}\int r(t)\mathrm{d}t$，其传递函数为

$$G(s) = \frac{1}{Ts} \qquad (2\text{-}18)$$

式中，T 为积分时间常数。一个极点在 s 平面坐标原点上，如图 2-18 所示。

运动特性：当输入信号 $r(t)$ 如图 2-19（b）所示时，根据其传递函数求 $c(t)$ 表达式和

时间响应如图 2-19（c）所示，此时 $c(t) = \frac{1}{T}\int_0^t \mathrm{d}t = \frac{1}{T}t\big|_0^{t_1}$，当 $0 < t < t_1$ 时，$c(t) = \frac{1}{T}t$；当 $t \geq t_1$

时，$r(t) = 0$，$c(t) = \frac{1}{T}t_1$。

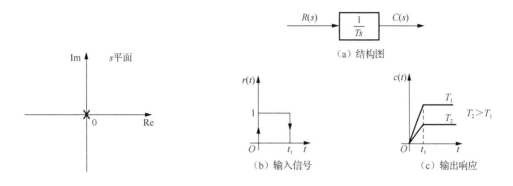

图 2-18　积分环节极点分布图　　　　图 2-19　积分环节结构图及时间响应曲线

从图 2-19 看出，积分环节有两个特点：一是，在输入 $r(t)$ 作用下，$c(t)$ 按线性速度上升，图 2-19（c）表示两个积分环节的相应曲线，其中 $T_2 > T_1$，由此可以看出上升快慢由 T 决定，T 越大上升越慢，T 越小上升越快；二是，当 $t \geqslant t_1$ 时，$r(t) = 0$，则 $c(t) = \dfrac{1}{T} t_1$ 并不为零，而是保持 t_1 时刻的积分数值，所以积分环节具有记忆功能，这是积分环节最可贵的特性。

积分环节的物理装置如图 2-20 所示。

4）微分环节

概念：当一个环节输出变量 $c(t)$ 正比于其输入变量 $r(t)$ 的微分时，该环节称为微分环节。

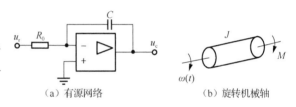

图 2-20　积分环节的物理装置

数学模型：根据微分环节概念，其微分方程及传递函数分别为

$$c(t) = \tau \frac{\mathrm{d} r(t)}{\mathrm{d} t} \tag{2-19a}$$

$$G(s) = \tau s \tag{2-19b}$$

式中，τ 称为微分环节时间常数。

输入信号 $r(t)$ 如图 2-21（b）所示，则其输出时间响应如图 2-21（c）所示。从图 2-21 可以看出，微分环节特点是其 $c(t)$ 反映 $r(t)$ 的变化趋势，也就反映 $r(t)$ 变化率的大小及变化方向，具有预见性功能。

纯微分环节在物理系统中不存在，只能在一定条件下，忽略一些因素近似得到。纯微分环节的近似物理装置如图 2-22 所示。

如图 2-22（a）所示，有源网络对应的物理模型如图 2-23 所示，其传递函数 $G(s) = \dfrac{\tau s}{Ts + 1}$，其中，$\tau = RC$，$T = rC$，$r$ 为电源内阻，一般 $r \leqslant R$，则 $T \ll \tau$。因此，忽略 T，其传递函数可简化为 $G(s) = \tau s$。

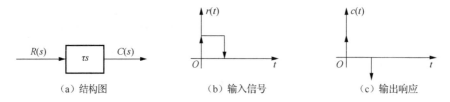

（a）结构图　　　　　　（b）输入信号　　　　　　（c）输出响应

图 2-21　微分环节的结构图及时间响应

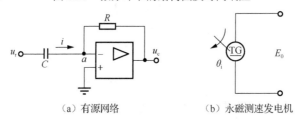

（a）有源网络　　　　　　　　（b）永磁测速发电机

图 2-22　纯微分环节的近似物理装置

　　另外，纯微分环节仅在动态过程中起作用，实际情况中多数情况下，都是由比例环节和微分环节组成。如图 2-24 所示，其近似传递函数为

$$G(s) = 1 + \tau s \tag{2-20}$$

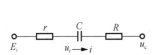

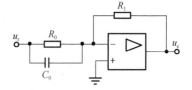

图 2-23　图 2-22（a）对应的物理模型　　　　图 2-24　比例-微分环节的物理装置

5）振荡环节

　　概念：当一个环节输入单位阶跃函数，其输出量 $c(t)$ 为衰减振荡过程时，该环节称为振荡环节。

　　数字模型：根据其概念，微分方程为

$$\frac{\mathrm{d}^2 c(t)}{\mathrm{d}t^2} + 2\xi\omega_{\mathrm{n}}\frac{\mathrm{d}c(t)}{\mathrm{d}t} + \omega_{\mathrm{n}}^2 c(t) = \omega_{\mathrm{n}}^2 r(t) \tag{2-21}$$

传递函数为

$$G(s) = \frac{\omega_{\mathrm{n}}^2}{s^2 + 2\xi\omega_{\mathrm{n}}s + \omega_{\mathrm{n}}^2}, \quad 0 < \xi < 1 \tag{2-22}$$

式中，ξ 为阻尼比；ω_{n} 为自然振荡角频率。

　　当 $r(t)$ 为单位阶跃函数，即 $R(s) = \dfrac{1}{s}$ 时，当参数 $0 < \xi < 1$ 时，其时间响应如图 2-25 所示。$c(t)$ 表达式为 $c(t) = L^{-1}\big[c(s)\big] = 1 - \dfrac{1}{\sqrt{1-\xi^2}}\mathrm{e}^{-\xi\omega_{\mathrm{n}}t}\sin\left(\omega_{\mathrm{n}}\sqrt{1-\xi^2}\,t + \theta\right)$，其极点分布图如图 2-26 所示。

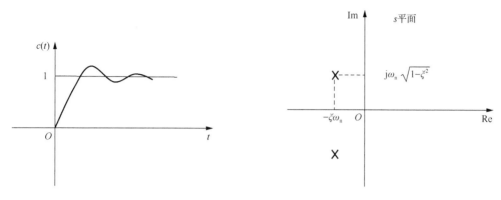

图 2-25　振荡环节单位阶跃响应曲线　　　　图 2-26　振荡环节的极点分布图

6）纯滞后环节

概念：当一个环节加入输入信号，其输出经过一定时间才能有时间响应，该环节称为纯滞后环节。

数学模型：令 $r(t)=f(t)$，即 $R(s)=F(s)$；输出量 $c(t)=f(t-\tau)$，求拉普拉斯变换可得 $C(s)=F(s)\mathrm{e}^{-\tau s}$，即

$$G(s)=\frac{C(s)}{R(s)}=\mathrm{e}^{-\tau s} \qquad (2\text{-}23)$$

式中，τ 称为滞后时间常数。

纯滞后环节的结构图及单位阶跃响应如图 2-27 所示。

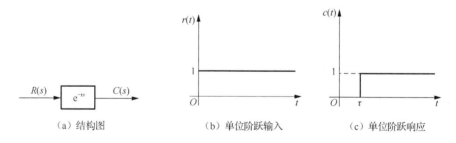

（a）结构图　　　　（b）单位阶跃输入　　　　（c）单位阶跃响应

图 2-27　纯滞后环节结构图及单位阶跃响应

如图 2-28 所示，带式运输机就是一个滞后环节，当 $t=0$ 时刻改变输入变量，则输出变量 $c(t)$ 等待 $t=\tau$ 后才能发生变化，$\tau=\dfrac{L}{v}$，L 是输入与输出之间距离，v 是运输机速度。

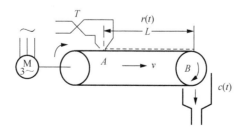

图 2-28　滞后环节的物理装置

2.3　控制系统结构图及其简化

2.3.1　控制系统结构图基本单元、概念及画法

1. 控制系统结构图基本单元

图 2-29 为控制系统的结构图，它由四个基本单元组成。

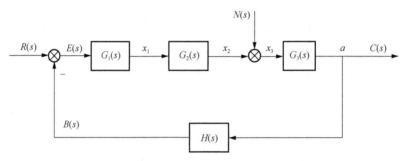

图 2-29　控制系统的结构图

（1）信号线（或变量线），用一条带箭头的直线表示，箭头表示信号传递方向。

（2）信号引出点（或信号测量点），如图 2-29 中 a 点。表示从 a 点引出 $C(s)$。

（3）信号比较环节，图 2-29 中⊗称为比较环节，其功能是 $E(s) = R(s) - B(s)$ 表示两个以上的信号进行代数运算。比较点处需要标明运算符号，一般不标者为正，负的一定标出"－"。内部其他信号不标出符号。

（4）方块，方块内放入典型环节传递函数，如 $G_1(s)$、$G_2(s)$、$G_3(s)$ 及 $H(s)$ 都是典型传递函数。指向方块的箭头为典型环节输入信号，离开方块的箭头为典型环节输出信号。

应该指出，结构图中各环节之间不存在负载效应，环节之间的负载效应在求典型环节传递函数时要处理好。

2. 控制系统结构图概念

从图 2-29 可知，系统结构图就是描述系统各典型环节之间的信号（或变量）传递关系的数学图形。它也是系统数学模型的一种形式，它描述系统结构形式和系统是由什么典型环节组成的。

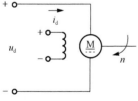

图 2-30　他励直流电动机

3. 控制系统结构图画法

下面以一个简单的例子说明，一台他励直流电动机如图 2-30 所示，要求画出其结构图。

由于结构图是系统数学模型，因此要先建立其物理模型，如图 2-31 所示。

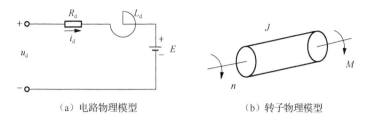

（a）电路物理模型 （b）转子物理模型

图 2-31 他励直流电动机物理模型

根据结构图概念，求系统典型环节传递函数。设系统初值为零，从系统物理模型求得其微分方程组及典型环节传递函数，从电路模型求得

$$L_d \frac{\mathrm{d}i_d}{\mathrm{d}t} + R i_d = u_d - E \ , \quad G_1(s) = \frac{I_d(s)}{u_d - E} = \frac{\frac{1}{R_d}}{T_L s + 1} \ , \quad T_L = \frac{L_d}{R_d}$$

从机械转子模型求得

$$\frac{c_e}{R_d} T_m \frac{\mathrm{d}n}{\mathrm{d}t} = i_d \ , \quad T_m = \frac{JR_d}{c_e c_m}$$

从而，传递函数为 $G_2(s) = \dfrac{n(s)}{I_d(s)} = \dfrac{\frac{R_d}{c_e}}{T_m s}$ ，因为 $E = c_e n$ ，所以其传递函数为 $H(s) = \dfrac{E(s)}{n(s)} = c_e$ 。

下面画出系统结构图，首先从输入到输出画出每个环节的方块并放入相应的传递函数，然后根据每个环节之间关系用信号线连接起来，就得到电动机结构如图 2-32 所示。

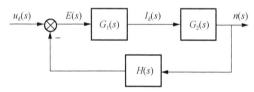

图 2-32 电动机结构图

可见画结构图方法如下：①建立系统物理模型；②根据物理模型求微分方程组和典型环节传递函数；③从输入到输出画出典型环节方块，并将典型环节传递函数放入，然后根据典型环节之间关系用信号线将它们连接起来得到系统结构图。

2.3.2 控制系统结构图简化

系统结构图简化法则（或运算法则），就是从系统结构图求取其各种传递函数的基本理论和方法。其实结构图简化法则就相当于联立微分方程组消去中间变量求取系统微分方程的一种工程方法。

1. 环节串联简化法则

图 2-33 为两个环节串联的标准图形，当一个环节的输出是下一个环节的唯一输入，这种连接的方式称为串联。

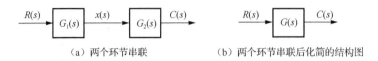

（a）两个环节串联　　　　　　（b）两个环节串联后化简的结构图

图 2-33　串联结构图

利用简化法则求得图 2-33 系统的等效传递函数为

$$G(s) = G_1(s)G_2(s) = \frac{C(s)}{R(s)}$$

如果 n 个环节串联，则相应传递函数为

$$G(s) = \prod_{i=1}^{n} G_i(s)$$

也就是说，n 个环节串联其等效传递函数等于每个环节传递函数的乘积。

2. 环节并联简化法则

图 2-34 是一个标准的两个环节并联结构图，从图中可以看出当两个或以上的环节并联时，它们输入信号是同一个信号 $R(s)$，而输出则按每个典型环节输出代数和方式连接，这种连接方式称为并联。

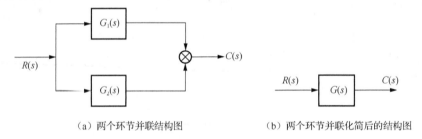

（a）两个环节并联结构图　　　　　　（b）两个环节并联化简后的结构图

图 2-34　并联结构图

上面系统简化后等效传递函数为

$$G(s) = G_1(s) + G_2(s)$$

如果 n 个环节并联，其结果为

$$G(s) = \sum_{i=1}^{n} G_i(s), \quad i = 1, 2, \cdots, n \tag{2-24}$$

也就是说，环节并联的等效传递函数 $G(s)$ 等于每个典型环节传递函数代数和。

3. 反馈连接简化法则

如图 2-35 所示为标准的反馈连接结构图，从图中看出，当从输入信号 $R(s)$ 到输出信号 $C(s)$，该输出信号 $C(s)$ 又经过 $H(s)$ 得到信号 $B(s)$，然后 $B(s)$ 再与 $R(s)$ 进行比较，信息的传递构成一个闭合回路，这种连接方式称反馈连接。$B(s)$ 称反馈信号，" + "表明正反馈，" – "表明负反馈，$E(s)$ 称偏差信号，从 $R(s)$ 到 $C(s)$ 通道称前向通道，从 $C(s)$ 到 $B(s)$ 的通道称反馈通道。

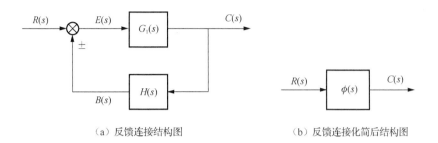

（a）反馈连接结构图　　　　　　（b）反馈连接化简后结构图

图 2-35　反馈连接结构图及简化结构图

根据图 2-35 建立代数方程组，然后联立求解，求得反馈连接简化的等效传递函数为

$$C(s) = G_1(s)E(s)$$
$$E(s) = R(s) \pm B(s)$$
$$B(s) = H(s)C(s)$$

联立这三个方程消去 $E(s)$ 及 $B(s)$ 求得传递函数。

$$\frac{C(s)}{R(s)} = \phi(s) = \frac{G_1(s)}{1 \mp G_1(s)H(s)}$$
$$= \frac{\text{前向通道传递函数}}{1 \mp \text{前向通道传递函数} \times \text{反馈通道传递函数}} \qquad (2\text{-}25)$$

当反馈连接是正反馈形式，$\phi(s)$ 取 " $-$ "；当反馈连接是负反馈连接形式，$\phi(s)$ 取 " $+$ "。

4. 信号引出点和比较点移动法则

当系统从输入到输出有多条前向通道，且相互交叉时，要采用信号引出点和比较点移动法则。如图 2-36 所示，图中系统不是标准的串联，也不是标准的并联，必须通过信号引出点或信号比较点移动，使其变成标准的连接结构，才能求取等效传递函数。

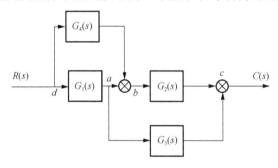

图 2-36　系统结构图

将信号引出点 a 移至输入点 d 处，这样结构形式就变成标准的串联和并联形式。所以前向通道信号引出点移动法则是，移动前和移动后，被移动的前向通道中传递函数的乘积必须保持不变。因此图 2-36 在信号引出点移动后形成的新结构图，如图 2-37 所示。

信号比较点移动法则，在图 2-37 中，将信号比较点 b 移至输出点 c，也使系统变成标准的串联和并联形式，结果如图 2-38 所示。

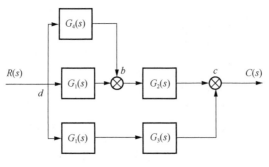

图 2-37　图 2-36 信号引出点移动过程

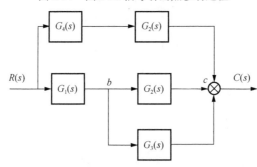

图 2-38　图 2-37 信号比较点移动过程

从图 2-38 看出，前向通道信号比较点移动法则是，移动前和移动后保证被移动前向通道传递函数乘积不变。

结论：当系统有多条前向通道互相交叉时，信号引出点或信号比较点移动法则是，移动前和移动后保证被移动前向通道传递函数乘积不变，从输入 $R(s)$ 到输出 $C(s)$ 的通道称前向通道。

当系统有多个反馈回路相互交叉时，根据回路内的信号引山点和比较点移动法则，如图 2-39 所示三个回路互相交叉，不标准。将信号比较点 a 移到输入端，将信号输出点 b 移到输出端，如图 2-40 所示，使系统回路互不交叉，变成标准的串联和反馈连接。

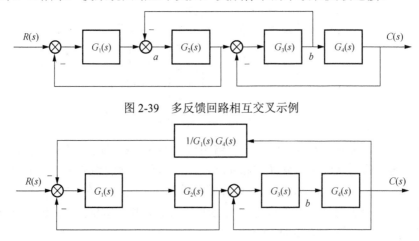

图 2-39　多反馈回路相互交叉示例

图 2-40　图 2-39 内部信号引出点和比较点移动的结构图

从图 2-39 变化到图 2-40 可以看出，反馈回路内信号引出点和信号比较点移动法则是，移动前和移动后保证被移动回路的传递函数不变。注意，信号引出点和信号比较点在移动时，不能互相跨越。

从系统结构图求取系统传递函数，已知一个单闭环的系统结构图如图 2-41 所示，这种形式的结构图，是理论研究的标准结构图，利用这种标准的结构图可以推导出系统的传递函数公式。

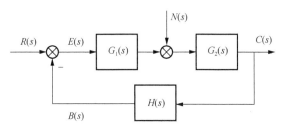

图 2-41　单闭环的系统结构图

1）闭环系统的闭环传递函数

（1）闭环传递函数概念。

闭环系统某个输出信号的拉普拉斯变换与系统内某个输入信号的拉普拉斯变换之比，称为闭环系统的闭环传递函数，记为 $\phi(s)$。

$\phi_r(s) = \dfrac{C(s)}{R(s)}$ 为给定信号对系统输出信号的闭环传递函数。

$\phi_N(s) = \dfrac{C(s)}{N(s)}$ 为扰动信号对系统输出信号的闭环传递函数。

$\phi_e(s) = \dfrac{E(s)}{R(s)}$ 为给定信号对系统偏差信号的闭环传递函数。

（2）从图 2-41 求取闭环传递函数的方法。

第一步：求 $\phi_r(s)$。

根据传递函数定义，令 $N(s) = 0$，又根据串联简化法则，将系统变成标准的单闭环结构如图 2-42 所示。根据反馈连接简化法则求得

$$\phi_r(s) = \frac{C(s)}{R(s)} = \frac{G_1(s)G_2(s)}{1 + G_1(s)G_2(s)H(s)}$$

$$= \frac{\text{前向通道传递函数乘积}}{1 + \text{前向通道传递函数} \times \text{反馈通道传递函数}} \tag{2-26}$$

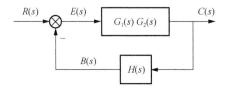

图 2-42　标准的单闭环结构图

第二步：求 $\phi_N(s)$。

令 $R(s)=0$，利用串联简化法则，将图 2-41 变成反馈连接结构，如图 2-43 所示。

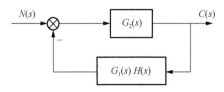

图 2-43　$N(s)$ 作用下系统结构图

再应用反馈连接简化法则求得

$$\phi_N(s)=\frac{G_2(s)}{1+G_1(s)G_2(s)H(s)} \tag{2-27}$$

所以

$$\phi_N(s)=\frac{\text{从}N(s)\text{到}C(s)\text{前向通道传递函数的乘积}}{1+\text{前向通道传递函数}\times\text{反馈通道传递函数}} \tag{2-28}$$

第三步：求 $\phi_e(s)$。

令 $N(s)=0$，将图 2-41 结构变成图 2-44 所示结构。

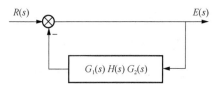

图 2-44　$E(s)$ 为输出时系统结构图

根据反馈连接简化法则，求得

$$\phi_e(s)=\frac{1}{1+G_1(s)G_2(s)H(s)}$$
$$=\frac{\text{前向通道传递函数}}{1+\text{前向通道传递函数}\times\text{反馈通道传递函数}} \tag{2-29}$$

可见，一个闭环系统其闭环传递函数有多个，但是其分母多项式都相同，如本例令 $D(s)=1+G_1(s)G_2(s)H(s)=0$ 称为闭环系统的特征方程，而 $D(s)=1+G_1(s)G_2(s)H(s)$ 称为闭环系统特征式。也就是说，一个闭环系统的特征方程就是唯一的，这为分析系统稳定性打下理论基础。

2）闭环系统的开环传递函数

如图 2-42 所示，闭环系统主反馈信号的拉普拉斯变换 $B(s)$ 与系统偏差信号的拉普拉斯变换 $E(s)$ 之比，称闭环系统的开环传递函数，记为 $G(s)$。

$$G(s)=\frac{B(s)}{E(s)} \tag{2-30}$$

根据开环传递函数概念，如图 2-41 所示系统，$G(s) = \dfrac{B(s)}{E(s)} = G_1(s)G_2(s)H(s)$。将其与闭环

特征式 $D(s) = 1 + G(s) = 0$ 比较可以看出，$G(s)$ 仅仅与闭环系统内部结构及参数有关，与闭环外部输入信号无关。

结论如下：

（1）闭环传递函数有多个，但是其闭环特征方程只有一个，即 $D(s) = 1 + G(s) = 0$。

（2）闭环系统开环传递函数仅一个，仅与闭环内部结构及参数有关，与闭环外部输入信号及输出信号无关。

（3）$\phi_r(s)$ 与 $G(s)$ 的关系。当 $H(s) = 1$ 时，此时的反馈为单位反馈，则 $\phi_r(s) = \dfrac{G(s)}{1 + G(s)}$。

所以，已知 $G(s)$ 则可求得 $\phi_r(s) = \dfrac{G(s)}{1 + G(s)}$，反过来已知 $\phi_r(s)$ 则也可求得 $G(s) = \dfrac{\phi_r(s)}{1 - \phi_r(s)}$。

这是 $H(s) = 1$ 时，求取系统 $G(s)$ 或 $\phi_r(s)$ 的一种方法。

3）示例

例 2-4 已知一个双闭环系统结构图如图 2-45 所示，求 $G(s)$、$\phi_r(s)$、$\phi_e(s)$ 及 $\phi_N(s)$。

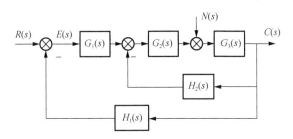

图 2-45 双闭环系统结构图

解

（1）求 $G(s)$。

第一步：根据 $G(s)$ 概念，其开环传递函数与外部输入信号无关，所以令 $R(s) = 0$、$N(s) = 0$。又根据串联和反馈连接简化法则，将图 2-45 简化成如图 2-46 所示结构。

令 $\phi_1(s) = \dfrac{G_2(s)G_3(s)}{1 + G_2(s)G_3(s)H_2(s)}$。

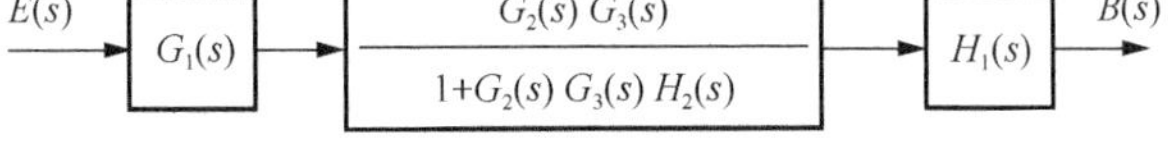

图 2-46 求 $G(s)$ 时原结构图简化结果

第二步：根据图 2-46 求取 $G(s)$。

$$G(s) = G_1(s)\frac{G_2(s)G_3(s)}{1 + G_2(s)G_3(s)H_2(s)}H_1(s) = \frac{G_1(s)G_2(s)G_3(s)H_1(s)}{1 + G_2(s)G_3(s)H_2(s)}$$

（2）求 $\phi_{\mathrm{r}}(s)=\dfrac{C(s)}{R(s)}$。

令 $N(s)=0$，根据图 2-46 和反馈连接简化法则得

$$\phi_{\mathrm{r}}(s)=\frac{G_1(s)\phi_1(s)}{1+G_1(s)\phi_1(s)H_1(s)}=\frac{G_1(s)G_2(s)G_3(s)}{1+G_2(s)G_3(s)H_2(s)+G_1(s)G_2(s)G_3(s)H_1(s)}$$

如 $H_1(s)=1$，

$$\phi_{\mathrm{r}}(s)=\frac{G_1(s)\phi_1(s)}{1+G_1(s)\phi_1(s)}=\frac{G(s)}{1+G(s)}$$

（3）求 $\phi_{\mathrm{e}}(s)=\dfrac{E(s)}{R(s)}$。

令 $N(s)=0$，根据图 2-46 和反馈连接简化法则得

$$\phi_{\mathrm{e}}(s)=\frac{1}{1+\dfrac{G_1(s)G_2(s)G_3(s)}{1+G_2(s)G_3(s)H_2(s)}H_1(s)}=\frac{1+G_2(s)G_3(s)H_2(s)}{1+G_2(s)G_3(s)H_2(s)+G_1(s)G_2(s)G_3(s)H_1(s)}$$

（4）求 $\phi_{\mathrm{N}}(s)=\dfrac{C(s)}{N(s)}$。

令 $R(s)=0$，应用并联和串联简化法则，将图 2-45 简化成单闭环结构，如图 2-47 所示。

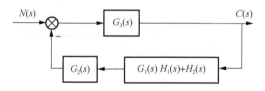

图 2-47 简化的单闭环结构

在此基础上，应用反馈连接简化法则得

$$\phi_{\mathrm{N}}(s)=\frac{G_3(s)}{1+G_3(s)G_2(s)\big[G_1(s)H_1(s)+H_2(s)\big]}$$

$$=\frac{G_3(s)}{1+G_2(s)G_3(s)H_2(s)+G_1(s)G_2(s)G_3(s)H_1(s)}$$

可见，其闭环特征式相同，即

$$D(s)=1+G_2(s)G_3(s)H_2(s)+G_1(s)G_2(s)G_3(s)H_1(s)$$

$$=1+G(s)=1+\frac{G_1(s)G_2(s)G_3(s)H_1(s)}{1+G_2(s)G_3(s)H_2(s)}$$

$$=0$$

简化成单闭环系统后得

$$\phi_{\mathrm{r}}(s)=\frac{\text{其前向通道传递函数}}{1+G(s)}$$

$$\phi_e(s) = \frac{其误差前向通道传递函数}{1+G(s)}$$

$$\phi_N(s) = \frac{其扰动前向通道传递函数}{1+G(s)}$$

以此求各种闭环传递函数基本方法为：首先求 $G(s)$，然后求前向通道传递函数。

例2-5 已知某系统结构图如图 2-48 所示。求系统开环传递函数 $G(s)$、$\phi_r(s)$、$\phi_N(s)$ 及 $\phi_e(s)$。

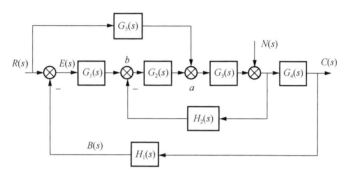

图 2-48   系统结构图

解

（1）求 $G(s)$。

第一步，根据 $G(s)$ 概念，令 $R(s)=0$，$N(s)=0$。

第二步，应用环节串联和反馈连接简化法则，将图 2-48 简化为如图 2-49 所示的结构图，其中 $\phi_1(s) = \dfrac{G_2(s)G_3(s)}{1+G_2(s)G_3(s)H_2(s)}$。

$$E(s) \rightarrow \boxed{G_1(s)} \rightarrow \boxed{\phi_1(s)} \rightarrow \boxed{G_4(s)} \rightarrow \boxed{H_1(s)} \rightarrow B(s)$$

图 2-49   图 2-48 对应的开环结构图

第三步，根据 $G(s)$ 定义得

$$G(s) = G_1(s)\phi_1(s)G_4(s)H_1(s) = G_1(s)\frac{G_2(s)G_3(s)}{1+G_2(s)G_3(s)H_2(s)}G_4(s)H_1(s)$$

（2）求 $\phi_r(s) = \dfrac{C(s)}{R(s)}$。

令 $N(s)=0$。

第一步，从图 2-48 看出系统环节连接方式都不标准，所以把比较点 a 移到输入端，如图 2-50 所示，使系统成为标准连接方式。

第二步，应用并联和反馈连接简化法则，又将图 2-50 变成单闭环结构，如图 2-51 所示。其中 $\phi_1(s) = \dfrac{G_2(s)G_3(s)}{1+G_2(s)G_3(s)H_2(s)}$。

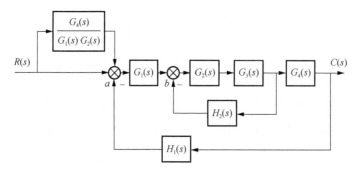

图 2-50　图 2-48 比较点移动后结构图

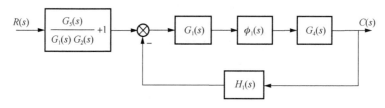

图 2-51　图 2-50 对应的标准单闭环结构

第三步，求 $\phi_r(s)$，即

$$\phi_r(s)=\frac{\text{其前向通道传递函数}}{1+G(s)}=\frac{G_1(s)\phi_1(s)G_4(s)\left[1+\dfrac{G_5(s)}{G_1(s)G_2(s)}\right]}{1+G_1(s)\phi_1(s)G_4(s)H_1(s)}$$

$$=\frac{G_1(s)G_2(s)G_3(s)G_4(s)+G_3(s)G_4(s)G_5(s)}{1+G_2(s)G_3(s)H_1(s)+G_1(s)G_2(s)G_3(s)G_4(s)H_1(s)}$$

（3）求 $\phi_e(s)-\dfrac{E(s)}{R(s)}$。

令 $N(s)=0$。

第一步，首先将比较点 a 移动到 b 处，然后将内环简化，把系统简化成单闭环结构，如图 2-52 所示，其中 $\phi_1(s)=\dfrac{G_2(s)G_3(s)}{1+G_2(s)G_3(s)H_2(s)}$。

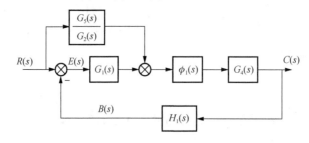

图 2-52　图 2-48 比较点 a、b 合并后结构图

第二步，求 $\phi_e(s)$，方法有两个。

方法一：变换结构图如图 2-53 所示，比较器沿反馈通道移动合并。

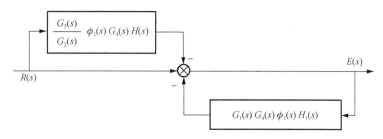

$$\boxed{\dfrac{G_5(s)}{G_2(s)} \; \phi_1(s) \, G_4(s) \, H(s)}$$

$R(s)$

$E(s)$

$$\boxed{G_1(s) \, G_4(s) \, \phi_1(s) \, H_1(s)}$$

图 2-53　图 2-52 进一步化简结构图

根据图 2-53 应用结构图简化法则求得

$$\phi_e(s) = \frac{1 + G_2(s)G_3(s)H_2(s) - G_5(s)G_3(s)G_4(s)H_1(s)}{1 + G_2(s)G_3(s)H_2(s) + G_1(s)G_2(s)G_3(s)G_4(s)H_1(s)}$$

方法二：建立代数方程，联立求解方法，即

$$\begin{cases} E(s) = R(s) - B(s) \\ B(s) = H_1(s)C(s) \\ C(s) = G_1(s)\phi_1(s)G_4(s)E(s) + \dfrac{G_5(s)}{G_2(s)}\phi_1(s)G_4(s)R(s) \end{cases}$$

求解方程组，消去 $B(s)$ 及 $C(s)$ 得

$$\begin{aligned} E(s) &= R(s) - H_1 C(s) \\ &= R(s) - H_1(s)G_1(s)\phi_1(s)G_4(s)E(s) \\ &\quad - \frac{G_5(s)}{G_2(s)}\phi_1(s)H_1(s)G_4(s)R(s)\left[1 + G_1(s)\phi_1(s)G_4(s)H_1(s)\right]E(s) \\ &= \left[1 - \frac{G_5(s)}{G_2(s)}\phi_1(s)H_1(s)G_4(s)\right]R(s) \end{aligned}$$

所以

$$\phi_e(s) = \frac{E(s)}{R(s)}$$

$$= \frac{1 - \dfrac{G_5(s)}{G_2(s)}\phi_1(s)G_4(s)H_1(s)}{1 + G_1(s)\phi_1(s)G_4(s)H_1(s)}$$

$$= \frac{1 + G_2(s)G_3(s)H_2(s) - G_3(s)G_4(s)G_5(s)H_1(s)}{1 + G_2(s)G_3(s)H_2(s) + G_1(s)G_2(s)G_3(s)G_4(s)H_1(s)}$$

（4）求 $\phi_N(s) = \dfrac{C(s)}{N(s)}$。

根据传递函数的定义，要求取系统扰动的传递函数，要先令 $R(s) = 0$。

第一步：将图 2-48 的 $N(s)$ 作用比较点移到 b 处，这是一个多环系统，如图 2-54 所示。

第二步：应用串联和反馈连接简化法则将内环简化，使系统成为标准的单闭环系统如图 2-55 所示，其中 $\phi_1(s) = \dfrac{G_2(s)G_3(s)}{1+G_2(s)G_3(s)H_2(s)}$。

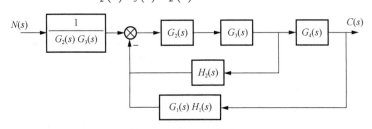

图 2-54　$N(s)$ 作用下系统结构图

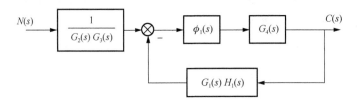

图 2-55　内环化简后的结构图

第三步：根据图 2-55 求出

$$\phi_N(s) = \frac{\phi_1(s)G_4(s)\dfrac{1}{G_2(s)G_3(s)}}{1+G_1(s)\phi_1(s)G_4(s)H_1(s)}$$

$$= \frac{G_4(s)}{1+G_2(s)G_3(s)H_2(s)+G_1(s)G_2(s)G_3(s)G_4(s)H_1(s)}$$

则系统特征方程为

$$D(s) = 1+G_2(s)G_3(s)H_2(s)+G_1(s)G_2(s)G_3(s)G_4(s)H_1(s)=0$$

2.4　控制系统的信号流图

1. 系统信号流图基本单元及概念

如图 2-56 所示为某系统的信号流图。

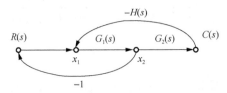

图 2-56　某系统的信号流图

（1）图中"○"为节点，代表变量（信号）和变量代数和。

（2）带箭头直线"——→"为支路，箭头表示信号流动方向，支路上标明两个节点之间的增益。

（3）节点又分为源节点、汇节点和混合节点。只有输出支路的节点称为源节点，如 ○——→；只有输入支路的节点称为汇节点，如——→○；既有输入支路又有输出支路的节点称为混合节点。

2. 信号流图概念

根据图 2-56 可以列出下面代数方程组，即

$$\begin{cases} x_1(s) = R(s) - H(s)C(s) \\ x_2(s) = G_1(s)x_1(s) \\ C(s) = G_2(s)x_2(s) \end{cases}$$

可见，系统的信号流图是描述一个多元一次代数方程组之间关系的数学图形，所以信号流图也是系统数学模型的一种形式。

2.4.1 系统信号流图画法

例 2-6 从物理系统画系统信号流图方法。已知他励直流电动机如图 2-57 所示，其中电枢电压为 u_d，电动机绕组电感为 L_d，电阻为 R_d，电动机转子的转动惯量为 J，电动机轴的旋转速度为 $n(t)$，励磁电流 i_f 为常数 C，画出其信号流图。

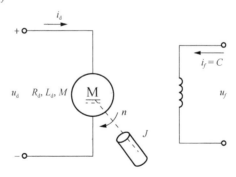

图 2-57　他励直流电动机

解

（1）根据数学模型概念建立系统物理模型，如图 2-58 所示。

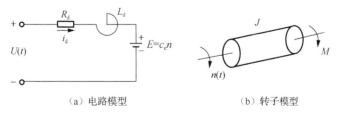

（a）电路模型　　　　（b）转子模型

图 2-58　他励直流电动机物理模型

（2）根据信号流图概念和支配物理模型的有关定律，建立代数方程组，设系统初值为零。电路微分方程及其对应代数方程为

$$L_d \frac{di_d}{dt} + i_d R_d = u_d - E \Rightarrow I_d(s) = \frac{\frac{1}{R_d}}{T_L s + 1}\left[u_d(s) - E(s)\right] \tag{2-31}$$

$$E(s) = c_e n(s) \tag{2-32}$$

机械转子（令负载为零）微分方程：$J\dfrac{dn}{dt} = c_m i_d$。对该式进行拉普拉斯变换，并把 $T_m = \dfrac{JR_d}{c_e c_m}$ 代入，则对应的代数方程为

$$n(s) = \frac{\frac{R_d}{c_e}}{T_m s} I_d(s) \tag{2-33}$$

从代数方程看出该方程有 4 个变量，即 $u_d(s)$、$u_d(s) - E(s)$、$I_d(s)$ 及 $n(s)$。

（3）根据变量个数及代数方程组画信号流图，即：①4 个变量，从输入到输出画 4 个节点；②根据方程组描述 4 个变量关系，用支路将节点连接起来，并在支路上标出它们之间的增益及符号，就得信号流图，如图 2-59 所示。

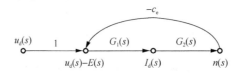

图 2-59　他励直流电动机信号流图

例 2-7　根据系统结构画信号流图。已知系统结构图如图 2-60 所示，画其信号流图。

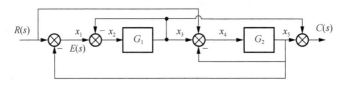

图 2-60　例 2-7 系统结构图

解

（1）首先在图上从输入到输出标出变量，如有多个前向通道，在变量最多的前向通道上标出，如图 2-60 所示的 $R(s)$、x_1、x_2、x_3、x_4、x_5 及 $C(s)$ 共 7 个变量。

（2）从输入到输出画 7 个节点。

（3）根据图 2-60 所示各个变量之间关系用支路将节点连接起来，并标出节点之间的增益及增益符号，得到该系统信号流图，如图 2-61 所示。

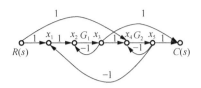

图 2-61   例 2-7 的信号流图

2.4.2   根据系统的信号流图求取闭环传递函数

从系统的信号流图求取闭环传递函数，应用梅森增益公式求取，即

$$p = \frac{1}{\Delta} \sum_{k=1}^{n} p_k \Delta_k \qquad (2\text{-}34)$$

式中，p 为总增益，其实就是系统的传递函数 $\phi(s)$。

例 2-8   下面以图 2-61 所示信号流图说明公式中各个符号概念及求 $\phi(s)$ 方法。

（1）n 称为前向通道条数，前向通道是指从输入节点到输出节点，而且每一个节点只通过一次的通道。本例 $n=4$，即

第一条：$R(s) \rightarrow x_1 \rightarrow x_2 \rightarrow x_3 \rightarrow x_4 \rightarrow x_5 \rightarrow C(s)$。

第二条：$R(s) \rightarrow x_1 \rightarrow x_2 \rightarrow x_3 \rightarrow C(s)$。

第三条：$R(s) \rightarrow x_4 \rightarrow x_5 \rightarrow C(s)$。

第四条：$R(s) \longrightarrow x_4 \longrightarrow x_5 \longrightarrow x_1 \longrightarrow x_2 \longrightarrow x_3 \longrightarrow C(s)$。

（2）p_k 称第 k 条前向通道增益，即

$$p_1 = G_1 G_2, \quad p_2 = G_1, \quad p_3 = G_2, \quad p_4 = -G_1 G_2$$

（3）Δ 为梅森增益公式的特征式，即

$$\Delta = 1 - \sum L_a + \sum L_b L_c - \sum L_d L_e L_f + \cdots \qquad (2\text{-}35)$$

$\sum L_a$ 为所有独立回路（单独回路）增益的代数和。起点和终点同是一个节点的回路为独立回路。本例有三个独立回路，即

$$\sum L_a = -G_1 - G_2 - G_1 G_2$$

$\sum L_b L_c$ 为每两个互不接触回路增益乘积代数和。没有共同节点的回路，为互不接触回路。本例有两个互不接触回路，即

$$\sum L_b L_c = (-G_1)(-G_2) = G_1 G_2$$

$\sum L_d L_e L_f$ 为每三个互不接触回路增益乘积代数和。本例没有，所以 $\Delta = 1 + G_1 + G_2 + G_1 G_2 + G_1 G_2$。

Δ_k 为第 k 条前向通道的余因子式。就是在 Δ 中除去与第 k 条前向通道相接触回路增益之后，余下部分就是 Δ_k。

本例中，存在四个前向通道的余因子式，分别是 Δ_1、Δ_2、Δ_3 和 Δ_4，我们先计算 Δ_1，由于三个独立回路都与第一条前向通道相接触，所以在 Δ 中除去与第 1 条前向通道相接触的三个独立回路的增益，因此有 $\Delta_1 = 1$。采用同样的方法可以计算出：

$\Delta_2 = 1 + G_2$，此时有两个独立回路和第二条前向通道接触；

$\Delta_3 = 1 + G_1$，此时有两个独立回路和第三条前向通道接触；

$\Delta_4 = 1$，此时有三个独立回路和第四条前向通道接触。

根据以上分析计算求得该系统闭环传递函数，即

$$\phi_r(s) = \frac{C(s)}{R(s)} = \frac{G_1G_2 + G_1(1+G_2) + G_2(1+G_1) - G_1G_2}{1 + G_1 + G_2 + G_1G_2 + G_1G_2}$$

同理求得

$$\phi_e(s) = \frac{E(s)}{R(s)} = \frac{x_1}{R(s)}, \quad n=2, \quad p_1 = 1, \quad p_2 = -G_2$$

$$\Delta = 1 + G_1 + G_2 + 2G_1G_2, \quad \Delta_1 = 1 + G_1 + G_2 + G_1G_2, \quad \Delta_2 = 1 + G_1$$

则有

$$\phi_e(s) = \frac{1 \times (1 + G_1 + G_2 + G_1G_2) - G_2(1+G_1)}{1 + G_1 + G_2 + 2G_1G_2}$$

可见，应用梅森增益公式求系统闭环传递函数很方便，特别适用于结构图非常复杂的系统。但是，要求我们对公式各个符号概念很清楚，而且还要认真细心。

例 2-9 已知系统信号流图如图 2-62 所示，求 $\phi_r(s) = \dfrac{C(s)}{R(s)}$。

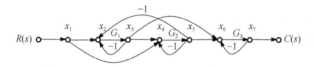

图 2-62 例 2-9 信号流图

解

根据信号流图可知：

$$n = 4, \quad \begin{cases} p_1 = G_1G_2G_3 \\ p_2 = G_1G_3 \\ p_3 = G_2G_3 \\ p_4 = -G_1G_2G_3 \end{cases}, \quad \begin{cases} \Delta_1 = 1 \\ \Delta_2 = 1 + G_2 \\ \Delta_3 = 1 + G_1 \\ \Delta_4 = 1 \end{cases}$$

而 $\Delta = 1 - \sum L_a + \sum L_bL_c - \sum L_dL_eL_f + \cdots$。

四个独立回路：$\sum L_a = -G_1 - G_2 - G_3 - G_1G_2$。

四对互不接触回路：

$$\sum L_bL_c = (-G_1)(-G_2) + (-G_2)(-G_3) + (-G_2)(-G_3) + (-G_3)(-G_1G_2)$$
$$= G_1G_2 + G_1G_3 + G_2G_3 + G_1G_2G_3$$
$$\sum L_dL_eL_f = (-G_1)(-G_2)(-G_3) = -G_1G_2G_3$$

所以，$\phi_r(s) = \dfrac{G_1G_2G_3 + G_1G_3(1+G_2) + G_2G_3(1+G_1) - G_1G_2G_3}{1 + G_1 + G_2 + G_3 + 2G_1G_2G_3 + G_1G_3 + G_2G_3 + 2G_1G_2}$。

小　结

经典控制理论的数学模型有两种形式，一种形式是以 t 为变量的时域数学模型，也就是微分方程，这是系统数学模型的基础形式；另一种形式是以 s 为变量的复数域数学模型，也就是传递函数、结构图、信号流图，是工程广泛应用的数学模型形式。具体内容如下。

1. 基本概念

系统数学模型、系统物理模型、线性化、传递函数、传递函数零极点、典型环节、结构图、闭环传递函数、开环传递函数、信号流图及梅森增益公式等。

2. 基本理论

除数学、物理、电路、电工电子技术一些知识外，本章基本理论是传递函数零极点及其在系统运动中的作用、典型环节特性、结构图简化法则、梅森增益公式。

3. 基本方法

（1）建立系统微分方程一般方法。
（2）求系统传递函数方法。
（3）画系统结构图方法。
（4）从系统结构图求取各种闭环传递函数及开环传递函数方法。
（5）画系统信号流图和应用梅森增益公式求系统闭环传递函数的方法。

习　题

2-1　如图 2-63 所示分别表示三个机械系统。m 为滑块的质量，k_1、k_2 为弹簧的弹性系数，f_1、f_2 为阻尼器阻尼系数，$r(t)$ 为输入位移，$c(t)$ 为输出位移。分别求取各系统微分方程及传递函数。

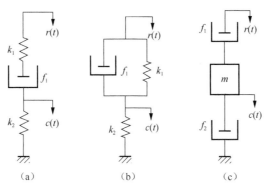

图 2-63　习题 2-1 中的机械系统

2-2 已知系统结构图如图 2-64 所示，求其开环传递函数 $G(s)$ 及 $\dfrac{C(s)}{R(s)}$ 和 $\dfrac{E(s)}{R(s)}$。

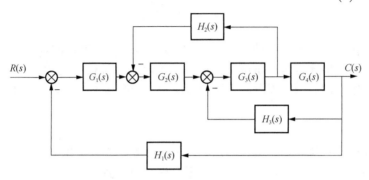

图 2-64 习题 2-2 系统结构图

2-3 如图 2-65 所示系统，求其开环传递函数 $G(s)$ 及 $\dfrac{C(s)}{R(s)}$、$\dfrac{C(s)}{N(s)}$、$\dfrac{E(s)}{R(s)}$。

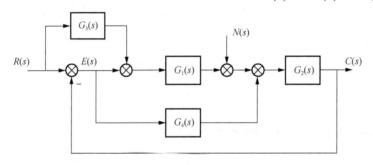

图 2-65 习题 2-3 系统结构图

2-4 如图 2-66 所示系统，求其开环传递函数 $G(s)$ 及 $\dfrac{C(s)}{R(s)}$、$\dfrac{C(s)}{N(s)}$、$\dfrac{E(s)}{R(s)}$。

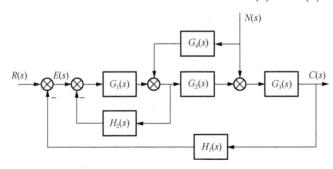

图 2-66 习题 2-4 系统结构图

2-5 如图 2-67 所示系统，求其开环传递函数 $G(s)$ 及 $\dfrac{C(s)}{R(s)}$、$\dfrac{C(s)}{N(s)}$、$\dfrac{E(s)}{R(s)}$。

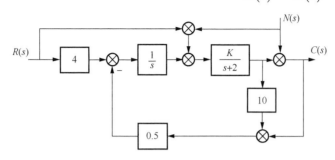

图 2-67 习题 2-5 系统结构图

3 线性定常系统的时域分析法

确定系统的数学模型后，便可以对系统进行分析，所谓系统分析就是在已知系统数学模型及其参数的基础上，分析系统在典型输入信号作用下，其输出变量的动态性能和稳态性能。因为工程中对控制系统是有一定要求的，归纳起来主要有三方面要求。

（1）系统应是稳定的，这是控制系统能正常工作的基本前提。如果一个闭环系统，当受到扰动时，其输出变量等幅振荡或发散振荡，那么系统不能工作，这是系统性能分析的重要部分。

（2）如果系统稳定，对系统输出动态性能还有要求，要求动态过程振荡不严重，而且动态过程时间短。如果系统受扰动影响产生强烈的衰减振荡，动态过程时间过长，这也会导致系统无法应用，这是系统动态性能要分析的问题。

（3）除系统稳定又具有良好的动态性能之外，还要求有足够的稳态控制精度，也就是系统的稳态性能，如果一个系统控制稳态精度达不到要求，生产也无法正常进行。

所以上述三方面要求就是综合分析的基本任务及内容。对经典控制理论，系统分析有三种方法：以 t 为自变量的时域分析法；以 s 为变量的作图法，即根轨迹法；以 ω 为变量的频域分析法。

3.1 典型输入信号

在实际生产中，常常难以准确知道系统输入信号的变化规律。如防空导弹的控制系统，在跟踪目标的过程中，由于目标作任意机动飞行，因此系统输入信号是随机的。只有少数系统输入信号是已知的，如恒速、恒温、数控机床等。

工程中为了对系统进行分析和设计，需要有一个对系统性能比较的基准，这个基准就是事先规定的具有典型意义的试验信号，这些信号称典型输入信号，常用的典型输入信号如下。

（1）阶跃输入函数：时域表达式 $r(t)=\begin{cases} R, & t \geq 0 \\ 0, & t < 0 \end{cases}$，如图 3-1（a）所示，复数域表达式 $\dfrac{R}{s}$，R 为 1 时称为单位阶跃输入函数，单位输入函数记作 1(t)。

（2）斜坡输入函数：时域表达式 $r(t)=\begin{cases} Rt, & t \geq 0 \\ 0, & t < 0 \end{cases}$，如图 3-1（b）所示，复数域表达式 $\dfrac{R}{s^2}$，R 为 1 时称为单位斜坡输入函数。

（3）加速度输入函数：时域表达式 $r(t) = \begin{cases} Rt^2, & t \geqslant 0 \\ 0, & t < 0 \end{cases}$，如图 3-1（c）所示，复数域表达

式 $\dfrac{2R}{s^3}$，R 为 0.5 时称为单位加速度输入函数。

（4）单位理想脉冲输入函数：时域表达式 $r(t) = \delta(t) = \begin{cases} \infty, & t \geqslant 0 \\ 0, & t < 0 \end{cases}$，$\displaystyle\int_{-\infty}^{\infty} \delta(t)\mathrm{d}t = 1$，如

图 3-1（d）所示，复数域表达式为 1。

（5）正弦输入函数：时域表达式 $r(t) = A\sin(\omega T)$，如图 3-1（e）所示，复数域表达式为 $\dfrac{A\omega}{s^2 + \omega^2}$。

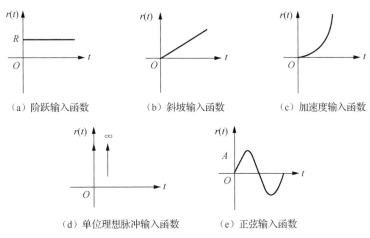

（a）阶跃输入函数　　　　（b）斜坡输入函数　　　　（c）加速度输入函数

（d）单位理想脉冲输入函数　　（e）正弦输入函数

图 3-1　各类输入函数的曲线

3.2　线性定常系统的稳定性分析

3.2.1　稳定性的概念

已知系统平衡状态是原点，系统受到一个理想单位脉冲的扰动。系统输出偏离平衡状态，一旦扰动消失，系统的时间响应可能有三种情况，如图 3-2 所示。

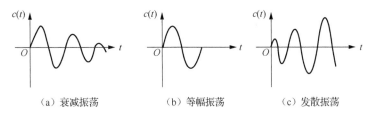

（a）衰减振荡　　　　　（b）等幅振荡　　　　　（c）发散振荡

图 3-2　系统时间响应的三种情况

（1）衰减振荡规律如图 3-2（a）所示，系统偏离平衡状态，衰减一定时间后，又恢复到原来的平衡状态，称系统是稳定的。

（2）等幅振荡规律如图 3-2（b）所示，系统偏离平衡状态，扰动消失后，无法恢复到原来的平衡状态，称系统是不稳定的。

（3）发散振荡规律如图 3-2（c）所示，系统偏离平衡状态，扰动消失后，系统无法恢复到原来的平衡状态，而且发散，称系统是不稳定的。

根据上面示例，系统的稳定性定义为：设系统处于平衡状态 $c(t) = 0$ （系统静止不动），当系统受到外部扰动，系统输出立即产生时间响应而偏离平衡状态。一旦外部扰动消失，$c(t)$ 经过一定时间逐渐回到原来的平衡状态，称系统稳定，否则就不稳定。

从稳定性定义看出，系统稳定性是对所设平衡状态定义的，对线性系统而言它的平衡状态都处于静止状态，即 $c(t) = 0$。同时还看出研究系统稳定性是研究外部扰动作用下系统的时间响应，也就是研究单位脉冲响应。

3.2.2 系统稳定的充要条件

比如已知系统数学模型，根据稳定性定义，判定系统稳定的条件是什么呢？下面通过一个简单例子，通过稳定性概念去分析，找出稳定的条件。

如图 3-3 所示为某二阶系统结构图。

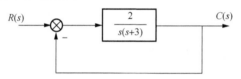

图 3-3 某二阶系统结构图

根据稳定性概念，系统稳定还是不稳定看其单位理想脉冲响应。设 $r(t) = \delta(t)$ ，对应拉普拉斯变换 $R(s) = 1$ ，则

$$C(s) = \phi(s) \times R(s)$$

$$C(s) = \frac{2}{s^2 + 3s + 2} = \frac{2}{(s+1)(s+2)}$$

系统有两个闭环极点，其分布图如图 3-4 所示，单位脉冲响应 $c(t) = 2e^{-t} - 2e^{-2t}$ ，响应曲线如图 3-5 所示。

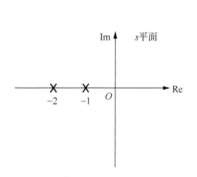

图 3-4 图 3-3 所示系统极点分布图

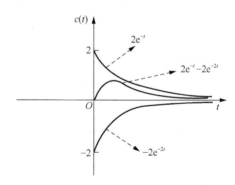

图 3-5 图 3-3 所示系统单位脉冲响应

从图 3-5 可知，单位脉冲响应衰减到零即平衡状态，所以该系统是稳定的。而其稳定的内因是其闭环极点实部全部是负的或全部分布在 s 平面虚轴左侧。

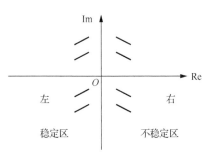

图 3-6　极点分布与系统稳定的关系

通过这个例子我们可以看出，系统的稳定性与系统的全部极点在 s 平面分布有着密切的关系。现在我们不加证明地给出系统稳定的充要条件，闭环系统全部极点具有负实部或全部闭环极点都分布在 s 平面虚轴左侧，此时系统是稳定的，如图 3-6 所示。只要有一个极点分布在虚轴上或虚轴右侧，则系统不稳定。通常称极点分布在虚轴上为临界稳定（实际不稳定），它是系统稳定与不稳定的分界线。

系统稳定的充要条件说明，系统稳定仅仅与闭环极点有关，而与闭环零点和开环极点无关，这就说明分析系统稳定性要抓住闭环极点，也就是要分析系统的闭环特征方程 $D(s)=1+G(s)=0$，闭环特征方程的关键在于求取系统的开环传递函数，这是分析系统稳定性的出发点。

3.2.3　系统的稳定判据

已知系统的数学模型及其参数，如何判别其是否满足稳定充要条件呢？对高阶系统取闭环极点是不容易的，是否有不求闭环极点就能判断其稳定性的方法？

第一个方法，对一阶和二阶系统，可直接求取对应闭环特征方程的根，对于一阶和二阶系统，当其闭环特征方程不缺项且各项系数均大于零，则其闭环系统极点一定全为负实部，满足稳定充要条件，系统稳定，否则就不稳定；但是对高阶系统，$D(s)=1+G(s)=0$ 不缺项，各项系数均大于零，仅满足稳定的必要条件，但还不充分，这样系统稳定与否还与其参数大小有关，因此，提出第二个方法，即劳斯-赫尔维茨判据（这个判据对于任何阶次系统都适用），其主要步骤如下。

（1）已知系统闭环特征方程：$D(s)=a_n s^n + a_{n-1}s^{n-1}+\cdots+a_1 s+a_0=0, a_i>0\ (i=0,1,2,\cdots,n)$。

（2）根据 $D(s)=0$，列出劳斯表：

$$
\begin{array}{cccc}
s^n & a_n & a_{n-2} & a_{n-4} & \cdots \\
s^{n-1} & a_{n-1} & a_{n-3} & a_{n-5} & \cdots \\
s^{n-2} & c_{13} & c_{23} & c_{33} & \cdots \\
s^{n-3} & c_{14} & c_{24} & c_{34} & \cdots \\
\vdots & \vdots & \vdots & \vdots & \\
s^0 & a^0 & & &
\end{array}
$$

式中，

$$c_{13}=\frac{a_{n-1}a_{n-2}-a_n a_{n-3}}{a_{n-1}}, \quad c_{23}=\frac{a_{n-1}a_{n-4}-a_n a_{n-5}}{a_{n-1}}, \quad \cdots$$

$$c_{14}=\frac{c_{13}a_{n-3}-c_{23}a_{n-1}}{c_{13}}, \quad c_{24}=\frac{c_{13}a_{n-5}-c_{33}a_{n-1}}{c_{13}}, \quad \cdots$$

（3）劳斯-赫尔维茨判据。

第一条判据：劳斯表第一列各元素均大于零，系统稳定，即满足稳定充要条件。

第二条判据：劳斯表第一列各元素中有等于零或小于零的，则系统不稳定。

第三条判据：劳斯表第一列元素符号变化次数等于闭环极点在 s 平面虚轴右侧的极点个数，也就是系统不稳定根的数量，这种情况也是不稳定的。

第四条判据：两种特殊情况。

第一种特殊情况，当劳斯表中第一列元素有一个等于零，其他不为零时，系统不稳定。但是闭环不稳定极点分布在 s 平面什么地方未知，下面用例子说明找不稳定极点位置的方法。

已知系统：

$$D(s) = s^4 + 3s^3 + s^2 + 3s + 1 = 0$$

劳斯表：

$$
\begin{array}{llll}
s^4 & 1 & 1 & 1 \\
s^3 & 3 & 3 & 0 \\
s^2 & 0 & 1 & \\
s & -\infty & 0 &
\end{array}
$$

第一列元素有一个为 0 系统不稳定，找不稳定极点分布位置困难，工程上采用参数 ε 代替第一列等于 0 的元素，而且该参数大于零，则新的劳斯表为

$$
\begin{array}{llll}
s^4 & 1 & 1 & 1 \\
s^3 & 3 & 3 & 0 \\
s^2 & \varepsilon & 1 & \\
s & -\infty & 0 & \\
s^0 & 1 &
\end{array}
$$

第一列元素符号变化两次，因此不稳定极点有两个。

第二种特殊情况，劳斯表行列式某行元素全为 0。例如，

$$D(s) = s^3 + 10s^2 + 16s + 160 = 0$$

劳斯表：

$$
\begin{array}{lll}
s^3 & 1 & 16 \\
s^2 & 10 & 160 \\
s & 0 & 0
\end{array}
$$

由于出现了全零行，工程上采用对 s^2 行做辅助方程的方法使劳斯表可以继续写下去，即对 $10s^2 + 160 = 0$ 求导数，得到 $20s + 0 = 0$，利用该式的各项系数作为劳斯表中 s 行的各项元素，得到新的行列式，同时可以对辅助方程求解得到不稳定的极点 $s_{1,2} = \pm 4j$。系统不稳定的极点分布在虚轴上。

采用辅助方程得到的新劳斯表为

$$
\begin{array}{ccc}
s^3 & 1 & 16 \\
s^2 & 10 & 160 \\
s & 20 & 0 \\
s^0 & 160 &
\end{array}
$$

3.2.4 劳斯-赫尔维茨判据应用

例 3-1 系统如图 3-7 所示，要求：

（1）$K^* = 4$ 时分析系统的稳定性；

（2）K^* 未知时系统稳定，求 K^* 的范围。

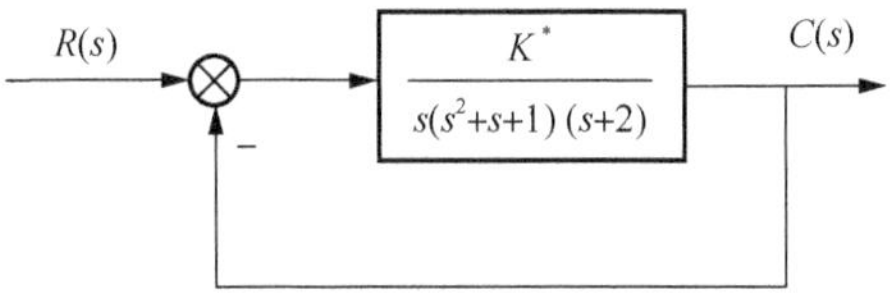

解

（1）$K^* = 4$ 分析系统稳定性（系统分析）。

图 3-7 例 3-1 系统的结构图

第一步：首先求系统开环传递函数 $G(s) = \dfrac{4}{s(s^2 + s + 1)(s + 2)}$。

第二步：列写系统特征方程 $D(s) = 1 + G(s) = s^4 + 3s^3 + 3s^2 + 2s + 4 = 0$。

第三步：列劳斯表，即

$$
\begin{array}{ccc}
s^4 & 1 & 3 & 4 \\
s^3 & 3 & 2 & 0 \\
s^2 & \dfrac{7}{3} & 4 \\
s & -\dfrac{22}{7} & \\
s^0 & 4 &
\end{array}
$$

第四步：稳定性分析，劳斯表第一列有一个元素小于零，因此由劳斯-赫尔维茨判据可知 $K^* = 4$ 时系统是不稳定的。

（2）K^* 未知，应用劳斯-赫尔维茨判据求稳定性 K^* 方法和步骤与上一问是一样的。

第一步：$D(s) = 1 + G(s) = s^4 + 3s^3 + 3s^2 + 2s + K^* = 0$。

第二步：列出劳斯表，即

$$
\begin{array}{ccc}
s^4 & 1 & 3 & K^* \\
s^3 & 3 & 2 & 0 \\
s^2 & \dfrac{7}{3} & K^* \\
s & \dfrac{14 - 9K^*}{7} & \\
s^0 & K^* &
\end{array}
$$

第三步：稳定性分析，根据劳斯-赫尔维茨判据系统稳定要求劳斯表第一列各元素均大于零，即

$$
K^* > 0
$$

$$\frac{14-9K^*}{7}>0$$

$$K^*<\frac{14}{9}$$

所以系统稳定要求：

$$0<K^*<\frac{14}{9}$$

若 $K^*=\dfrac{14}{9}$，则系统处于临界稳定；若 $K^*>\dfrac{14}{9}$，则系统不稳定。可见系统开环增益（本例 $K=\dfrac{K^*}{2}$）对系统稳定性的影响是很大的。

例 3-2　已知系统开环传递函数 $G(s)=\dfrac{10}{s(s+1)(s+2)}$，如果系统不稳定，在不改变系统参数前提下，应用劳斯-赫尔维茨判据解决这个问题。

解

（1）应用劳斯-赫尔维茨判据分析给定系统的稳定性，找出系统不稳定原因。

第一步：$D(s)=1+G(s)=s^3+3s^2+2s+10=0$。

第二步：劳斯表为

$$
\begin{array}{ccc}
s^3 & 1 & 2 \\
s^2 & 3 & 10 \\
s & -\dfrac{4}{3} & 0 \\
s^0 & 10 &
\end{array}
$$

第三步：进行稳定性分析，第一列有一个元素小于零，系统不稳定。其原因是特征方程中第二项和第三项系数小。

（2）为了使系统稳定，将 $D(s)=0$ 中含有 s 项的系数加大，即

$$D'(s)=1+G(s)=s^3+3s^2+2s+10\tau s+10=s^3+3s^2+(2+10\tau)s+10=0$$

其劳斯表为

$$
\begin{array}{ccc}
s^3 & 1 & 2+10\tau \\
s^2 & 3 & 10 \\
s & \dfrac{3(2+10\tau)-10}{3} & \\
s^0 & 10 &
\end{array}
$$

从新的劳斯表知，系统稳定的条件是 $3(2+10\tau)-10>0$，即 $\tau>\dfrac{4}{30}$，此时系统稳定。

（3）求加入系统的典型环节：

$$D'(s)=s^3+3s^2+2s+10\tau s+10$$

$$=1+\frac{10(\tau s+1)}{s^3+3s^2+2s}=1+\frac{10(\tau s+1)}{s(s+1)(s+2)}=0$$

可见，系统新的开环传递函数 $G'(s) = \dfrac{10(\tau s + 1)}{s(s+1)(s+2)}$ 与原系统的开环传递函数 $G(s) = \dfrac{10}{s(s+1)(s+2)}$ 比较，多了一个一阶微分环节 $\tau s + 1$，即加入一个开环零点。

例 3-3 已知系统开环传递函数 $G(s) = \dfrac{K}{s^2(s+1)}$，其中参数 $K = 10$，没有开环零点。

（1）分析系统稳定性。

（2）如果系统不稳定，如何对系统进行调整从而使系统稳定。

解

（1）分析稳定性：

$$D(s) = 1 + G(s) = s^3 + s^2 + 10 = 0$$

从 $D(s) = 0$ 可知，缺项，即没有 s 项，所以系统不稳定。可见系统的开环传递函数 $G(s)$ 积分环节多且没有零点，所以 $D(s) = 0$ 一定缺项，使系统不稳定。也就是说系统的开环传递函数 $G(s)$ 积分环节对系统稳定性影响极大。因为无论怎样改变系统的开环传递函数 $G(s)$ 参数，系统都无法稳定。工程上把 $D(s)$ 缺项称为结构不稳定系统。

（2）解决 $D(s) = 0$ 缺项方法。

第一步：首先使 $D(s) = 0$ 不缺项，若该系统缺 s 项，就人为地补上，即

$$D(s) = s^3 + s^2 + 10\tau s + 10 = 1 + \frac{10(\tau s + 1)}{s^2(s+1)} = 0$$

可见，补上 s 项就是人为地给系统加入一个开环零点，故 $G'(s) = \dfrac{10(\tau s + 1)}{s^2(s+1)}$。

第二步：应用劳斯-赫尔维茨判据求取 τ 值，劳斯表为

$$\begin{array}{ccc}
s^3 & 1 & 10\tau \\
s^2 & 1 & 10 \\
s & 10\tau - 10 & \\
s^0 & 10 &
\end{array}$$

稳定性分析，由行列式可知系统稳定条件是

$$10\tau - 10 > 0$$
$$\tau > 1$$

通过本例可知：①开环传递函数积分环节多很容易造成 $D(s) = 0$ 缺项，使系统不稳定。②当系统开环传递函数 $G(s)$ 有两个积分环节，为了使 $D(s) = 0$ 不缺项，必须存在一个开环零点。当系统开环传递函数 $G(s)$ 有三个积分环节时，为了使 $D(s) = 0$ 不缺项，必须存在两个开环零点。所以系统开环传递函数 $G(s)$ 这种多积分环节的系统稳定性问题是不好解决的。工程上系统开环传递函数 $G(s)$ 最多有两个积分环节。

例 3-4 已知系统结构如图 3-8 所示，利用劳斯-赫尔维茨判据分析系统惯性环节时间常数对系统稳定性的影响。

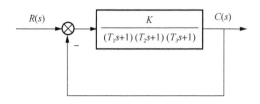

图 3-8 例 3-4 系统结构图

解

第一步：求取系统的开环传递函数 $G(s) = \dfrac{K}{(T_1s+1)(T_2s+1)(T_3s+1)}$。

第二步：求取系统的特征方程 $D(s)$。

$$D(s) = T_1T_2T_3s^3 + (T_1T_2 + T_2T_3 + T_1T_3)s^2 + (T_1 + T_2 + T_3)s + 1 + K$$
$$= as^3 + bs^2 + cs + d = 0$$

第三步：列劳斯表，即

$$
\begin{array}{ccc}
s^3 & a & c \\
s^2 & b & d \\
s & \dfrac{bc-ad}{b} & \\
s^0 & d &
\end{array}
$$

从行列式看出系统稳定的条件是：$a = T_1T_2T_3 > 0$，要求 $T_1 > 0$，$T_2 > 0$，$T_3 > 0$，$b = T_1T_2 + T_2T_3 + T_1T_3 > 0$，$bc - ad > 0$，即 $(T_1T_2 + T_2T_3 + T_1T_3)(T_1 + T_2 + T_3) > (1 + K)(T_1T_2T_3)$，因为系统的开环增益 $K > 0$，所以 $1 + K > 0$，$(T_1T_2 + T_1T_3 + T_2T_3)(T_1 + T_2 + T_3)\dfrac{1}{T_1T_2T_3} - 1 > K$。

第四步：在稳定前提基础上，分析 T_1，T_2，T_3 满足什么关系时，允许 K 值的范围变大，因为 K 值范围变大对系统稳定性很有好处。

① 当 $T_1 = T_2 = T_3 = T$，系统临界稳定时，$K = \dfrac{3T^2 \times 3T}{T^3} - 1 = 8$。

② 当 $T_1 = 10T_2$，$T_2 = T_3 = T$，系统临界稳定时，$K = \dfrac{21T^2 \times 12T}{10T^3} - 1 = 24.2$。

③ 当 $T_1 = 10T_2 = 100T_3$，$T_3 = T$，系统临界稳定时，$K = \dfrac{1110T^2 \times 111T}{1000T^3} - 1 = 122.21$。

结论：当一个系统有多个惯性环节时，如果时间常数彼此错开，错开越大，则在保证系统稳定条件下，允许开环增益 K 取值越大，对提高系统稳态性能即控制精度有好处。

3.3 线性定常系统的动态性能分析

所谓系统动态性能分析，就是已知系统数学模型及其参数，分析系统在单位阶跃信号作用下，系统输出 $c(t)$ 的动态性能。在工程实际中，有低阶系统和高阶系统之分，但是本节重点分析典型二阶系统动态性能。尽管实际中多数都是二阶以上的高阶系统，但是在一定条件下，高阶系统常常可以用典型二阶系统来近似进行分析和设计。

3.3.1 典型二阶系统动态性能分析

1. 典型二阶系统结构及数学模型

（1）典型二阶系统结构如图 3-9 和图 3-10 所示，由一个积分环节、一个惯性环节和一个比例环节组成的单位反馈系统，通常称为典型二阶系统。

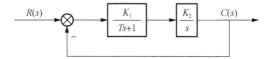

图 3-9　典型二阶系统结构框图 1

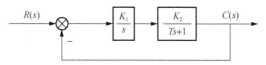

图 3-10　典型二阶系统结构框图 2

（2）典型二阶系统的数学模型，从图 3-9 中求得闭环系统开环传递函数为

$$G(s) = \frac{K}{s(Ts+1)} = \frac{K/T}{s(s+1/T)} \tag{3-1}$$

式中，$K = K_1 K_2$。

$$\phi(s) = \frac{G(s)}{1+G(s)} = \frac{K/T}{s^2 + s/T + K/T} \tag{3-2}$$

工程上为便于分析和设计，提出典型二阶系统标准的数学模型，即开环传递函数如式（3-3）所示，闭环传递函数如式（3-4）所示。

$$G(s) = \frac{\omega_n^2}{s(s+2\xi\omega_n)} \tag{3-3}$$

$$\phi(s) = \frac{\omega_n^2}{s^2 + 2\xi\omega_n s + \omega_n^2} \tag{3-4}$$

式中，ω_n 为自然振荡角频率；ξ 为阻尼比，是典型二阶系统的两个重要参数。

而实际系统数学模型与标准理论系统数学模型之间的参数关系如式（3-5）与式（3-6）所示。

令 $\omega_n^2 = \dfrac{K}{T}$，可以得到

$$\omega_n = \sqrt{K/T} \tag{3-5}$$

令 $2\xi\omega_n = \dfrac{1}{T}$，可以得到

$$\xi = \frac{1}{2\sqrt{KT}} \tag{3-6}$$

2. 典型二阶系统动态性能分析

根据第 2 章知识，系统闭环极点是系统产生动态过程的内因，所以分析典型二阶系统动态性能要抓其闭环极点。根据式（3-4），其闭环极点为

$$s_{1,2} = -\xi\omega_{\mathrm{n}} \pm \omega_{\mathrm{n}}\sqrt{\xi^2 - 1} \tag{3-7}$$

根据式（3-7）看出，ξ 的大小不同，极点在 s 平面上分布位置就不同，单位阶跃响应就不同，所以抓极点归根到底要解决 ξ 的大小。

典型二阶系统闭环极点在 s 平面上分布与单位阶跃响应的关系如下。

1）$\xi > 1$ 过阻尼

从式（3-7）可知，$s_{1,2}$ 是一对不相等的负实数极点，如图 3-11（a）所示，其中 $s_1 = -\xi\omega_{\mathrm{n}} + \omega_{\mathrm{n}}\sqrt{\xi^2 - 1} = \frac{1}{T_1}$，$s_2 = -\xi\omega_{\mathrm{n}} - \omega_{\mathrm{n}}\sqrt{\xi^2 - 1} = \frac{1}{T_2}$。

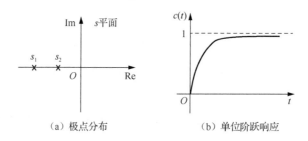

（a）极点分布　　　　　　（b）单位阶跃响应

图 3-11　典型二阶系统过阻尼条件下极点分布与单位阶跃响应曲线

$\phi(s) = \dfrac{2}{s^2 + 3s + 2} = \dfrac{\omega_{\mathrm{n}}^2}{s^2 + 2\xi\omega_{\mathrm{n}}s + \omega_{\mathrm{n}}^2}$，$\omega_{\mathrm{n}} = \sqrt{2}$，$\xi - 1.06 > 1$，其中单位阶跃响应曲线如图 3-11（b）所示，此时有

$$c(t) = 1 - 2\mathrm{e}^{-t} + \mathrm{e}^{-2t} \tag{3-8}$$

可见当系统的闭环极点是一对不相等的负数极点且阻尼比大于 1 时，单位阶跃响应是一条单调的非周期特性曲线。

2）$\xi = 1$ 临界阻尼

从式（3-7）可知，$s_{1,2} = -\omega_{\mathrm{n}}$（二重实极点），如图 3-12（a）所示，其单位阶跃响应如图 3-12（b）所示，此时有

$$C(s) = \phi(s)\frac{1}{s} = \frac{\omega_{\mathrm{n}}^2}{s\left(s + \omega_{\mathrm{n}}^2\right)} = \frac{1}{s} - \frac{1}{s + \omega_{\mathrm{n}}^2} \tag{3-9}$$

$$c(t) = 1 - \left(\omega_{\mathrm{n}}t + 1\right)\mathrm{e}^{-t\omega_{\mathrm{n}}}$$

可见 $\xi = 1$ 时典型二阶系统单位阶跃响应也是非周期运动特性。

3）$0 < \xi < 1$ 欠阻尼

式（3-7）可知，闭环极点是一对复数极点如图 3-13（a）所示，其单位阶跃响应如

图 3-13（b）所示，动态性能是衰减振荡的，相应的表达式为

$$c(t) = 1 - \frac{1}{\sqrt{1-\xi^2}} e^{-\xi\omega_n t} \sin(\omega_n \sqrt{1-\xi^2}\, t + \theta), \ \theta = \cos^{-1}\xi \tag{3-10}$$

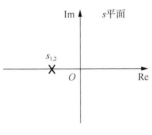
（a）极点分布

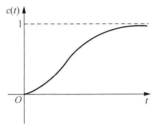
（b）单位阶跃响应

图 3-12　典型二阶系统临界阻尼条件下极点分布与单位阶跃响应曲线

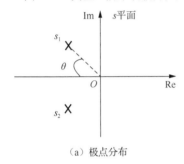
（a）极点分布

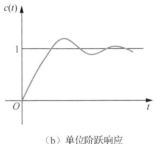
（b）单位阶跃响应

图 3-13　典型二阶系统欠阻尼条件下极点分布与单位阶跃响应曲线

4）$\xi = 0$ 无阻尼

式（3-7）可知，闭环极点是一对纯复数极点 $\pm j\omega_n$，如图 3-14（a）所示，响应曲线如图 3-14（b）所示，表达式如式（3-11）所示，响应是等幅振荡的，为临界稳定。

$$c(t) = 1 - \cos(\omega_n t) \tag{3-11}$$

通过上面的定性分析，根据典型二阶系统的闭环极点在 s 平面的分布位置，就可以知道单位阶跃响应运动的规律。相反知道阶跃响应的运动规律，也可以知道闭环极点在 s 平面的分布情况。有两个特殊点，我们要注意，阻尼比为 1 是振荡和不振荡的分界点，阻尼比为 0 是系统稳定和不稳定的分界点。

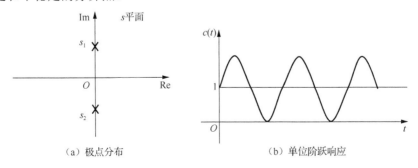
（a）极点分布　　　　　　　　　　　（b）单位阶跃响应

图 3-14　典型二阶系统在无阻尼条件下极点分布与单位阶跃响应曲线

3.3.2 典型二阶系统动态性能指标

工程实践中只定性分析系统的动态性能是不够的，还要利用动态性能指标来进行定量分析，工程上一般在欠阻尼情况下来定义动态性能指标，欠阻尼条件下典型二阶系统响应如图 3-15 所示。图中期望值是单位阶跃值，$c(t)$ 是实际输出量，$\pm\Delta$ 是误差带。

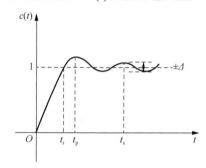

图 3-15　欠阻尼条件下典型二阶系统的动态响应

1. 上升时间

系统在稳定的条件下，通过阶跃输入作用，第一次到达稳态值的时间称为上升时间，记为 t_r。令式（3-10）等于 1，计算得 $\sin\left(\omega_n\sqrt{1-\xi^2}\,t+\theta\right)=0$，即 $\omega_n\sqrt{1-\xi^2}\,t+\theta=\pi$。

根据图 3-15 有

$$t_r = \frac{\pi-\theta}{\omega_n\sqrt{1-\xi^2}} \tag{3-12}$$

从式（3-12）看出，阻尼比一定时上升时间和自然振荡角频率 ω_n 成反比，T 一定时，K 增大则 ω_n 增大，上升时间就减小。反之 K 一定，T 减小，ω_n 增大，上升时间也减小。

2. 峰值时间

系统在稳定的条件下，通过阶跃输入作用，到达最大值对应的时间称为峰值时间，记为 t_p。根据其物理意义，利用式（3-10）求导数为零的条件，可得峰值时间为

$$t_p = \frac{\pi}{\omega_n\sqrt{1-\xi^2}} \tag{3-13}$$

峰值时间和自然振荡角频率成反比。$0<\xi<1$ 变化范围小，ξ 对峰值时间和上升时间影响不大。

3. 调节时间

如果系统稳定，系统在单位阶跃信号作用下，$c(t)$ 从零开始上升，达到并保持在工程允许误差范围内对应的最短时间称为调节时间，即过渡过程时间，记为 t_s。

设误差 $\Delta=1-c(t)$，一般工程上 $\Delta=\pm0.05$ 或 $\Delta=\pm0.02$。

令 $\Delta = \mathrm{e}^{-\xi\omega_n t_s}\sin(\omega_n\sqrt{1-\xi^2}t+\theta)$，取 $\Delta \approx \dfrac{1}{\sqrt{1-\xi^2}}\mathrm{e}^{-\xi\omega_n t_s}$，得 $\mathrm{e}^{\xi\omega_n t_s} = \dfrac{1}{\Delta\sqrt{1-\xi^2}} = \dfrac{1}{\Delta}\times\dfrac{1}{\sqrt{1-\xi^2}}$，

又取 $\xi\omega_n t_s = \lim\dfrac{1}{\Delta} + \lim\dfrac{1}{\sqrt{1-\xi^2}} \approx \lim\dfrac{1}{\Delta}$，所以可以近似求得调节时间为

$$t_s = \frac{1}{\xi\omega_n}\lim\frac{1}{\Delta} = \frac{3\text{或}4}{\xi\omega_n} \qquad (3\text{-}14)$$

式中，$\Delta = 0.05$ 时取 3，$\Delta = 0.02$ 时取 4。

可见，调节时间 t_s 与 ω_n 也成反比。由于 $\omega_n = \sqrt{\dfrac{K}{T}}$，同样，$K$ 增大或者 T 减小，ω_n 都增大，t_s 都减小。

4. 超调量

超调量就是最大峰值 $c(t_p)$ 超过系统稳定值 $c(\infty)$ 的百分数，称为超调量，记为 $\sigma\%$：

$$\sigma\% = \frac{c(t_p) - c(\infty)}{c(\infty)}\times 100\% \qquad (3\text{-}15)$$

从式（3-10）知，对于典型二阶系统 $c(t_p) = 1 = c(\infty)\underset{t\to\infty}{}$，所以典型二阶系统超调量计算公式为

$$\sigma\% = \left[c(t_p)-1\right]\times 100\% = \left\{1 - \frac{1}{\sqrt{1-\xi^2}}\sin\left[\mathrm{e}^{-\xi\omega_n t_s}\left(\omega_n\sqrt{1-\xi^2}t+\theta\right)\right]\right\} - 1\text{，将 } t_p = \frac{\pi}{\omega_n\sqrt{1-\xi^2}} \text{代入经}$$

整理得

$$\sigma\% = \mathrm{e}^{-\frac{\pi\xi}{\sqrt{1-\xi^2}}}\times 100\% \qquad (3\text{-}16)$$

可见，典型二阶系统超调量 $\sigma\%$ 只与阻尼比 ξ 有关，而 $\xi = \dfrac{1}{2\sqrt{KT}}$，如参数 T 保持一定而 K 变大，ξ 就变小，$\sigma\%$ 就增大。如果参数 K 一定，T 变小，则 ξ 变大，$\sigma\%$ 就变小。

综合上面分析，t_r、t_p 和 t_s 都是表示典型二阶系统响应快慢的指标，而 $\sigma\%$ 则用来衡量系统动态过程的振荡严重程度。工程上一般取 $\xi = 0.4 \sim 0.8$，$\sigma\% = 1.5\% \sim 25\%$。如果没有特殊要求，一般情况下取 $\xi = 0.707$，$\sigma\% = 4.5\%$，$\theta = 45°$。另外，动态响应快与超调量小这两者对 K 的要求是矛盾的，而对 T 要求是一致的。

例 3-5 已知系统结构如图 3-16 所示。

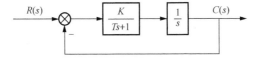

图 3-16 例 3-5 系统结构图

（1）当 $K = 2$，$T = 0.5\mathrm{s}$，求系统 t_r、t_s 及 $\sigma\%$；

（2）当 $T = 0.125\,\mathrm{s}$，$\sigma\% = 4.3\%$，$t_s = 1\mathrm{s}$（$\Delta = 0.02$），求 K。

解

（1）$K = 2$，$T = 0.5$。已知数据参数，求指标（系统分析）方法。

第一步：首先从结构图中求取 $G(s)$ 或 $\phi(s)$，即

$$G(s) = \frac{K}{s(Ts+1)} = \frac{2}{s(0.5s+1)} = \frac{4}{s(s+2)}$$

第二步：由于指标与 ω_n 和 ξ 有关，已知 $G(s)$ 求取 ξ 及 ω_n，对比标准 $G(s)$，即

$$G(s) = \frac{4}{s(s+2)} = \frac{\omega_n^2}{s(s+2\xi\omega_n)}$$

因此，$\omega_n^2 = 4$，$\omega_n = 2s^{-1}$，$2\xi\omega_n = 2$，$\xi = \frac{1}{\omega_n} = 0.5$。

第三步：计算性能指标，根据有关公式及 ξ、ω_n 求取性能指标。

当我们取 $\Delta = 0.02$ 时：

$$t_s = \frac{4}{\xi\omega_n} = \frac{4}{0.5 \times 2} = 4$$

$$t_r = \frac{\pi - \theta'}{\omega_n\sqrt{1-\xi^2}}$$

式中，$\theta' = \frac{3.14}{180}\theta = \frac{3.14}{180}\cos^{-1}\xi = 1.05$，则 $t_r = \frac{3.14-1.05}{2\sqrt{1-0.5^2}} = 1.2s$，$\sigma\% = e^{\frac{-3.14 \times 0.5}{\sqrt{1-0.5^2}}} \times 100\% = 16\%$。

（2）根据已知指标求未知数 K（设计），方法步骤如下。

第一步：求系统的开环传递函数 $G(s) = \frac{K}{s(Ts+1)} = \frac{K/0.125}{s(s+8)} = \frac{8K}{s(s+8)}$。

第二步：因为 K 与 ξ、ω_n 有关，所以根据已知指标可以求取 ξ、ω_n，即 $\sigma\% = 4.3\%$，$\xi = 0.707$，$t_s = \frac{4}{\xi\omega_n} = 1 = \frac{4}{0.707\omega_n}$，$\omega_n - 5.66s^{-1}$。

第三步：求 K，令 $G(s) = \frac{8K}{s(s+8)} = \frac{\omega_n^2}{s(s+2\xi\omega_n)} = \frac{5.66^2}{s(s+2 \times 0.707 \times 5.66)}$，$8K = 5.66^2 = 32$，$K = 32/8 = 4$。

3.3.3 改善典型二阶系统动态性能的方法

一般情况下，如果没有什么特殊要求，我们总希望 $\sigma\%$ 小些，响应快些。本节就按这个要求提出改善方法。

方法一，为使 $\sigma\%$ 小一些，加一个开环零点。引入新的开环零点后，新的开环传递函数为 $G'(s) = \frac{K(\tau s+1)}{s(Ts+1)}$，而典型二阶系统 $G(s) = \frac{K}{s(Ts+1)}$ 没有开环零点。没有开环零点时，

$\omega_n = \sqrt{\frac{K}{T}}$，$\xi = \frac{1}{2\sqrt{KT}}$，而加开环零点后，则闭环特征式为

$$D'(s) = s^2 + \frac{1+K\tau}{T}s + \frac{K}{T} = s^2 + 2\xi'\omega_n s + \omega_n^2 = 0 \qquad (3\text{-}17)$$

$\omega_{\mathrm{n}} = \sqrt{\dfrac{K}{T}}$ 与未加开环零点一样，而 $2\xi'\omega_{\mathrm{n}} = \dfrac{1+K\tau}{T}$，$\xi' = (1+K\tau)\dfrac{1}{2\sqrt{KT}}$，即新阻尼比 ξ' 比原 ξ 大 $1+K\tau$ 倍，所以 $\sigma\%$ 减小（$\tau > 0$）。问题是能否减少响应时间呢？根据式（3-14）可知，调节时间与阻尼比 ξ 和自然频率 ω_{n} 成反比，虽然引入开环零点没有改变 ω_{n}，但是使阻尼比增大，进而调节时间减少。因为典型二阶系统没有闭环零点，加入开环零点应保证闭环传递函数没有闭环零点，所以加入开环零点位置如图 3-17（a）和图 3-17（b）所示，两个位置都可以引入相同的开环零点。

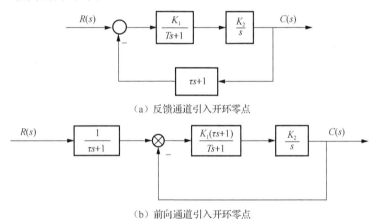

（a）反馈通道引入开环零点

（b）前向通道引入开环零点

图 3-17 改善典型二阶系统方法 1

方法二，采用局部反馈方法，如图 3-18 所示。

当 $\alpha = 0$，$K_{\mathrm{p}} = 1$ 时，$G(s) = \dfrac{K}{s(Ts+1)}$，$K = K_1 K_2$；

当 $\alpha \neq 0$，$K_{\mathrm{p}} = 1$ 时，$G'(s) = \dfrac{\dfrac{K_1}{1+\alpha K_1}}{\dfrac{T}{1+\alpha K_1}s+1} \cdot \dfrac{K_2}{s} = \dfrac{K_1' K_2}{s(T's+1)}$，式中 $T' = \dfrac{T}{1+\alpha K_1}$，$K_1' = \dfrac{K_1}{1+\alpha K_1}$。

可见 $\alpha > 0$，$T' < T$，$K' < K_1$，引入局部反馈后，增益比原系统下降了，这可能会改变系统稳定性能，因此引入一个比例环节 K_{p}，使 $K_{\mathrm{p}}\dfrac{K_1}{1+\alpha K_1}K_2 = K$，保证引入反馈前后增益不变。因此，$G'(s) = \dfrac{K_{\mathrm{p}}K_1' K_2}{s(T's+1)} = \dfrac{K}{s(T's+1)} = \dfrac{\dfrac{K}{T'}}{s\left(s+\dfrac{1}{T'}\right)}$。

根据式（3-5）有 $\omega_{\mathrm{n}}' = \sqrt{\dfrac{K}{T'}}$，$\xi' = \dfrac{\dfrac{1}{T'}}{2\omega_{\mathrm{n}}'} = \dfrac{1}{2T'\omega_{\mathrm{n}}'} = \dfrac{1+\alpha K_1}{2\sqrt{KT}} = (1+\alpha K_1)\xi$，可见 ξ' 比 ξ 大了 $1+\alpha K_1$ 倍，$\sigma\%$ 就减小了，由于 $T' < T$，ω_{n} 也增大了，调节时间变短，系统响应也快了。

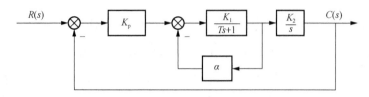

图 3-18　改善典型二阶系统方法 2

3.3.4　高阶系统动态性能分析

工程中对高阶系统（三阶及以上系统）进行动态性能分析，一般都是通过深入分析，抓住主要矛盾，在一定条件下，忽略一些次要因素进行降阶，使其近似成典型二阶系统，这样就可以应用典型二阶系统的分析方法，近似地分析高阶系统性能。降阶主要是应用主导极点概念。

高阶系统闭环零极点分布图，如图 3-19 所示。

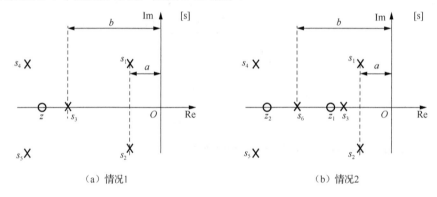

（a）情况1　　　　　　　　　　　（b）情况2

图 3-19　高阶系统闭环零极点分布图

当闭环零极点分布图满足下面两个条件。

（1）靠近 s 平面虚轴最近的一对复数极点 $s_{1,2}$，且其周围没有闭环零点，或存在闭环偶极子 [如图 3-19（b）所示，z_1、s_3 彼此很接近，称闭环偶极子]。

（2）其他闭环零极点远离 s 平面虚轴，即 $b \geqslant 5a$。经理论分析和实践证明，高阶系统单位阶跃响应，是由靠近虚轴最近的那对闭环极点决定的，如图 3-19 所示，$s_{1,2}$ 起主导作用，所以 $s_{1,2}$ 这对闭环极点称为主导极点，其他闭环零极点的作用相对比较小而忽略不计。

可见，当一个高阶系统闭环零极点分布图满足主导极点概念，就可以用典型二阶系统的分析方法进行近似分析。反过来，如果已知系统性能指标要求，首先使主导极点满足其要求，然后其他零极点按 $b \geqslant 5a$ 设计。

例 3-6　已知系统 $\phi(s) = \dfrac{100}{\left(s^2 + 10s + 100\right)\left(s + 50\right)}$，求超调量 $\sigma\%$ 及调节时间 t_s。

首先画出闭环系统极点分布图，如图 3-20 所示，$s_{1,2} = -5 \pm 5\sqrt{3}\mathrm{j}$ 为系统主导极点，因为 s_3 到虚轴距离 $b = 50$，$s_{1,2}$ 到虚轴距离 $a = 5$，又因为 $b = 10a > 5a$，$s_{1,2}$ 满足主导极点条

件，所以原传递函数简化为 $\phi(s) = \dfrac{2}{s^2 + 10s + 100}$ 。注意，降阶前后要保持增益不变。因此

有 $\omega_n = \sqrt{100} = 10 \ \text{s}^{-1}$ ， $\xi = 10 / (2\omega_n) = 10 / (2 \times 10) = 0.5$ ， $\sigma\% = \text{e}^{\frac{-\pi\xi}{\sqrt{1-\xi^2}}} \times 100\% = 16\%$ ，

$t_s = 4 / (\xi\omega_n) = 0.8 \ \text{s}$ 。

图 3-20 系统极点分布图

3.4 线性定常系统稳态误差的计算

控制系统稳态误差是衡量系统稳态时控制精度高低的一个重要稳态性能指标。在实际系统中，引起系统稳态误差的因素是多种多样的，本节仅仅讨论系统结构、参数，以及各种输入信号的大小和形式引起的系统稳态误差，通常称为系统的原理性稳态误差。

3.4.1 系统误差及系统稳态误差的概念

实际物理系统中，基本结构仅有单位反馈和非单位反馈两种，如图 3-21 和图 3-22 所示。

设系统输出期望值为 $C_r(s)$ ，输出实际值为 $C(s)$ ，定义输出期望值与输出实际值之差称为系统误差，记为 $E(s)$ ，即

$$E(s) = C_r(s) - C(s) \tag{3-18}$$

如果系统稳定，那么系统误差 $E(s)$ 的稳态值称为系统稳态误差，记为 e_{ss} 。根据拉普拉斯变换终值定理得 e_{ss} 表达式，即

$$e_{ss} = \lim_{s \to 0} sE(s) = \lim_{s \to 0} s[C_r(s) - C(s)] \tag{3-19}$$

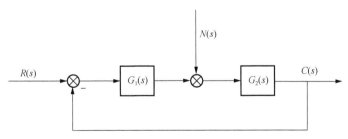

图 3-21 单位反馈系统

控制工程导论

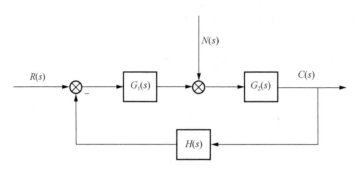

图 3-22 非单位反馈系统

在实际系统中，哪一个变量是输出期望值呢？根据误差定义，从图 3-21 看出，单位反馈系统 $E(s)=R(s)-C(s)$，给定输入变量为期望值，即 $R(s)=C_r(s)$。对于非单位反馈系统而言，我们可以通过等效变换的方法把原来的系统变成单位反馈系统来确定输出期望值。如图 3-23 所示，从等效图中可以看出 $E(s)$ 的意义和图 3-21 中 $E(s)$ 意义是一致的。e_{ss} 的计算方式如式（3-20）所示。

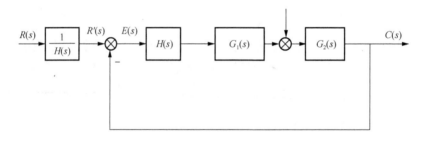

图 3-23 非单位反馈系统变换为单位反馈系统

$$E(s)=R'(s)-C(s)=\frac{1}{H(s)}R(s)-C(s)$$

$$e_{ss}=\lim_{s\to 0}s\left[\frac{1}{H(s)}R(s)-C(s)\right]$$

（3-20）

下面讨论 e_{ss} 计算时，以单位反馈系统为对象，e_{ss} 计算公式为

$$e_{ss}=\lim_{s\to 0}s[R(s)-C(s)]$$

（3-21）

对非单位反馈系统，将式（3-21）中 $R(s)$ 改为 $\frac{1}{H(s)}R(s)$ 即可。

通过系统误差及系统稳态误差的概念可知：

（1）$E(s)$ 是对期望值定义的，对单位反馈系统期望值就是给定输入 $R(s)$，所以期望值就是 $R(s)$，$E(s)=R(s)-C(s)$。如果 $R(s)=0$，则 $E(s)=-C(s)$。

（2）系统稳定才有系统稳态误差 e_{ss}。所以计算系统稳态误差时，要先分析系统稳定性，稳定才能计算系统稳态误差。

3.4.2 系统稳态误差的计算

系统稳态误差 e_{ss} 反映了时间趋于无穷时控制系统稳态输出 $C(s)$ 跟随输入 $R(s)$ 的误差，实际工程应用中对系统稳态误差是有要求的。下面主要讲述两种计算系统稳态误差的方法。

1. e_{ss} 定义计算法

对于单位反馈系统，我们可以很容易得到系统的误差为 $E(s) = \phi_e(s)R(s) = \dfrac{1}{1+G(s)}R(s)$。将 $E(s)$ 代入式（3-19）就可以得到系统稳态误差公式，即

$$e_{ss} = \lim_{s \to 0} s \frac{1}{1+G(s)}R(s) \tag{3-22}$$

也可根据式（3-21）得到同样的结论，即

$$e_{ss} = \lim_{s \to 0} s[R(s) - C(s)] = \lim_{s \to 0} s \frac{1}{1+G(s)}R(s) \tag{3-23}$$

根据式（3-23）可知 e_{ss} 与 $r(t)$ 大小及形式有关，同时也与开环传递函数有关。只要知道 $r(t)$ 及 $G(s)$ 就可应用式（3-23）计算 e_{ss}。

例 3-7 （1）已知系统的开环传递函数 $G(s) = \dfrac{2}{(s+1)(s+2)}$，分别计算当输入 $r(t) = 1(t)$ 和 $r(t) = t$ 时的系统稳态误差 e_{ss}。

（2）已知系统的开环传递函数 $G(s) = \dfrac{2}{s(s+2)}$，分别计算当输入 $r(t) = 1(t)$ 和 t 时的系统稳态误差 e_{ss}。

解

（1）对于 $G(s) = \dfrac{2}{(s+1)(s+2)}$：

当 $r(t) = 1(t)$，$R(s) = \dfrac{1}{s}$ 时，$e_{ss} = \lim_{s \to 0} s \dfrac{1}{1 + \dfrac{2}{(s+1)(s+2)}} \cdot \dfrac{1}{s} = 0.5$。

当 $r(t) = t$，$R(s) = \dfrac{1}{s^2}$ 时，$e_{ss} = \lim_{s \to 0} s \dfrac{1}{1 + \dfrac{2}{(s+1)(s+2)}} \cdot \dfrac{1}{s^2} = \infty$。

（2）对于 $G(s) = \dfrac{2}{s(s+2)}$：

当 $r(t) = 1(t)$ 时，$e_{ss} = \lim_{s \to 0} s \dfrac{1}{1 + \dfrac{2}{s(s+2)}} \cdot \dfrac{1}{s} = 0$。

当 $r(t)=t$ 时，$e_{ss}=\lim\limits_{s\to 0}s\dfrac{1}{1+\dfrac{2}{s(s+2)}}\cdot\dfrac{1}{s^2}=\lim\limits_{s\to 0}\dfrac{1}{s+\dfrac{2}{s+2}}=1$。

这个方法是计算 e_{ss} 的一个基本方法，但是不便于分析 $G(s)$ 参数变化对 e_{ss} 的影响。

2. 静态误差系数法

根据式（3-23）分析 $G(s)$ 参数及结构类型与 e_{ss} 的关系，即 $e_{ss}=\lim\limits_{s\to 0}s\dfrac{1}{1+G(s)}R(s)$，设

$$G(s)=\dfrac{K\prod\limits_{j=1}^{m}(\tau_j s+1)}{s^{\nu}\prod\limits_{i=1}^{n-\nu}(T_i s+1)}=\dfrac{K}{s^{\nu}}G_0(s)，\text{而 } G_0(s)=\dfrac{\prod\limits_{j=1}^{m}(\tau_j s+1)}{\prod\limits_{i=1}^{n-\nu}(T_i s+1)}。\text{当 } s\to 0 \text{ 时，则 } G_0(0)=1，\text{误差表达}$$

式化简为

$$e_{ss}=s\dfrac{1}{1+\dfrac{K}{s^{\nu}}}R(s) \tag{3-24}$$

可见，系统稳态误差 e_{ss} 仅仅与 $G(s)$ 中的 K 及 $\dfrac{1}{s^{\nu}}$ 有关，而与惯性环节和微分环节无关。

1）开环传递函数放大系数或开环增益 K

当分离 $G(s)$ 所有的积分环节后，$G(s)$ 可以表示为 $G(s)=\dfrac{1}{s^{\nu}}G'(s)$。我们除去 $\dfrac{1}{s^{\nu}}$ 环节后，把 $s=0$ 代入 $G'(s)$ 中所得到的数值称为 K，即开环增益。

$G(s)=\dfrac{10(3s+1)}{(s+1)(2s+1)}$ 没有积分环节，令 $s=0$ 代入 $G(s)$ 中得到 $K=10$。

$G(s)=\dfrac{10(3s+1)}{s(s+1)(2s+1)}$ 有积分环节，除去积分环节 $\dfrac{1}{s}$ 后，把 $s=0$ 代入 $\dfrac{10(3s+1)}{(s+1)(2s+1)}$ 有 $K=10$。

2）系统结构类型

系统的结构类型以 $G(s)$ 积分环节个数定义，即：

$\nu=0$，$G(s)$ 没有积分环节，称为 "0" 型系统；

$\nu=1$，$G(s)$ 有一个积分环节，称为 "I" 型系统；

$\nu=2$，$G(s)$ 有两个积分环节，称为 "II" 型系统。

3）静态误差系数法计算 e_{ss} 公式

（1）当输入为阶跃函数 $R(s)=\dfrac{R}{s}$ 时，求 e_{ss} 的计算公式。

根据 e_{ss} 定义得

$$e_{ss}=\lim\limits_{s\to 0}\dfrac{R}{1+\dfrac{K}{s^{\nu}}}=\dfrac{R}{1+K_p} \tag{3-25}$$

式中，$K_p = \lim\limits_{s \to 0} \dfrac{K}{s^v}$，称为静态位置误差系数。所以：

$v = 0$，"0"型系统，$K_p = \lim\limits_{s \to 0} \dfrac{K}{s^0} = K$，$e_{ss} = \dfrac{R}{1+K}$；

$v = 1$，"I"型系统，$K_p = \lim\limits_{s \to 0} \dfrac{K}{s} = \infty$，$e_{ss} = 0$；

$v = 2$，"II"型系统，$K_p = \lim\limits_{s \to 0} \dfrac{K}{s^2} = \infty$，$e_{ss} = 0$。

当系统输入阶跃函数时，"0"型系统是有系统稳态误差的，系统稳态误差正比于输入，大小与K成反比；对"I"型系统和"II"型系统稳态误差为0。

（2）输入为斜坡函数 $R(s) = \dfrac{R}{s^2}$ 时，由式（3-24）得 $e_{ss} = \lim\limits_{s \to 0} s \dfrac{R}{1 + \dfrac{K}{s^v}} \dfrac{1}{s^2} = \lim\limits_{s \to 0} \dfrac{R}{\dfrac{K}{s^{v-1}}} = \dfrac{R}{K_v}$、

$K_v = \lim\limits_{s \to 0} \dfrac{K}{s^{v-1}}$，称为静态速度误差系数。所以：

"0"型系统，$K_v = \lim\limits_{s \to 0} \dfrac{K}{s^{-1}} = 0$，$e_{ss} = \infty$，系统不能工作。

"I"型系统，$K_v = \lim\limits_{s \to 0} \dfrac{K}{s^{1-1}} = K$，$e_{ss} = \dfrac{R}{K}$，有系统稳态误差。

"II"型系统，$K_v = \lim\limits_{s \to 0} \dfrac{K}{s^{2-1}} = \infty$，$e_{ss} = 0$，没有系统稳态误差。

（3）输入为加速度函数 $r(t) = Rt^2$ 时，$R(s) = \dfrac{2R}{s^3}$ 时，根据式（3-24）得

$$e_{ss} = \lim\limits_{s \to 0} s \dfrac{K}{1 + \dfrac{K}{s^v}} \cdot \dfrac{2R}{s^3} = \lim\limits_{s \to 0} \dfrac{2R}{s^2 + \dfrac{K}{s^{v-2}}} = \dfrac{2R}{\dfrac{K}{s^{v-2}}} = \dfrac{2R}{K_a} \tag{3-26}$$

式中，$K_a = \lim\limits_{s \to 0} \dfrac{K}{s^{v-2}}$，称为静态加速度误差系数。所以：

"0"型系统，$K_a = \lim\limits_{s \to 0} \dfrac{K}{s^{-2}} = 0$，$e_{ss} = \dfrac{2R}{0} = \infty$，系统无法工作。

"I"型系统，$K_a = \lim\limits_{s \to 0} \dfrac{K}{s^{1-2}} = 0$，$e_{ss} = \dfrac{2R}{0} = \infty$，系统无法工作。

"II"型系统，$K_a = \lim\limits_{s \to 0} \dfrac{K}{s^{2-2}} = K$，$e_{ss} = \dfrac{2R}{K}$，存在系统稳态误差。

综合以上分析：静态误差系数法每个公式都对应一种输入$r(t)$形式，但无论什么形式，静态误差系数K_p、K_v和K_a都与K及积分环节个数有关。所以要提高系统控制精度，需要增加K值以及积分环节个数。

例3-8 已知单位反馈系统开环传递函数 $G(s) = \dfrac{K}{s(0.5s + 1)}$。

（1）当$r(t) = 2$ 和 $r(t) = t$ 时，$K = 10$，求系统的稳态误差e_{ss}；

（2）当$r(t) = 1 + t$，要求$e_{ss} = 0.01$时，求K。

解

（1）当 $r(t)=2$ 时，$R(s)=\dfrac{2}{s}$，$G(s)$ 是 "I" 型系统，所以 $e_{ss}=\lim\limits_{s\to0}\dfrac{2}{1+K_p}$，$K_p=\infty$，$e_{ss}=0$。

当 $r(t)=t$ 时，$R(s)=\dfrac{1}{s^2}$，$e_{ss}=\dfrac{1}{K_v}$，$K_v=\lim\limits_{s\to0}\dfrac{K}{s^{1-1}}=K$，$e_{ss}=0.1$。

（2）当 $r(t)=1$ 时，$R(s)=\dfrac{1}{s}$，$e_{ss1}=\lim\limits_{s\to0}\dfrac{1}{1+K_p}$，$K_p=\infty$，$e_{ss1}=0$；当 $r(t)=t$ 时，$R(s)=\dfrac{1}{s^2}$，

$e_{ss2}=\dfrac{1}{K_v}=\dfrac{1}{K}$。根据叠加定理有 $e_{ss}=e_{ss1}+e_{ss2}=e_{ss2}=\dfrac{1}{K}$。依题意，$e_{ss}=0.01$，则 $\dfrac{1}{K}=0.01$，

求得 $K=100$。

例 3-9　已知单位反馈系统闭环传递函数 $\phi(s)=\dfrac{K^*}{s^2+4s+K^*}$，$r(t)=1+t$。

（1）当 $K^*=4$，求 e_{ss}。

（2）当要求 $e_{ss}=0.01$，求开环增益 K 和 K^*。

解

（1）当 $K^*=4$ 时，求 e_{ss}。

第一步：由于 e_{ss} 与 $G(s)$ 结构及 K 有关，所以根据 $\phi(s)$ 求 $G(s)$，即 $G(s)=\dfrac{\phi(s)}{1-\phi(s)}=$

$\dfrac{K^*}{s(s+4)}$，$K=\dfrac{K^*}{4}=1$，开环传递函数有一个积分环节，所以系统为 "I" 型系统。

第二步：由于有两个信号同时作用，采取叠加原理计算 e_{ss}。

当 $r(t)=1$ 时，$R(s)=\dfrac{1}{s}$，"I" 型系统，$e_{ss1}=\dfrac{1}{1+K_p}$，$K_p=\lim\limits_{s\to0}\dfrac{K}{s^v}=\infty$，则 $e_{ss1}=\dfrac{1}{1+\infty}=0$；

当 $r(t)=t$ 时，$R(s)=\dfrac{1}{s^2}$，"II" 型系统，$e_{ss2}=\dfrac{1}{K_v}$，$K_v=\lim\limits_{s\to0}\dfrac{K}{s^{1-1}}=K$，则 $e_{ss2}=\dfrac{1}{K}=1$。

所以 $e_{ss}=e_{ss1}+e_{ss2}=0+1=1$。

（2）K 未知，已知 $e_{ss}=0.01$，求 K 及 K^*，方法与第一问过程一样。

第一步：$r(t)=1$，根据以上计算得 $e_{ss1}=0$。

第二步：$r(t)=t$，根据以上计算得 $e_{ss2}=\dfrac{1}{K}$。

第三步：$e_{ss}=0+\dfrac{1}{K}=0.01$，所以 $K=100$，$K^*=4K=400$。

3.4.3　反馈系统在扰动作用下系统稳态误差的计算

某典型系统结构图如图 3-24 所示，控制系统除有给定输入信号作用之外，还经常受到各种扰动信号作用。所以系统在扰动作用下产生系统稳态误差 e_{ssN}，反映系统稳态时的抗扰能力，这是恒值控制系统的重要指标。

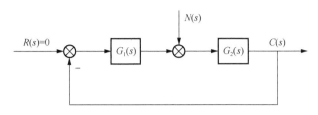

图 3-24　某典型系统结构图

根据传递函数定义，当确定 $N(s)$ 为输入时，我们必须令 $R(s)=0$。也就是说系统期望值为零时，要求系统输出也为零，如果系统在 $N(s)$ 作用下系统有输出，其输出稳态值就是 $N(s)$ 作用下的系统稳态误差。$E(s)=0-C(s)=-C(s)$，$C(s)$ 是扰动作用下输出量。

$$e_{\mathrm{ssN}}=\lim_{s\to\infty}sE(s)=\lim_{s\to\infty}s\left[-C(s)\right]=\lim_{s\to\infty}s\left[-\frac{G_2(s)}{1+G(s)}N(s)\right] \tag{3-27}$$

式中，$G(s)=G_1(s)G_2(s)$。

如果 $G_1(s)=K_1$，$G_2(s)=\dfrac{K_2}{s(s+2)}$，$N(s)=\dfrac{N}{s}$，则 $e_{\mathrm{ssN}}=\lim\limits_{s\to\infty}s\left[-\dfrac{\dfrac{K_2}{s(s+2)}}{1+\dfrac{K_1K_2}{s(s+2)}}\dfrac{N}{s}\right]=-\dfrac{N}{K_1}$。

可见扰动作用下，产生的系统误差就是扰动作用下系统的输出。如果系统稳定，其稳态值就是 e_{ssN}，同时看出 e_{ssN} 与扰动量的大小成正比，与扰动作用点前面环节的增益成反比，e_{ssN} 根据式（3-27）计算。

3.4.4　复合控制系统稳态误差的计算

前面分析若要减小系统稳态误差，可以增大开环增益，或增加开环传递函数积分环节的个数，但是会令系统稳定性变差，有一定的局限性。采用复合控制系统可以解决这个问题。

反馈控制和给定开环控制组成的复合控制系统，如图 3-25 所示。

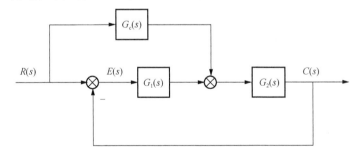

图 3-25　复合控制系统结构图

当 $G_{\mathrm{c}}(s)=0$ 时，

$$E(s)=\frac{1}{1+G(s)}R(s) \tag{3-28}$$

式中，$G(s)=G_1(s)\cdot G_2(s)$。特征方程 $D(s)=1+G(s)=0$。

当 $G_c(s) \neq 0$ 时，

$$E(s) = \frac{1}{1+G(s)}[1-G_c(s)G_2(s)]R(s) \tag{3-29}$$

比较式（3-28）和式（3-29），两者闭环特征方程相同，即引入开环控制不改变系统的稳定性，如 $G_c(s) = \dfrac{1}{G_2(s)}$，则系统误差为 0。

开环控制有两条重要特性：不影响系统的稳定性；适当选择 $G_c(s)$ 参数可以减小或者消除系统误差。系统误差为 0，系统稳态误差自然也为零。

例 3-10   系统的结构图如图 3-26 所示，$G_1(s) = \dfrac{10}{s}$，$G_2(s) = \dfrac{2}{s+2}$。

（1）当 $G_c(s) = 0$，$r(t) = t$ 时，求系统误差 e_{ss}。

（2）当 $r(t) = t$，系统误差 e_{ss} 为 0 时，求 $G_c(s)$。

解

（1）$G_c(s) = 0$，$R(s) = \dfrac{1}{s^2}$，$K_v = \lim\limits_{s \to 0} \dfrac{K}{s^{1-1}} = K = 10$，$e_{ss} = \dfrac{1}{K_v} = 0.1$。

（2）要求 $e_{ss} = 0$，根据 e_{ss} 表达式求出 $G_c(s)$。

$$e_{ss} = \lim_{s \to 0} s \left\{ 1 - \left[1 + \frac{sG_c(s)}{10} \right] \frac{20}{s^2 + 2s + 20} \right\} \frac{1}{s^2} = \lim_{s \to 0} G_c(s) = 0, \ G_c(s) = s$$

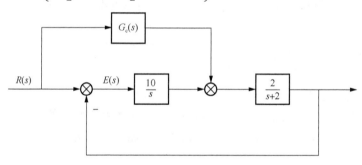

图 3-26   例 3-10 系统结构图

已知反馈和顺馈组成的复合控制系统如图 3-27 所示，分析扰动输入 $N(s)$ 作用下的稳态误差。

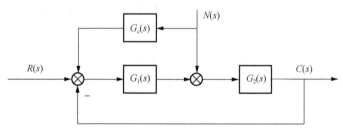

图 3-27   扰动顺馈控制结构图

令 $R(s)=0$ ， $E(s)=-C(s)=-\dfrac{G_2(s)}{1+G(s)}[1+G_c(s)G_1(s)]N(s)$ 。从上式可知， $G_c(s)$ 与 $D(s)=-1+G(s)=0$ 无关，也就是说 $G_c(s)$ 不影响闭环系统稳定性。如使 $G_c(s)=-\dfrac{1}{G_1(s)}$ ，则 $E(s)=0$ 。

例 3-11 如图 3-27 所示，系统输入为单位阶跃函数，其中 $G_2(s)=\dfrac{4}{s(s+2)}$ ， $G_1(s)=10$ ， $N(s)=\dfrac{1}{s}$ 。要求系统的稳态误差 $e_{ss}=0$ ，求 $G_c(s)$ 。

解

第一步： $G_c(s)=0$ 有稳态误差， $e_{ss}=\lim\limits_{s\to0}-s\left[\dfrac{\dfrac{4}{s(s+2)}}{1+\dfrac{40}{s(s+2)}}\right]\dfrac{1}{s}=-\dfrac{1}{10}$

第二步： $G_c(s)\neq0$ 无稳态误差， $e_{ss}=\lim\limits_{s\to0}-s\left\{\dfrac{\dfrac{4}{s(s+2)}}{1+\dfrac{40}{s(s+2)}}[1+10G_c(s)]\dfrac{1}{s}\right\}=-\dfrac{1}{10}[1+$

$10G_c(s)]$ ，令 $1+10G_c(s)=0$ ，则 $G_c(s)=-\dfrac{1}{10}=-0.1$ ， $e_{ss}=0$ 。

通过本节的学习我们应该掌握如下知识。

（1）复合控制系统有两条重要特性：即开环控制不影响系统闭环稳定性；适当选择顺馈环节 $G_c(s)$ 的参数可以减小 e_{ss} 。

（2）复合控制系统减小 e_{ss} 是由反馈控制和开环控制共同承担。反馈控制起主导作用，顺馈控制起次要作用。另外，复合控制使 e_{ss} 减少是一种补偿方法。由于系统实际参数测量不准和运行时参数变化，所以补偿就不准，可能造成过补偿，结果都由反馈控制来限制。由于这些原因，顺馈通常采用欠补偿。

（3）复合控制系统稳态误差 e_{ss} 可根据系统稳态误差计算。

小　　结

本章讨论线性定常系统的时域分析法。该方法是在已知系统数学模型及其参数的基础上，通过系统在典型输入信号作用下的时间响应，分析系统稳定性、动态性能和稳态性能，以及分析系统结构和参数对系统稳定性、动态性能和稳态性能的影响，同时又指明改善系统稳定性、动态性能及稳态性能的方法。

系统稳定性分析，着重讨论线性定常系统的稳定概念，以及其基本理论，即稳定的充要条件及劳斯-赫尔维茨判据（又称代数判据）。同时通过几个示例，说明应用其概念及理论去解决问题的基本方法。

　　系统动态性能分析是在系统稳定的基础上，重点分析典型二阶系统在单位阶跃函数作用下输出 $c(t)$ 的变化规律，即分析其闭环极点在 s 平面虚轴左侧分布情况与单位阶跃输入作用下 $c(t)$ 的变化规律。同时为了正确评价典型二阶系统动态性能，又深入研究了系统动态性能指标，并建立相应的计算公式，通过实例分析系统参数对动态性能的影响和改善动态性能的方法。在此基础上，对高阶系统（三阶及以上系统）的分析，运用主导极点概念，应用典型二阶系统去近似分析。

　　系统稳态误差分析与计算。首先定义系统误差和系统稳态误差，讨论了开环增益和结构类型，然后根据系统稳态误差概念，分别对反馈系统和复合控制系统在不同形式信号作用下，建立了系统稳态误差的计算公式，并分析系统结构类型和参数对系统稳态误差的影响和减小系统稳态误差的基本方法。

习　　题

3-1　已知单位反馈系统的开环传递函数为 $G(s) = \dfrac{K}{s(0.4s+1)(0.1s+1)}$。

（1）当 $K=10$，分析系统稳定性；

（2）若 K 未知，试求系统稳定时，K 的取值范围。

3-2　已知系统结构图如图 3-28 所示，若系统以 $\omega_n = 2$ 的频率作等幅振荡，试确定振荡时系数 K 和 α 的值。

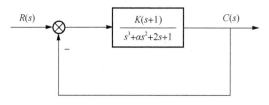

图 3-28　习题 3-2 系统结构图

3-3　已知单位反馈系统开环传递函数为 $G(s) = \dfrac{K(s+1)}{s(Ts+1)(2s+1)}$，要求系统稳定时，试确定 K 和 τ 之间关系，并画出系统稳定区域图。

3-4　已知系统结构图如图 3-29 所示，要求闭环系统的特征根位于 $s=-1$ 垂线的左侧，试确定参数 K 的取值范围。

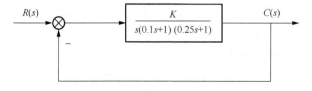

图 3-29　习题 3-4 系统结构图

3-5 已知高阶系统传递函数 $G(s) = \dfrac{16320(s+0.125)}{(s+0.12)(s+20)(s+50)(s+1-4\mathrm{j})(s+1+4\mathrm{j})}$，求主
导极点、等效二阶系统，以及等效二阶系统的单位阶跃响应性能指标。

3-6 单位反馈系统的开环传递函数 $G(s) = \dfrac{0.4s+1}{s(s+0.6)}$，试计算系统 $\sigma\%$、t_p、t_r 及
$t_\mathrm{s}(\varDelta = 0.02)$。

3-7 设某系统结构图如图 3-30 所示，要求 $\sigma\% \leqslant 4.3\%$，$t_\mathrm{s} = 1\mathrm{s}(\varDelta = 0.02)$，试求取 K 及
τ 值。

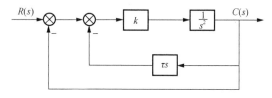

图 3-30 习题 3-7 系统结构图

3-8 已知二阶系统单位阶跃响应 $c(t) = 1 - 1.25\mathrm{e}^{1.2t}\sin(1.6t + 53.1°)$，试求取 ξ、ω_n 及闭
环传递函数 $\phi(s)$，并计算 $\sigma\%$、t_r 及 $t_\mathrm{s}(\varDelta = 0.05)$。

3-9 单位反馈二阶系统单位阶跃响应如图 3-31 所示。

（1）计算系统的性能指标；

（2）求取系统闭环传递函数。

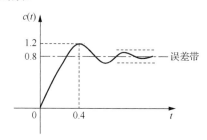

图 3-31 单位反馈二阶系统单位阶跃响应曲线

3-10 已知单位反馈系统的开环传递函数 $G(s) = \dfrac{K}{s(as+1)(bs^2+cs+1)}$，试求输入分别为
$r(t) = 2t$ 和 $r(t) = 2 + 2t + t^2$ 时的系统稳态误差。

3-11 已知单位反馈系统开环传递函数：

（1）$G(s) = \dfrac{10}{s(s+4)(s^2+2s+2)}$；

（2）$G(s) = \dfrac{10}{(0.1s+1)(0.5s+1)}$。

试求位置静态误差系数 K_p、静态速度误差系数 K_v 和静态加速度误差系数 K_a。

3-12 已知系统结构图如图 3-32 所示，$r(t) = 1 + t + t^2$，系统的稳态误差为零，确定参数

a、b 的值。

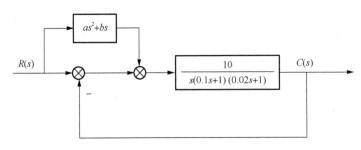

图 3-32　习题 3-12 系统结构图

3-13　已知系统如图 3-33 所示，试求 $\dfrac{C(s)}{R(s)}$，$\dfrac{C(s)}{N(s)}$。

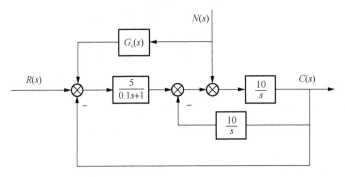

图 3-33　习题 3-13 系统结构图

3-14　某二阶系统的单位阶跃响应 $h(t) = 1 + 0.2\mathrm{e}^{-60t} - 1.2\mathrm{e}^{-10t}$，试求系统的传递函数、阻尼比和自然频率。

3-15　某系统如图 3-34 所示，其单位阶跃响应如图 3-35 所示。

（1）确定系统参数 K_1 和 K_2；

（2）确定 $G_c(s)$，使系统输出完全不受 $N(s)$ 作用的影响。

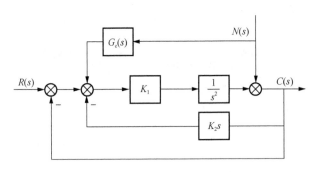

图 3-34　习题 3-15 系统结构图

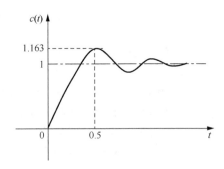

图 3-35　图 3-34 所示系统
单位阶跃响应曲线

4 线性系统的根轨迹

根据前面的学习知道，闭环控制系统的稳定性和性能指标主要由闭环系统极点在复平面的位置决定，为此求解系统的闭环极点显得非常重要。求解极点就要求解高阶代数方程，三阶以上的代数方程求解是较困难的。每当有参数变化时，都要对代数方程重新进行求解计算，这是非常麻烦的。为了解决这个问题，1948 年 W. R. Evans 提出了根轨迹法，这是一种根据反馈控制系统开环传递函数与闭环传递函数之间的关系，并结合有关规则直接由开环传递函数零极点求出闭环传递函数零极点的方法。这种方法极为便利、容易掌握，在工程上得到了广泛应用。本章主要介绍根轨迹的基本概念、根轨迹方程、绘制根轨迹的法则、系统根轨迹的绘制和系统性能的根轨迹分析。

4.1 根轨迹与根轨迹方程

4.1.1 根轨迹

根轨迹是指当系统开环传递函数中某个参数从零变到无穷时，闭环系统特征根在复平面上移动的轨迹，分为常规根轨迹、广义根轨迹及零度根轨迹。当变化的参数为开环增益时，所对应的根轨迹为常规根轨迹；当变化的参数为开环传递函数中其他参数时，对应的根轨迹为广义根轨迹；一般情况下，当闭环系统为正反馈时，对应的轨迹为零度根轨迹；而负反馈系统的轨迹为 180° 根轨迹。本章主要讨论常规根轨迹，以图 4-1 为例说明根轨迹的有关概念。

已知系统如图 4-1 所示，系统的开环传递函数为 $\dfrac{K}{s(0.5s+1)}$，特征方程为 $0.5s^2 + s + K = 0$，

闭环系统的特征根如下：

$$s_{1,2} = -1 \pm \sqrt{1-2K} \tag{4-1}$$

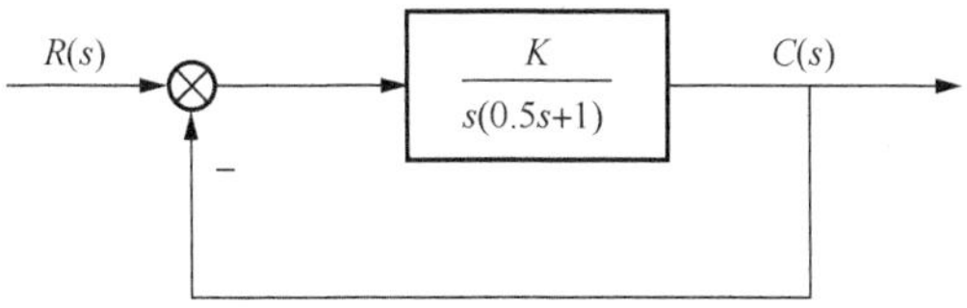

图 4-1 二阶反馈系统

本节分析 K 值变化对系统特征根在 s 平面运动轨迹的影响，采用劳斯-赫尔维茨判据对系统稳定性进行判断，当 $K > 0$ 时，系统是稳定的，在此基础上进行具体的论述。

首先分析一下系统的动态性能。

第一种情况：当 $0 < K < 0.5$ 时，系统的特征根为两个负实根，此时系统的阻尼比为过阻尼状态，系统的响应没有超调。

第二种情况：当 $K = 0.5$ 时，系统处于临界阻尼状态。

第三种情况：当 $K > 0.5$ 时，系统的特征根为一对具有负实部的共轭复数根，系统处于欠阻尼状态，阶跃响应为衰减振荡情况。

现在绘制出 K 值变化时，特征根在复平面的轨迹如图 4-2 所示。

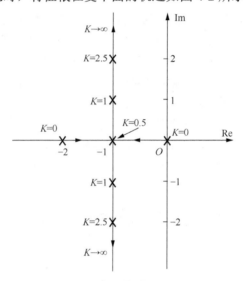

图 4-2　系统的根轨迹

稳态性能：由于图 4-1 所示系统的开环传递函数为 $\dfrac{K}{s(0.5s+1)}$，因此我们可以看到系统有

一个开环极点在坐标原点处，所以该系统是"I"型系统，其中 K 为静态速度误差系数。当闭环极点位置确定后，与系统对应的 K 值和系统稳态误差也就可以确定了。这种对应关系是可逆的。因此只要掌握了根轨迹，就可以很容易地分析系统的动态性能和稳态性能，对于高阶系统也有类似的结论。

4.1.2　根轨迹中系统闭环传递函数零极点与开环传递函数零极点的关系

已知系统的一般结构如图 4-3 所示，由图可知，系统的闭环和开环传递函数分别为：

$$\phi(s) = \frac{G(s)}{1 + G(s)H(s)} \tag{4-2}$$

$$G_{\mathrm{k}}(s) = G(s)H(s) \tag{4-3}$$

下面把开环传递函数写成标准的零极点形式：

$$G_{\mathrm{k}}(s) = G(s)H(s) = K^* \frac{\displaystyle\prod_{j=1}^{m}(s - z_j)}{\displaystyle\prod_{i=1}^{n}(s - p_i)} \tag{4-4}$$

式中，K^* 为根轨迹增益，这里要注意根轨迹增益和开环增益的区别，它们是不同的概念，但是它们之间是成正比的。把式（4-4）代入式（4-2）可得

$$\phi(s) = K_{\Phi}^* \frac{\prod_{q=1}^{m}(s - z_q)}{\prod_{i=1}^{n}(s - s_i)} \tag{4-5}$$

有了开环传递函数和闭环传递函数零极点的表达式，下面的主要任务就是根据开环传递函数的零极点，用图解方法确定在根轨迹增益变化的情况下，找出闭环传递函数极点的运动轨迹。

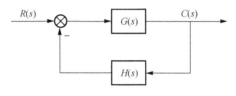

图 4-3 系统结构图

4.1.3 根轨迹方程

绘制根轨迹的根本是要找到根轨迹对应的方程，根要满足系统的闭环特征方程，即满足：

$$D(s) = 1 + G(s)H(s) = 0 \tag{4-6}$$

将式（4-4）代入式（4-6）得

$$K^* \frac{\prod_{j=1}^{m}(s - z_j)}{\prod_{i=1}^{n}(s - p_i)} = -1 \tag{4-7}$$

根轨迹上的点必须满足式（4-6）和式（4-7），以上两式称为根轨迹方程，式（4-7）可以分为幅值和相位两个方程，如式（4-8）和式（4-9）所示：

$$K^* \frac{\prod_{j=1}^{m}\left|(s - z_j)\right|}{\prod_{i=1}^{n}\left|(s - p_i)\right|} = 1 \tag{4-8}$$

$$\sum_{j=1}^{m} \angle(s - z_j) - \sum_{i=1}^{n} \angle(s - p_i) = (2k+1)\pi, \quad k = 0, \pm 1, \pm 2, \cdots \tag{4-9}$$

式中，相位方程可以用来确定根轨迹上的点，幅值方程用来确定根轨迹方程上任意一点对应增益的大小。

4.2 根轨迹绘制的基本法则

本节讨论绘制常规根轨迹的法则，重点讨论如何利用这些法则绘制系统的根轨迹，下面不加证明地给出常规根轨迹的绘制法则。

规则 4-1：根轨迹的起点和终点。

根轨迹起始于开环传递函数极点，终止于开环传递函数零点或无穷远处。

规则 4-2：根轨迹的分支数和对称性。

（1）设开环传递函数极点数为 n，零点数为 m。根轨迹分支数与 n 和 m 中的大者相等。

（2）根轨迹连续性：根轨迹增益连续变化，所以特征根及其轨迹也连续变化。

（3）实轴对称性：特征方程的系数为实数，特征根必为实数或共轭复数，因此根轨迹必然沿实轴对称。根轨迹是对称的，作图时只需一半，根据对称性，就可以做出另一半。

规则 4-3：根轨迹渐近线。

（1）当 $n > m$ 时，则有 $n-m$ 条根轨迹分支终止于无限零点。这些根轨迹分支趋向无穷远的渐近线，该渐近线由与实轴的夹角和交点来确定。

（2）根轨迹中有 $n-m$ 条趋向无穷远处分支的渐近线，这 $n-m$ 条渐近线与实轴交于点 σ_a，这些渐近线的相位角为 ϕ_a。

$$\sigma_a = \frac{\sum_{i=1}^{n} p_i - \sum_{j=1}^{m} z_j}{n-m} \tag{4-10}$$

$$\phi_a = \frac{(2k+1)\pi}{n-m}, \quad k = 0,1,2\cdots,n-m-1 \tag{4-11}$$

式中，z_j 为系统的开环传递函数零点；p_i 为系统的开环传递函数极点。

规则 4-4：实轴上的根轨迹。

若实轴的某一区域是系统根轨迹的一部分，则必有：其右边开环传递函数实数零点数与开环传递函数实数极点数之和为奇数。

规则 4-5：根轨迹的分离点与分离角。

（1）两条或两条以上的根轨迹分支在 s 平面上相遇又立即分开的点称为分离点（会合点），实际上就是重极点。

（2）分离点（会合点）的坐标 d 由下列方程所决定：

$$\sum_{j=1}^{m} \frac{1}{d-z_j} = \sum_{i=1}^{n} \frac{1}{d-p_i} \tag{4-12}$$

式中，p_i 为开环传递函数的极点；z_j 为开环传递函数的零点。实际应用中我们采用式（4-13）来求取根轨迹的分离点或会合点。

$$\frac{\mathrm{d}G(s)H(s)}{\mathrm{d}s}\bigg|_{s=d} = 0 \tag{4-13}$$

（3）根轨迹出现分离点说明对应的特征根出现了重根。

（4）若实轴上根轨迹的左右两侧均为开环零点（包括无限零点）或开环极点（包括无限极点），则在此段根轨迹上必有分离点。

（5）分离点若在复平面上，则一定是成对出现的。

分离角：分离角是根轨迹进入分离点的切线方向与实轴正方向的夹角。

会合角：根轨迹进入重极点处的切线与实轴正方向的夹角。

假设系统的开环增益为 K_d 时出现重极点个数为 L，其他为单极点，个数为 $n-L$，在重极点处根轨迹的分离角 θ_d 可以采用如下公式计算：

$$\theta_d = \frac{1}{L}\left[(2k+1)\pi + \sum_{j=1}^{m}\angle\left(d-z_j\right) - \sum_{i=1+L}^{n}\angle\left(d-s_i\right)\right] \tag{4-14}$$

式中，d 为分离点坐标；z_j 为系统的开环零点；s_i 为系统闭环不重复的单极点。

在重极点处根轨迹的会合角 ϕ_d 可以采用如下公式计算：

$$\phi_d = \frac{1}{L}\left[(2k+1)\pi + \sum_{i=1}^{n}\angle\left(d-p_i\right) - \sum_{i=1+L}^{n}\angle\left(d-s_i\right)\right] \tag{4-15}$$

式中，d 为会合点坐标；p_i 为系统的开环传递函数极点；s_i 为系统的闭环传递函数不重复的单极点。

规则 4-6：根轨迹的起始角（出射角）和终止角（入射角）。

下面给出根轨迹的起始角（出射角）和终止角（入射角）的概念。起始角（出射角）：根轨迹离开复平面上开环传递函数极点处的切线与实轴正方向的夹角。终止角（入射角）：根轨迹进入复平面上开环传递函数零点处的切线与实轴正方向的夹角。

起始角（出射角）用 θ_{p_i} 表示，其计算公式如下：

$$\theta_{p_i} = (2k+1)\pi + \left(\sum_{j=1}^{m}\phi_{z_j p_i} - \sum_{\substack{j=1 \\ j\neq i}}^{n}\theta_{p_j p_i}\right) \tag{4-16}$$

式中，$\phi_{z_j p_i}$ 表示开环传递函数零点 z_j 到开环传递函数极点 p_i 的向量角；$\theta_{p_j p_i}$ 表示开环传递函数极点 p_j 到开环传递函数极点 p_i 的向量角。

终止角（入射角）用 ϕ_{z_i} 表示：

$$\phi_{z_i} = (2k+1)\pi - \left(\sum_{\substack{j=1 \\ j\neq i}}^{m}\phi_{z_j z_i} - \sum_{j=1}^{n}\theta_{p_j z_i}\right) \tag{4-17}$$

式中，$\phi_{z_j z_i}$ 表示开环传递函数零点 z_j 到开环传递函数零点 z_i 的向量角；$\theta_{p_j z_i}$ 表示开环传递函数极点 p_j 到开环传递函数零点 z_i 的向量角。

规则 4-7：根轨迹与虚轴的交点。

设定根轨迹与虚轴的交点对应的根轨迹增益和角频率分别为 K^* 和 ω^*，采用劳斯-赫尔维茨判据或闭环系统特征方程来对其进行确定。这里通过特征方程来求取，把 $s = j\omega$ 代入特征方程中：

$$1 + G(j\omega)H(j\omega) = 0 \qquad (4\text{-}18)$$

该方程可以分解为实部和虚部两部分，即

$$\text{Re}\left[1 + G(j\omega)H(j\omega)\right] = 0 \qquad (4\text{-}19)$$

$$\text{Im}\left[1 + G(j\omega)H(j\omega)\right] = 0 \qquad (4\text{-}20)$$

根据上两式可以解出根轨迹增益 K^* 和角频率 ω^*。

规则 4-8：闭环极点之和、闭环极点之积与根轨迹分支的走向。

根据规则 4-1～规则 4-7 可以很容易绘制出系统的根轨迹。

（1）若 $n - m \geq 2$，闭环极点之和=开环极点之和=常数。这表明在某些根轨迹分支（闭环极点）向左移动，而另一些根轨迹分支（闭环极点）必须向右移动，才能维持闭环极点之和为常数。

（2）对于"I"型及以上系统，闭环极点之积与开环增益值成正比。

4.3　系统根轨迹的绘制实例

例 4-1　已知单位反馈系统的开环传递函数 $G(s) = \dfrac{K}{s(0.2s+1)(0.5s+1)}$，试绘制该系统的根轨迹。

解

第一步，将开环传递函数化为适用于绘制根轨迹的标准形式 $G(s) = \dfrac{10K}{s(s+5)(s+2)}$，其中 $10K$ 为根轨迹增益。

第二步，确定根轨迹的起点和终点。开环传递函数极点分别是 $p_1 = 0$，$p_2 = -5$，$p_3 = -2$，因此根轨迹的起点就是这三个点，终点均在无穷远处。

第三步，确定根轨迹的分支数。由于 $n = 3$，$m = 0$，$n - m = 3$，因此根轨迹分支数有 3 个分支。

第四步，绘制实轴上的根轨迹。若实轴的某一区域是系统根轨迹的一部分，则必有其右边开环传递函数实数零点数与开环传递函数实数极点数之和为奇数。因此实轴上的根轨迹区域为 $(-\infty, -5]$，$[-2, 0]$。

第五步，渐近线的求取。渐近线的交点 $\sigma_a = \dfrac{\sum\limits_{i=1}^{n} p_i - \sum\limits_{j=1}^{m} z_j}{n - m} = \dfrac{0 - 2 - 5}{3 - 0} = \dfrac{-7}{3}$，夹角 $\phi_a = \dfrac{(2k+1)\pi}{n-m}$，$k = 0, 1, 2$，即夹角为 $\dfrac{\pi}{3}$，π，$\dfrac{5\pi}{3}$。

第六步，分离点求取。根据根轨迹在实轴上的分布，可知分离点在 $[-2, 0]$。根据公式 $\sum\limits_{j=1}^{m} \dfrac{1}{d - z_j} = \sum\limits_{i=1}^{n} \dfrac{1}{d - p_i}$ 可得，解得分离点坐标 $d = -0.88$，另一个解不符合要求舍去。

根据以上分析可绘制根轨迹，如图 4-4 所示。

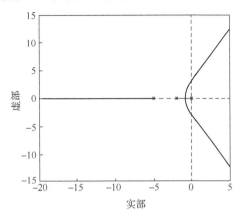

图 4-4 例 4-1 根轨迹

例 4-2 已知单位反馈系统的开环传递函数为 $G(s) = \dfrac{K}{s\left(s^2 + 2s + 2\right)}$，试绘制系统的根轨迹。

解

首先求解开环传递函数极点和零点，系统有三个开环传递函数极点分别是 $p_1 = 0$，$p_2 = -1 + j$，$p_3 = -1 - j$，无零点。

第一步，确定根轨迹的起点和终点。根轨迹的起点就是上述三个开环传递函数极点，终点均在无穷远处。

第二步，确定根轨迹的分支数。由于 $n = 3$、$m = 0$，$n - m = 3$，因此根轨迹分支数有 3 个分支。

第三步，绘制实轴上的根轨迹。若实轴的某一区域是系统根轨迹的一部分，则必有其右边开环传递函数实数零点数与开环传递函数实数极点数之和为奇数。因此实轴上的根轨迹区域为 $(-\infty, 0]$。

第四步，渐近线的求取。渐近线的交点 $\sigma_{\mathrm{a}} = \dfrac{\displaystyle\sum_{i=1}^{n} p_i - \sum_{j=1}^{m} z_j}{n - m} = \dfrac{0 - 2}{3 - 0} = \dfrac{-2}{3}$，夹角 $\phi_{\mathrm{a}} = \dfrac{(2k+1)\pi}{n - m}$，$k = 0, 1, 2$，即夹角为 $\dfrac{\pi}{3}$，π，$\dfrac{5\pi}{3}$。

第五步，计算根轨迹与虚轴的交点。系统的特征方程为 $s^3 + 2s^2 + 2s + K = 0$，把 $s = \mathrm{j}\omega$ 代入分别得出实部和虚部的方程 $-2\omega^2 + K = 0$，$-\omega^3 + 2\omega = 0$，解得 $\omega_1 = 0$，$\omega_2 = \sqrt{2}$，$\omega_3 = -\sqrt{2}$。根轨迹与虚轴有三个交点分别是 $(0, 0)$，$\left(0, \pm\mathrm{j}\sqrt{2}\right)$，同时对应的 K 值可以由上两式求出，分别是 0 和 4。

第六步，计算出射角。因为无开环零点，所以在开环极点 p_1 和 p_2 处存在出射角。令 $k = 0$，

可得 $\theta_{p_i} = \pi + \left(\sum\limits_{j=1}^{m} \phi_{z_j p_i} - \sum\limits_{\substack{j=1 \\ j \neq i}}^{n} \theta_{p_j p_i} \right)$，则 $\theta_{p_1} = \pi - \theta_{p_2 p_1} - \theta_{p_3 p_1} = \pi - \dfrac{\pi}{2} - \dfrac{3}{4}\pi = -\dfrac{\pi}{4}$，同理可得 $\theta_{p_2} = \dfrac{\pi}{4}$。

根据以上分析可绘制根轨迹，如图 4-5 所示。

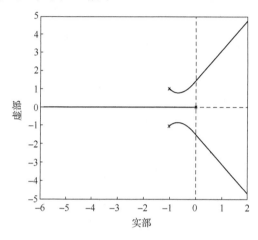

图 4-5　例 4-2 根轨迹图

例 4-3　已知系统的开环传递函数为 $G(s) = \dfrac{10}{(s+2)(s+a)}$，绘制参数 a 由零变到无穷时的根轨迹图。

本题关键在于所给的开环传递函数与熟知的标准形式不一致，所以把开环传递函数转化为标准形式非常重要。根轨迹是要绘制出闭环系统根的分布，两个不同结构的系统，开环传递函数不同，但是它们的特征方程一致，根轨迹就一致。因此需要找到一个新的开环传递函数，只要这个新的开环传递函数对应的系统的特征方程与题中系统的特征方程一致就可以。

系统的特征方程为 $D(s) = 1 + \dfrac{10}{(s+2)(s+a)} = 0$，即 $s^2 + 2s + as + 2a + 10 = 0$，上式变形为 $1 + \dfrac{a(s+2)}{s^2 + 2s + 10} = 0$，等效的开环传递函数为 $\dfrac{a(s+2)}{s^2 + 2s + 10}$。

解

首先求解开环传递函数极点和零点，系统有两个开环传递函数极点分别是 $p_1 = -1 + 3\mathrm{j}$，$p_2 = -1 - 3\mathrm{j}$，唯一一个开环传递函数零点为 $z = -2$。

第一步，确定根轨迹的起点和终点。根轨迹的起点就是上述两个开环传递函数极点，终点一个在无穷远处，另一个在 -2 处。

第二步，确定根轨迹的分支数。由于 $n = 2$、$m = 1$，因此根轨迹有两个分支。

第三步，绘制实轴上的根轨迹。若实轴的某一区域是系统根轨迹的一部分，则必有其右边开环传递函数实数零点数与开环传递函数实数极点数之和为奇数。因此实轴上的根轨迹区域为 $(-\infty, -2]$。

第四步，计算出射角（起始角）。由于 $\theta_{p_i} = (2k+1)\pi + \left(\sum\limits_{j=1}^{m} \phi_{z_j p_i} - \sum\limits_{\substack{j=1 \\ j \neq i}}^{n} \theta_{p_j p_i} \right)$，将 $k = 0$ 代入，

极点 p_1 的出射角 $\theta_{p_1} = \pi + \phi_{z p_1} - \theta_{p_2 p_1} = \pi + \dfrac{2}{5}\pi - \dfrac{\pi}{2} = 162°$，同理 $\theta_{p_2} = -162°$。

第五步，计算根轨迹的分离点。根据根轨迹在实轴上的分布，可知分离点在 $(-\infty, -2]$。

根据公式 $\sum\limits_{j=1}^{m} \dfrac{1}{d - z_j} = \sum\limits_{i=1}^{n} \dfrac{1}{d - p_i}$ 可解得分离点坐标是 $d = -5.16$，另一解 $d = 1.16$ 不符合要求

舍去。

根据以上分析可绘制根轨迹如图 4-6 所示。

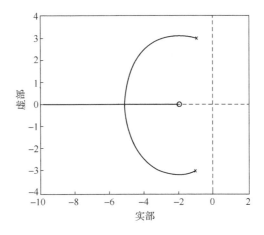

图 4-6　例 4-3 根轨迹

实际应用中，我们通常会遇到在给定 K^* 值条件下，确定此时系统闭环极点的问题。对于这种情况可以利用根轨迹的幅值条件来求取此时系统的闭环极点。一般情况下根据 K^* 值，通常用试探法先确定在实轴上的闭环传递函数极点，然后确定其他的闭环传递函数极点。

4.4　系统性能的根轨迹分析

4.4.1　系统性能的定性分析

为了方便讨论系统性能定性分析问题，我们讨论一种比较简单的情况即传递函数没有重根的情况，分析闭环系统零点和极点对时间响应性能的影响。一般来说，对控制系统的要求是，动态过程要快速和平稳，被控量要尽可能地复现给定输入。这些要求与系统的零极点分布息息相关。

假定 n 阶系统的闭环传递函数的零极点表达式如式（4-21）所示，其中极点和零点不是实根就是复根。

$$\phi(s)=\frac{C(s)}{R(s)}=\frac{b_0s^m+b_1s^{m-1}+\cdots+b_{m-1}s+b_m}{a_0s^n+a_1s^{n-1}+\cdots+a_{n-1}s+a_n}=\frac{K^*\prod\limits_{j=1}^m\left(s-z_j\right)}{\prod\limits_{i=1}^n\left(s-s_i\right)} \tag{4-21}$$

该 n 阶系统的单位阶跃响应为 $c(t)=\phi(0)+\sum\limits_{k=0}^n A_k\mathrm{e}^{s_kt}$，其中 $\phi(0)=\dfrac{K^*\prod\limits_{j=1}^m -z_j}{\prod\limits_{i=1}^n -s_i}$，

$A_k=\dfrac{K^*\prod\limits_{j=1}^m\left(s_k-z_j\right)}{s_k\prod\limits_{i=1,i\neq k}^n\left(s_k-s_i\right)}$，根据以上的分析，关于系统的性能我们可以得出如下结论。

（1）稳定性：系统的所有闭环传递函数极点分布在 s 左半平面，与闭环传递函数零点无关。

（2）运动形式：闭环系统无零点，闭环传递函数极点均为实数，响应一定是单调的；闭环传递函数极点存在复数，响应一般是振荡的。

（3）超调量：主要取决于复数主导极点，衰减率或阻尼比与其他闭环传递函数零极点接近原点的程度有关。设计系统时，应使闭环极点靠近实轴，复数极点尽量靠近最佳阻尼线，这样超调量也较小。

（4）调节时间：取决于最靠近虚轴的闭环传递函数的复数极点实部绝对值，如该复数极点附近无零点，并且其实部绝对值离虚轴最近，则调节时间取决于其模值，即特征根的实部绝对值越大，系统的调节时间越短。

（5）动态过程：零极点对系统动态过程的影响，除了衰减快慢外，还要考虑系数 A_k，使 A_k 尽量最小，也就是极点之间距离要大，零极点的距离尽量接近。

（6）偶极子处理：零极点之间的距离非常接近，并且它们之间的距离比它们本身距离小一个数量级时对系统暂态响应的影响可以忽略，但是它们的位置接近原点时其影响必须考虑。这一特点对控制系统的设计和性能改造非常重要。

4.4.2　附加开环零点对系统性能的改善

1. 附加适当的开环零点可以改善系统的稳定性

首先分析下面的例子。

设系统的开环传递函数 $G_k(s)=\dfrac{K^*}{s^2(s+10)}$，闭环系统有 3 个极点，没有零点，所以根轨迹有 3 个分支，实轴上根轨迹为 $(-\infty,-10]$，渐近线交点为 $-\dfrac{10}{3}$，夹角为 $\pm\dfrac{\pi}{3}$、π，起始角为 $\pm\dfrac{\pi}{2}$。根据以上分析可以简单绘制根轨迹图形，如图 4-7 所示。

根据根轨迹分析，无论开环增益如何变化，系统都无法稳定，属于结构不稳定问题。

为了解决此问题，引入一个开环传递函数零点，使系统开环传递函数变为

$G_{k_1}(s) = \dfrac{K_1^*(s+z)}{s^2(s+10)}$，当把 z 设置在 $(0,10)$ 时，也就是零点在 $-10\sim0$ 时，无论如何调节开环增

益，系统都是稳定的。当 $z=5$ 时，根轨迹情况如图 4-8 所示，可以看出适当安排零点可以改善系统的稳定性。

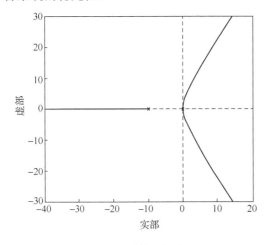

图 4-7　系统根轨迹

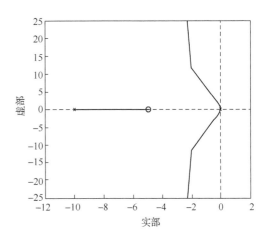

图 4-8　附加零点后的系统根轨迹

2. 附加适当的开环零点可以改善系统的动态性能

下面通过一个实例来看附加开环传递函数零点是如何改善系统的动态性能的。已知系统如图 4-9 所示，分析参数 $\alpha=0$ 和 $\alpha\ne0$ 两种情况的系统动态性能（即引入附加开环传递函数零点对系统动态性能的影响）。

系统的开环传递函数 $G_k(s) = \dfrac{5}{s(5s+5\alpha+1)}$，为了采用根轨迹来分析系统，需要采用标

准根轨迹对应的开环传递函数表达，因此我们有必要寻找一个与图 4-9 等效的新的闭环系统，这个新系统的开环传递函数具有绘制根轨迹所需开环传递函数的形式。根据上一节例 4-3 可以很容易求出该开环传递函数。

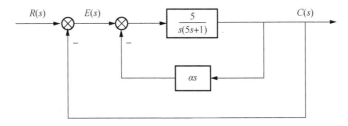

图 4-9　系统结构图

图 4-10 是与原系统等效的单位反馈系统的结构图，$G^*(s)$ 是我们要求的传递函数。系统的特

征方程 $D(s) = 1 + \dfrac{5(\alpha s+1)}{s(5s+1)} = 0$，即 $5s^2 + s + 5\alpha s + 5 = 0$，为把参数 α 表达成根轨迹增益的形式，

特征方程改写为 $D(s)=1+\dfrac{5\alpha s}{s(5s+1)+5}=1+G_k^*(s)=1+G^*(s)$。$G^*(s)=\dfrac{5\alpha s}{s(5s+1)+5}$ 就是新系统的开环传递函数。新系统有两个极点 $p_{1,2}=0.1\pm j0.99$ 和一个零点 $z_1=0$，根据新的等效系统可以绘制出参数 α 变化时原系统特征根的根轨迹，如图 4-11 所示。对于根轨迹有一点要注意的是，根轨迹中的零点 $z_1=0$ 是我们构造出的新系统的开环传递函数零点，不能把它作为原系统的闭环传递函数零点来使用，因为原系统是没有闭环传递函数零点的。为什么要分析闭环零点呢？因为前面介绍的动态性能和系统的零点分布也有很大的关系。

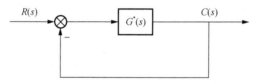

图 4-10　图 4-9 对应的新系统的结构图

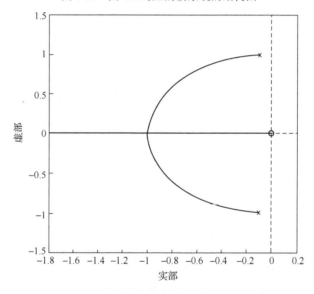

图 4-11　原系统特征根的根轨迹

当 $\alpha=0$ 时，即没有引入附加开环传递函数零点时，系统的闭环传递函数极点为 $p_{1,2}=-0.1\pm j0.99$，距离虚轴是非常近的，系统的动态性能不好，振荡强烈，持续时间长，也就是平稳性和快速性不好。那么引入附加开环传递函数零点后，性能是如何变化的值得关注。α 比较小的时候，系统的性能实际上和 $\alpha=0$ 的情况类似，速度反馈信号比较小，对系统的性能改善不大。但是随着 α 的增大，系统的闭环传递函数极点远离虚轴并向实轴靠近，动态性能得到全面提升。随着 α 的进一步增大。两个根轨迹分支交汇到实轴，然后一个根轨迹分支沿着实轴靠近虚轴，另一个根轨迹分支沿着实轴远离虚轴。系统进入过阻尼状态，没有振荡，但是快速性下降。可见合理引入开环传递函数零点可改善系统的动态性能。

小　结

（1）根轨迹法是研究系统性能的一种图解方法，在 s 平面内进行分析，不需要求解时域响应。

（2）绘制系统的根轨迹，只需要根据系统的开环传递函数零极点及有关法则即可，不需要求解高阶系统特征方程，很容易看出特征根的整体分布情况。

（3）掌握根轨迹的绘制，首先确定根轨迹的分支数，利用起点和终点的规则确定根轨迹的起点和终点，其次分析根轨迹在实轴上的分布，然后分析根轨迹渐近线的交点和夹角，最后计算根轨迹的起始角、终止角、分离点、分离角和虚轴的交点等，即可绘制系统的根轨迹。

（4）通过对根轨迹的分析可以看出附加零点对系统性能的影响。

习　题

4-1 设单位反馈系统开环系统传递函数 $G(s)=\dfrac{K(s+1)}{s(2s+1)}$ ，试绘出相应的闭环根轨迹图（要求确定分离点坐标 d ）。

4-2 已知单位负反馈控制系统开环传递函数 $G(s)=\dfrac{K^{*}(s+20)}{s(s+10+10\mathrm{j})(s+10-10\mathrm{j})}$ ，试绘出相应的闭环根轨迹图（要求算出起始角 θ_{p_i} ）。

4-3 设已知单位反馈控制系统开环传递函数 $G(s)=\dfrac{K^{*}(s+z)}{s^{2}(s+10)(s+20)}$ ，试确定产生纯虚根的 z 值。

4-4 已知系统如图 4-12 所示，绘制参数 K 变化时的系统根轨迹。

4-5 系统的闭环特征方程为 $s^{2}(s+a)+K(s+1)=0$ ，试确定系统的根轨迹有一个、两个和没有分离点三种情况下，参数 a 的范围，并绘制出 K 变化时的根轨迹图形。

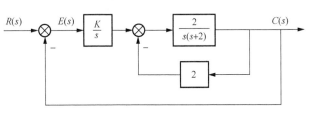

图 4-12　习题 4-4 系统结构图

4-6 反馈控制系统的开环传递函数 $G(s)=\dfrac{0.25(s+\beta)}{s^{2}(s+1)}$ ，绘制参数 β 变化时系统的根轨迹。

5 线性定常系统的频域分析法

频域分析法是应用系统频率特性研究其性能的一种工程方法。根据系统开环频率特性，间接地分析闭环系统的动态性能和稳态性能，可以简单而迅速地判断某些环节或参数对系统动态性能和稳态性能的影响，并能指明改善系统性能的方向。除此之外，频率特性可以由实验方法来测得，对某些难以用机理方法建模的系统更为有用。所以频率分析法在工程中得到广泛应用。

本章主要研究频率特性的基本概念及几何表示方法，典型环节频率特性绘制及特点，闭环系统的开环频率特性绘制，系统稳定性的频域判据，以及讨论最小相位系统开环对数幅频特性与闭环系统动态及稳态性能的关系。

5.1 频率特性的基本概念及几何表示方法

5.1.1 频率特性的基本概念

下面用一个简单的 RC 电路为例引出频率特性概念，如图 5-1 所示，电路微分方程如式（5-1）所示。

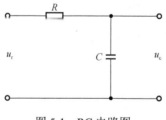

图 5-1 RC 电路图

$$T\frac{\mathrm{d}u_\mathrm{c}}{\mathrm{d}t} + u_\mathrm{c} = u_\mathrm{r} \tag{5-1}$$

式中，$T = RC$，其传递函数为

$$G(s) = \frac{1}{Ts+1} \tag{5-2}$$

当电路输入为正弦电压，即

$$u_\mathrm{r} = A\sin(\omega t) \tag{5-3}$$

式中，A 为输入正弦波的幅值。根据电路知识，其输出 u_c 的稳态值也是同频率 ω 的正弦函数，即

$$u_c = B\sin(\omega t + \varphi) = \frac{u_r}{R + \dfrac{1}{jc\omega}} \times \frac{1}{jc\omega} = \frac{u_r}{j\omega RC + 1} = \frac{u_r}{jT\omega + 1} \tag{5-4}$$

式中，B 为输出正弦信号的幅值；φ 为输出信号与输入信号的相角之差；R 为电阻。令

$$G(j\omega) = \frac{u_c}{u_r} = \frac{1}{jT\omega + 1} = \frac{1}{\sqrt{1 + T^2\omega^2}} e^{-j\varphi(\omega)} = \frac{B}{A} e^{-j\varphi(\omega)} \tag{5-5}$$

由于 $G(j\omega)$ 是 ω 的函数，因此称 $G(j\omega)$ 为图 5-1 所示电路的频率特性，式中 $\varphi(\omega) = -\tan^{-1}(T\omega)$。

定义：一个稳定的系统（或环节），当其输入信号为正弦函数时，其输出信号的稳态值也是一个相同频率的正弦函数，将输出稳态值与输入值之比称为系统（或环节）的频率特性。

从定义及式（5-5）看出：$G(j\omega) = \dfrac{u_c}{u_r}$，即 $u_c = G(j\omega)u_r$ 表示频率特性在不同 ω 时传递正弦函数的能力，包括正弦函数幅值衰减特性和相位超前还是滞后的特性，所以 $G(j\omega)$ 称为幅相频率特性。由式（5-5）可知 $G(j\omega)$ 的幅值 $\dfrac{1}{\sqrt{T^2\omega^2 + 1}} = \dfrac{B}{A}$ 也是 ω 的函数，称幅频特性。以上分析表明 $G(j\omega)$ 传递正弦函数过程中，其幅值与 ω 之间有衰减特性。$G(j\omega)$ 的相位如上例 $\varphi(\omega) = -\tan^{-1}(T\omega)$ 也是 ω 函数，称相频特性，它反映 $G(j\omega)$ 传递正弦函数过程中，u_c 相位超前还是滞后于 u_r 相位的特性。将 $G(s) = \dfrac{1}{Ts + 1}$ 与 $G(j\omega) = \dfrac{1}{jT\omega + 1}$ 比较可知：$G(s)|_{s=j\omega} = G(j\omega)$ 说明 $G(j\omega)$ 是传递函数 $G(s)$ 的一种特殊形式。可见，已知 $G(s)$，令 $s = j\omega$，代入 s 就得出频率特性 $G(j\omega)$，这是求 $G(j\omega)$ 的一种方法。

5.1.2 频率特性的几何表示方法

1. 幅相频率特性曲线

幅相频率特性曲线又称为幅相曲线或极坐标图。它是以横轴作为实轴，纵轴作为虚轴，构成复平面。对于任意给定的频率，频率特性值为复数。把频率特性分为实部加虚部的形式，则实部为实轴坐标值，虚部为虚轴坐标值。一般就是当 ω 由 $-\infty$ 变化到 ∞ 时，把 $G(j\omega)$ 绘制到复平面上的曲线图。

$$G(j\omega) = \frac{1}{jT\omega + 1} = \frac{1}{T^2\omega^2 + 1} - j\frac{T\omega}{T^2\omega^2 + 1} \tag{5-6}$$

将 $G(j\omega)$ 分成实部与虚部，如式（5-6）所示，给出几个特殊 ω，分别求取对应的实部和虚部，如表 5-1 所示。将这三个特殊点大致连接起来可得 $G(j\omega)$ 的曲线图，如图 5-2 所示。这种方法优点是对应曲线上的每一点存在一个频率值，而且通过幅相频率特性曲线可以看到与该频率对应的幅值和相位，不足之处是准确绘制高阶系统 $G(j\omega)$ 比较难，不便工程使用。

表 5-1 式（5-6）的实部和虚部

ω	实部	虚部
0	1	0
$\dfrac{1}{T}$	$\dfrac{1}{2}$	$-j\dfrac{1}{2}$
∞	0	0

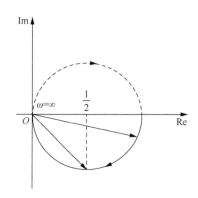

图 5-2 式（5-6）的幅相频率特性曲线

2. 对数频率特性

将 $G(j\omega)$ 幅频特性和相频特性，分别画在一张半对数坐标纸上的图形称为对数频率特性或称伯德图。幅频特性画在半对数坐标上，称为对数幅频特性。相频特性画在半对数坐标纸上，称为对数相频特性。其优点是作图方便，便于工程使用，这里仅介绍半对数坐标，作图方式后面会做具体介绍。

半对数坐标：①横坐标，以 ω 为变量、以 10 为底的对数作为新的分度值，即横坐标按 $\lg\omega$ 进行分度，其目的就是压缩坐标。这里我们要讨论一下线性分度和对数分度的问题，以前我们经常用到的分度是线性分度，采用线性分度时，横轴变量增大 1 或者减小 1 时，相邻的两个坐标距离变化一个单位。但是这种变化在对数分度时就不是这样了。我们举一个例子来说明，线性分度时，横轴坐标 1 和 2，它们之间的距离是一个单位，但是在对数分度下 $\lg1=0$，$\lg2=0.301$，它们之间的距离不再是一个单位。我们再看坐标 10，因为 $\lg10=1$，所以以 10 为底的对数分度下，这时坐标 1 和 10 之间的距离是一个单位。与此相对应坐标 ω 与 10ω 之间的距离也是一个单位，所以变量增大十倍，称为 10 倍频程（dec），这时坐标变化一个单位长度。线性分度和对数分度分别如图 5-3（a）和图 5-3（b）所示。②对数频率特性分为对数幅频特性和对数相频特性，因此纵坐标有两种情况。第一种情况是纵坐标为 $L(\omega)$，单位是分贝（dB），$L(\omega)=20\lg|G(j\omega)|$，如图 5-3（c）所示；第二种情况纵坐标是 $\varphi(\omega)$，单位为度（°），如图 5-3（d）所示。

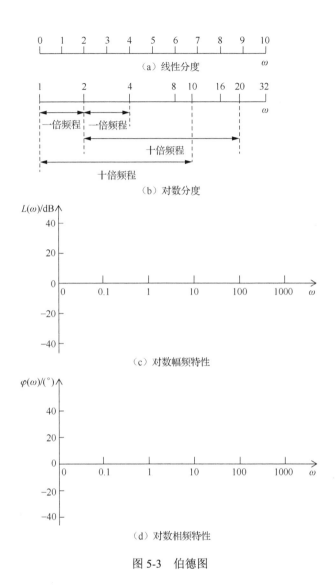

图 5-3　伯德图

5.2　典型环节频率特性绘制及特点

　　本章主要介绍应用系统的开环频率特性分析系统性能问题，利用频率特性分析系统性能中一个重要的问题就是绘制 $G(j\omega)$，而 $G(j\omega)$ 就是把 $s=j\omega$ 代入 $G(s)$ 得到的。开环传递函数是由若干个典型环节乘积组成的。因此，掌握典型环节频率特性绘制及特点，是绘制 $G(j\omega)$ 的基础，也是应用 $G(j\omega)$ 分析系统性能的基础。

5.2.1　比例环节

1. 数学模型及频率特性表达式

（1）数学模型 $G(s)=K$ 。

（2）比例环节的频率特性表达式 $G(j\omega)=K$ ，比例环节的对数幅频特性 $L(\omega)=20\lg K$ ，比例环节的对数相频特性如下：

$$\varphi(\omega)=\tan^{-1}\frac{虚部}{实部}=\tan^{-1}\frac{0}{K}=0° \qquad (5\text{-}7)$$

2. 特性绘制

（1）绘制 $G(j\omega)$：根据 $G(j\omega)$ 表达式可知， $\omega=0\sim\infty\mathrm{s}^{-1}$ ， $G(j\omega)=K$ ， $\varphi(\omega)=0°$ ，所以 $G(j\omega)$ 如图 5-4 所示，在坐标图正实轴上的一点 K 。

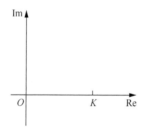

图 5-4　比例环节的幅相频率特性

（2）绘制 $L(\omega)$：从其表达式可知，当 ω 从零变到无穷大， $L(\omega)$ 始终为 $20\lg K$ ，所以 $L(\omega)$ 始终与半对数坐标横轴平行或重合，如图 5-5（a）所示。当 ω 从零变到无穷大， $\varphi(\omega)=0°$ ，对数相频特性曲线如图 5-5（b）所示。

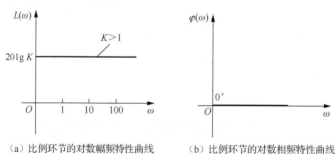

（a）比例环节的对数幅频特性曲线　　　（b）比例环节的对数相频特性曲线

图 5-5　比例环节的对数幅频和对数相频特性曲线

3. 比例环节特点

（1） $G(j\omega)$ 在正实轴上大小为 K ，反之已知正轴上数值大小，则可以求得 K 大小。

（2） $L(\omega)$ 从低频到高频，是一条与横轴平行的直线， $\varphi(\omega)=0°$ ，所以比例环节传递正弦函数不失真即相位不变。反之，如果系统 $L(\omega)$ 出现与横轴平行的情况，说明这段曲线就是比例环节特性曲线。

5.2.2　惯性环节

1. 数学模型及频率特性表达式

惯性环节的数学模型和频率特性如下：

$$G(s) = \frac{1}{Ts+1}$$

$$G(\mathrm{j}\omega) = \frac{1}{\mathrm{j}T\omega + 1}$$

$$L(\omega) = 20\lg\frac{1}{\sqrt{T^2\omega^2+1}} = -20\lg\left(1+T^2\omega^2\right)^{\frac{1}{2}} \tag{5-8}$$

$$\varphi(\omega) = -\tan^{-1}\left(T\omega\right)$$

2. 特性绘制

$G(\mathrm{j}\omega)$ 绘制前面已经讲过，这里主要讲 $L(\omega)$ 及 $\varphi(\omega)$ 绘制方法。

$L(\omega)$ 绘制方法：根据其表达式 $L(\omega) = -20\lg\left(1+T^2\omega^2\right)^{\frac{1}{2}}$，来分析 $L(\omega)$ 的近似绘制方法。

设 $T\omega \ll 1$，即 $\omega \ll \dfrac{1}{T}$，忽略式 $L(\omega) = -20\lg\left(1+T^2\omega^2\right)^{\frac{1}{2}}$ 中的 $T^2\omega^2$ 项，则 $L(\omega) \approx -20\lg 1 = 0\mathrm{dB}$，如图 5-6（a）所示，是一条与横轴重合直线。设 $T\omega \gg 1$，即 $\omega \gg \dfrac{1}{T}$，忽略式 $L(\omega) = -20\lg\left(1+T^2\omega^2\right)^{\frac{1}{2}}$ 中的 1 项，则 $L(\omega) \approx -20\lg\left(T\omega\right)$。当 $\omega = \dfrac{1}{T}$ 时，$L(\omega) = 0\,\mathrm{dB}$，当 $\omega = \dfrac{10}{T}$ 时，$L(\omega) = -20\mathrm{dB}$，通过这两点做一条斜线如图 5-6（a）所示。

可见惯性环节对数渐近特性是由两条直线组成的，即 $\omega \leqslant \dfrac{1}{T}$ 时，$L(\omega)$ 是与横轴重合的直线，其值为 $0\,\mathrm{dB}$；$\omega \geqslant \dfrac{1}{T}$ 时，$L(\omega)$ 是一条 ω 每增加 10 倍频程 $L(\omega)$ 衰减 $-20\mathrm{dB}$ 的斜线，表示为 $-20\mathrm{dB/dec}$，记直线的斜率为 -1。两条直线在 $\omega = \dfrac{1}{T}$ 处相交，所以 $\omega = \dfrac{1}{T}$ 称惯性环节的交接频率。这样近似有一定误差，误差最大在 $\omega = \dfrac{1}{T}$ 处为 $-3\mathrm{dB}$。工程上忽略不计。以后都是绘制对数幅频特性，表达式为

$$L(\omega) = -20\lg T\omega \tag{5-9}$$

所以，惯性环节对数幅频特性绘制方法：①首先在半对数坐标横轴上标出其交接频率 $\omega = \dfrac{1}{T}$；②从 $\omega = \dfrac{1}{T}$，$L(\omega) = 0\mathrm{dB}$ 这点开始画一条斜率为 -1 的直线就可以得到惯性环节对数幅频特性曲线（$\omega \leqslant \dfrac{1}{T}$，$L(\omega) = 0\mathrm{dB}$ 与横轴重合）。

$\varphi(\omega)$ 绘制方法：根据表达式 $\varphi(\omega) = -\tan^{-1}\left(T\omega\right)$ 采用如下的大致绘制方法。首先是抓两

头，然后中间特性段大致画，最后再处理特殊点的相位。①抓两头也就是抓起点和终点。起点当 $\omega=0\text{s}^{-1}$ 时，$\varphi(\omega)=0°$；终点当 $\omega=\infty\text{s}^{-1}$ 时，$\varphi(\omega)=-90°$。②$\varphi(\omega)$ 的中间特性段通过分析 $\omega=0\sim\infty\text{s}^{-1}$ 时，$\varphi(\omega)$ 变化趋势大致画出即可，也就是 ω 增长时，$\varphi(\omega)$ 要连续从 $0°$ 变化到 $-90°$，其图形如图 5-6（b）所示。③处理特殊点的相位，我们先看一下 $L(\omega)$ 图形即图 5-6（a），$\omega=\dfrac{1}{T}$ 称为交接频率，此时 $\varphi(\omega)=-45°$，把该点的相位标注在图 5-6（b）中，至此 $\varphi(\omega)$ 大致绘制完成。

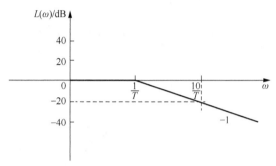

（a）惯性环节的对数幅频特性曲线

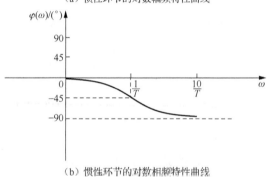

（b）惯性环节的对数相频特性曲线

图 5-6　惯性环节的对数幅频和对数相频特性曲线

5.2.3　积分环节

1. 数学模型和频率特性的表达式

积分环节的数学模型和频率特性如下：

$$G(s)=\frac{1}{s}$$

$$G(\mathrm{j}\omega)=\frac{1}{\mathrm{j}\omega}=-\mathrm{j}\frac{1}{\omega}$$

$$L(\omega)=20\lg\left|G(\mathrm{j}\omega)\right|=-20\lg\omega$$

（5-10）

$$\varphi(\omega)=\tan^{-1}\frac{\text{虚部}}{\text{实部}}=-\tan^{-1}\frac{\dfrac{1}{\omega}}{0^{+}}=\tan^{-1}(-\infty)=-90°$$

2. 特性绘制

$G(j\omega)$ 的绘制：从其表达式 $G(j\omega)=-j\dfrac{1}{\omega}$ 可以看出 $\omega\ne0$，$G(j\omega)$ 在 $\omega=0\sim\infty s^{-1}$ 时变化不连续，不便于工程使用，为了使其连续变化，工程上会对其做一些处理，即以坐标原点为圆心，用一个 $\varepsilon\to0$ 的正数为半径，在坐标虚轴右侧画一个半圆，代表坐标原点，此时坐标新的虚轴为 $-j\infty\to j0^-\to j0^+\to j\infty$，其中 $j0^-\to j0^+$ 部分就是补充的小半圆，如图 5-7 所示。积分环节的极点在新的虚轴左侧，也称是稳定环节。

由于 $s=|\varepsilon|e^{j\theta}$，当 $s=0$ 时，$|\varepsilon|=0$，θ 由 $-90°$ 连续变化到 $90°$；当 $s=0^+$ 时，$|\varepsilon|=0$，$\theta=+90°$。而积分环节 $\dfrac{1}{s}=\dfrac{1}{|\varepsilon|e^{j\theta}}$，当 $s=0$ 时，$\theta=0°$，$\left|\dfrac{1}{\varepsilon}\right|=\infty$，$\varphi(\omega)=0°$；当 $s=0^+$ 时，$\left|\dfrac{1}{\varepsilon}\right|=\infty$，$\varphi(\omega)=-90°$（$\theta=90°$）。

可见改造一个积分环节 $G(j\omega)=-j\dfrac{1}{\omega}$，主要补充 ω 由 $0\to0^+$ 时 $G(j\omega)$ 的幅相频率特性。$\omega=0s^{-1}$ 时，$\left|\dfrac{1}{\omega}\right|=\infty$，$\varphi(\omega)=0°$；当 $\omega=0^+s^{-1}$ 时，$\left|\dfrac{1}{\omega}\right|=\infty$，$\varphi(\omega)=-90°$；当 $\omega=\infty s^{-1}$ 时，$\left|\dfrac{1}{\omega}\right|=0$，$\varphi(\omega)=-90°$。根据分析我们可绘制 ω 由 $0\to0^+\to\infty$ 变化时 $G(j\omega)$ 的幅相频率特性，如图 5-8 所示（$\omega=0\sim0^+s^{-1}$，$G(j\omega)$ 的幅相频率特性用虚线表示）。

归纳以上分析，积分环节 $G(j\omega)$ 绘制方法为：①求表达式 $G(j\omega)=-j\dfrac{1}{\omega}$，仅有虚部无实部。②确定当 $\omega=0s^{-1}$ 时，$|G(j\omega)|=\infty$，$\varphi(\omega)=0°$；当 $\omega=0^+s^{-1}$ 时，$|G(j\omega)|=\infty$，$\varphi(\omega)=-90°$。即从 $\omega=0s^{-1}$，$|G(j\omega)|=\infty$，$\varphi(\omega)=0°$ 这点开始用虚线顺时针画到 $\omega=0^+s^{-1}$，$\varphi(\omega)=-90°$ 这点。③从 $\omega=0^+s^{-1}$ 到 $\omega=\infty s^{-1}$，由于 $\varphi(\omega)=-90°$，$|G(j\omega)|$ 从 $-j\infty$ 逐渐沿着负实轴衰减到坐标原点，$G(j\omega)$ 如图 5-8 所示。

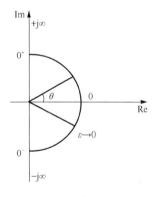

图 5-7　坐标新虚轴

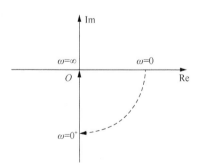

图 5-8　积分环节幅相频率特性曲线

绘制 $L(\omega)=-20\lg\omega$，方法比较简单，即通过 $\omega=1s^{-1}$，$L(\omega)=0$dB 和 $\omega=10s^{-1}$，$L(\omega)=-20$dB 这两点画一条直线就是 $L(\omega)$。简单说通过 $\omega=1s^{-1}$，$L(\omega)=0$dB 这点作一条斜率为 -1 的直线，如图 5-9（a）所示。积分环节的对数相频特性表达式 $\varphi(\omega)=-90°$，如图 5-9（b）所示。

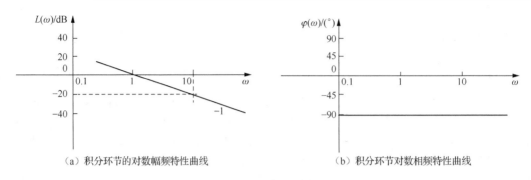

（a）积分环节的对数幅频特性曲线　　　　　　　　（b）积分环节对数相频特性曲线

图 5-9　积分环节对数幅频相频特性曲线

3. 积分环节特点

（1）$G(j\omega)$ 最大特点是：当 $\omega = 0\mathrm{s}^{-1}$ 时，$|G(j\omega)| = \infty$，$\varphi(\omega) = 0°$，即在正实轴上；当 $\omega = 0^+\mathrm{s}^{-1}$ 时，$|G(j\omega)| = \infty$，$\varphi(\omega) = -90°$，即从 $\omega = 0\mathrm{s}^{-1}$ 变到 $\omega = 0^+\mathrm{s}^{-1}$，用虚线顺时针把这两点连接起来。其图形是一个圆心在原点半径无穷大的 1/4 圆。

（2）$L(\omega)$ 的特点：如果有一个积分环节，则一定是通过 $\omega = 1\mathrm{s}^{-1}$，$L(\omega) = 0\mathrm{dB}$ 这点，做一条斜率为 –1 的直线。同理如果有两个积分环节，也是通过 $\omega = 1\mathrm{s}^{-1}$，$L(\omega) = 0\mathrm{dB}$ 这点，做一条斜率为 –2 的直线。总之从低频到高频都起作用，而且频率越低增益越大，频率越高衰减越大。

（3）$\varphi(\omega) = -90°$ 是一条直线，如图 5-9（b）所示。

5.2.4　微分环节

1. 纯微分环节

纯微分环节的数学模型和频率特性公式如下：

$$G(s) = s$$
$$G(j\omega) = j\omega$$
$$L(\omega) = 20\lg|G(j\omega)| = 20\lg\omega \qquad (5\text{-}11)$$
$$\varphi(\omega) = \tan^{-1}\frac{虚部}{实部} = \tan^{-1}\frac{j\omega}{0^+} = \infty$$

纯微分环节的特性绘制，从表达式知：①当 $\omega = 0\mathrm{s}^{-1}$ 时，$|G(j\omega)| = 0$；当 $\omega = 0 \sim \infty\mathrm{s}^{-1}$ 时，$\varphi(\omega) = 90°$。所以 $G(j\omega)$ 从坐标原点开始沿着正虚轴变化到 $+j\infty$，如图 5-10 所示。②$L(\omega) = 20\lg\omega$，当 $\omega = 1\mathrm{s}^{-1}$ 时，$L(\omega) = 0\mathrm{dB}$；当 $\omega = 10\mathrm{s}^{-1}$ 时，$L(\omega) = +20\mathrm{dB}$，也就说 ω 增加 10 倍，$L(\omega)$ 增加 20dB，即斜率为 20dB/dec，记为 +1。将这两点连接起来得到 $L(\omega)$。简单的方法是通过 $\omega = 1\mathrm{s}^{-1}$，$L(\omega) = 0\mathrm{dB}$ 这点作一条斜率为 +1 的直线，即 $L(\omega)$，如图 5-11（a）所示。③$\varphi(\omega) = 90°$，其对数相频特性曲线如图 5-11（b）所示。

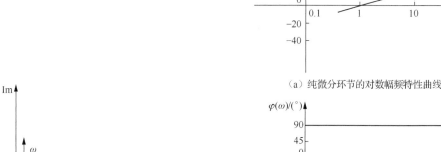

（a）纯微分环节的对数幅频特性曲线

（b）纯微分环节对数相频特性曲线

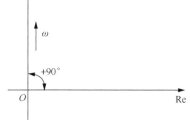

图 5-10   纯微分环节幅相频率特性曲线   图 5-11   纯微分环节对数幅频和对数相频特性曲线

2. 一阶微分环节

一阶微分环节的数学模型和频率特性如下：

$$G(s) = Ts + 1$$

$$G(j\omega) = 1 + jT\omega$$

$$L(\omega) = 20\lg(1 + T^2\omega^2)^{\frac{1}{2}}$$

一阶微分环节的近似表达式（仿惯性环节）如下：

$$L(\omega) = 20\lg(T\omega), \quad \omega \geqslant \frac{1}{T}$$

$$\varphi(\omega) = \tan^{-1}\frac{T\omega}{1} = \tan^{-1}(T\omega)$$

（5-12）

一阶微分环节频率特性根据频率表达式进行绘制，即 $G(j\omega) = 1 + jT\omega$，当 $\omega = 0\text{s}^{-1}$ 时起点的参数为 $\varphi(\omega) = 0°$，$|G(j\omega)| = 1$；当 $\omega = \infty\text{s}^{-1}$ 时终点的参数为 $\varphi(\omega) = 90°$，$|G(j\omega)| = \infty$。$\omega = 0 \sim \infty^{-1}\text{s}^{-1}$ 时 $G(j\omega)$ 的实部始终为 1，$G(j\omega)$ 如图 5-12 所示。$L(\omega) = 20\lg(T\omega)$（渐近特性），当 $\omega = \frac{1}{T}$ 时，$L(\omega) = 0\text{dB}$；当 $\omega = 10\frac{1}{T}$ 时，$L(\omega) = 20\text{dB}$。根据以上分析可以绘制 $L(\omega)$，从 $\omega = \frac{1}{T}$，$L(\omega) = 0\text{dB}$ 这点做一条斜率为 +1 的直线，如图 5-13（a）所示。其中 $\frac{1}{T}$ 称一阶微分环节交接频率，且 $\omega > \frac{1}{T}$ 时，随着频率的增大，$L(\omega)$ 也增大；当 $\omega \leqslant \frac{1}{T}$ 时，$L(\omega) = 0\text{dB}$。$\varphi(\omega) = \tan^{-1}(T\omega)$，绘制方法也是抓两头，当 $\omega = 0\text{s}^{-1}$ 时，$\varphi(\omega) = 0°$；当 $\omega = \infty$ 时，$\varphi(\omega) = 90°$，

中间特性段抓特殊点，即当 $\omega = \dfrac{1}{T}$ 时，$\varphi(\omega) = 45°$，大致画出 $\varphi(\omega)$，如图 5-13（b）所示。

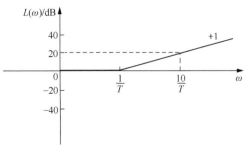

（a）比例微分环节的对数幅频特性曲线

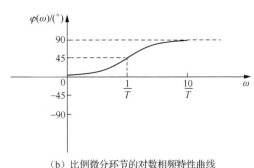

（b）比例微分环节的对数相频特性曲线

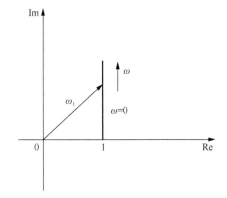

图 5-12　比例微分环节的幅相频率
特性曲线

图 5-13　比例微分环节的对数幅频和对数相频
特性曲线

5.2.5　振荡环节

1. 数学模型及频率特性表达式

振荡环节的数学模型如式（5-13）所示：

$$G(s) = \frac{\omega_n^2}{s^2 + 2\xi\omega_n s + \omega_n^2} = \frac{1}{T^2 s^2 + 2\xi T s + 1} \tag{5-13}$$

式中，$0 \leqslant \xi \leqslant 1$；$T = \dfrac{1}{\omega_n}$。

振荡环节的频率特性表达式和对数频率特性表达式如式（5-14）～式（5-16）所示：

$$G(j\omega) = \frac{1}{(1 - T^2\omega^2) + j2\xi T\omega} = \frac{1 - T^2\omega^2}{(1 - T^2\omega^2)^2 + (2\xi T\omega)^2} - j\frac{2\xi T\omega}{(1 - T^2\omega^2)^2 + (2\xi T\omega)^2} \tag{5-14}$$

$$L(\omega) = 20\lg|G(j\omega)| = -20\lg\left[(1 - T^2\omega^2)^2 + (2\xi T\omega)^2\right]^{\frac{1}{2}} \tag{5-15}$$

$$\varphi(\omega) = -\tan^{-1}\frac{2\xi T\omega}{1 - T^2\omega^2} \tag{5-16}$$

2. 特性绘制

（1）绘制 $G(j\omega)$ 方法：抓两头，中间特性段抓特殊点画 $G(j\omega)$ 的大致变化趋势，当 $\omega = 0s^{-1}$ 时，$|G(j\omega)| = 1$，$\varphi(\omega) = 0°$ 为起点；当 $\omega = \infty s^{-1}$ 时，$|G(j\omega)| = 0$，$\varphi(\omega) = -180°$ 为终点。中间特性段看 $\varphi(\omega)$，从式（5-16）可知，ω 从 $0s^{-1}$ 变到 $\omega = \infty s^{-1}$ 时，$\varphi(\omega)$ 连续从 $0°$ 变化到 $-180°$。其中当 $\omega = \omega_n = \dfrac{1}{T}$ 时，$G(j\omega) = -j\dfrac{1}{2\xi}$，如图 5-14 所示。图 5-14 给出了 ξ 为 ξ_1 和 ξ_2 两种情况的图形。所以根据以上分析计算 $G(j\omega)$，图形从 $\omega = 0$ 开始连续顺时针经过 $\omega = \dfrac{1}{T}$ 点，最后到 $\omega = \infty s^{-1}$ 坐标原点，如图 5-14 所示。

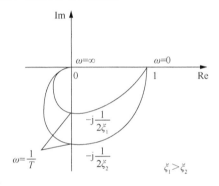

图 5-14　振荡环节幅相频率特性曲线

（2）绘制 $L(\omega)$ 方法是先近似后修正。近似特性：根据式（5-15）可知，令 $\omega \ll \dfrac{1}{T}$，即 $T\omega \ll 1$，忽略 $L(\omega)$ 式中 $T^2\omega^2$ 及 $2\xi T\omega$ 两项，此时 $L(\omega) = 20\lg 1 = 0\text{dB}$；当 $\omega \gg \dfrac{1}{T}$ 时，$T\omega \gg 1$，则忽略 $L(\omega)$ 式中 1 及 $2\xi T\omega$ 两项，$L(\omega) = -20\lg(T^2\omega^2) = -40\lg(T\omega)$，近似特性如图 5-15 所示。但是，$L(\omega)$ 与 ξ 有关，在 $\omega = \dfrac{1}{T}$ 左右近似特性误差一定很大，即

$$\left\{ -20\lg\left[(1 - T^2\omega^2)^2 + (2\xi T\omega)^2 \right]^{\frac{1}{2}} - \left[-40\lg(T\omega) \right] \right\}_{\omega = \frac{1}{T}} = -20\lg 2 - 20\lg \xi \qquad (5\text{-}17)$$

所以振荡环节不能用近似 $L(\omega)$，必须修正。在近似特性上从 $\dfrac{1}{10T}$ 到 $10\dfrac{1}{T}$ 之间进行修正，如图 5-16 所示，误差曲线如图 5-17 所示。

（3）$\varphi(\omega)$ 绘制：从表达式看出，$\varphi(\omega)$ 也与 ξ 有关，为了大概绘制 $\varphi(\omega)$，这里取 $\xi = 1$，方法还是抓两头，中间看 $\varphi(\omega)$ 随着 $\omega = 0 \sim \infty s^{-1}$ 时变化趋势大概绘制，特殊点要计算。当 $\omega = 0s^{-1}$ 时，$\varphi(\omega) = 0°$ 为起点，当 $\omega = \infty s^{-1}$ 时，$\varphi(\omega) = -180°$ 为终点。特殊点 $\omega = \dfrac{1}{T}$，$\varphi(\omega) = -90°$，所以从 $\varphi(\omega) = 0°$ 开始画到 $-90°$，再从 $-90°$ 画到 $180°$，如图 5-18 所示。

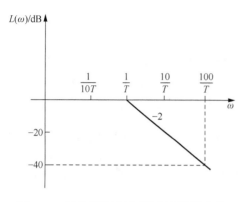

图 5-15　振荡环节近似对数幅频特性曲线

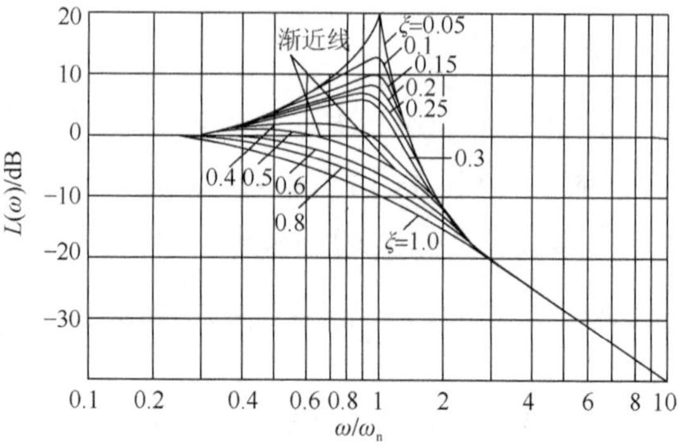

图 5-16　振荡环节修正的对数幅频特性曲线

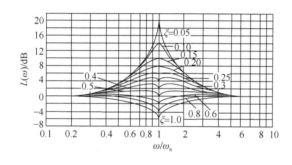

图 5-17　振荡环节对数幅频特性的误差曲线

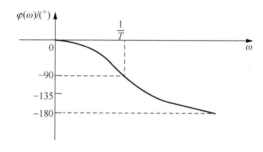

图 5-18　振荡环节对数相频特性曲线

5.2.6　不稳定惯性环节

1. 数学模型及频率特性表达式

传递函数为 $G(s)=\dfrac{1}{Ts-1}$（稳定的惯性环节为 $G(s)=\dfrac{1}{Ts+1}$）。频率特性表达式如下所示。

（1）$G(j\omega)=\dfrac{1}{jT\omega-1}=\dfrac{-1}{1+T^2\omega^2}-j\dfrac{T\omega}{1+T^2\omega^2}=\dfrac{1}{\sqrt{1+T^2\omega^2}}e^{j\varphi(\omega)}$；

（2）$L(\omega)=-20\lg(T\omega)$（对数幅频特性与稳定惯性环节一样）；

（3）因为 $G(j\omega)=\dfrac{1}{jT\omega-1}$，所以 $\varphi(\omega)=-180°+\tan^{-1}(T\omega)$。

2. 特性绘制

根据 $G(j\omega)$ 表达式，可大致画出其幅相频率特性曲线如图 5-19 所示，可见正好与稳定惯性环节 $G(j\omega)$ 对称于虚轴，$L(\omega)=-20\lg(T\omega)$，其对数幅频特性曲线如图 5-20（a）所示。

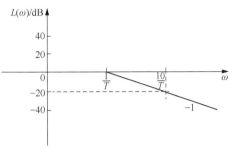

（a）不稳定惯性环节的对数幅频特性曲线

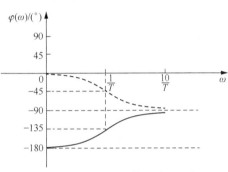

（b）不稳定惯性环节的对数相频特性曲线

图 5-20　不稳定惯性环节对数幅频和
　　　　　对数相频特性曲线

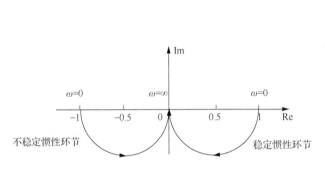

图 5-19　不稳定惯性环节幅相频率特性曲线

由 $\varphi(\omega) = -180° + \tan^{-1}(T\omega)$ 可知，当 $\omega = 0\text{s}^{-1}$ 时，$\varphi(\omega) = -180°$；当 $\omega = \dfrac{1}{T}$ 时，$\varphi(\omega) = -135°$；当 $\omega = \infty\text{s}^{-1}$ 时，$\varphi(\omega) = -90°$。所以 $\varphi(\omega)$ 如图 5-20（b）所示，$\varphi(\omega)$ 从 $-180°$ 经过 $-135°$ 到 $-90°$。图 5-20（b）中虚线部分是稳定惯性环节的对数相频特性曲线。

3. 不稳定惯性环节特点

$G(\text{j}\omega)$ 起点为 $\omega = 0\text{s}^{-1}$，此时 $|G(\text{j}\omega)| = -1$，$\varphi(\omega) = -180°$，然后当 ω 从 0s^{-1} 变化到 ∞s^{-1} 时，$G(\text{j}\omega)$ 逆时针变化到原点；$L(\omega)$ 与稳定惯性环节一样，$\dfrac{1}{T}$ 称交接频率；当 $\omega = 0\text{s}^{-1}$ 时，$\varphi(\omega) = -180°$；当 $\omega = \infty\text{s}^{-1}$ 时，$\varphi(\omega) = -90°$ 与稳定惯性环节不一样。

工程上把 $L(\omega)$ 相同 $\varphi(\omega)$ 不同的两个环节中，相位变化相对小的环节，称最小相位环节；相位变化相对大的环节称为非最小相位环节。一般稳定环节（包括积分环节）都是最小相位环节，对应系统称为最小相位系统；不稳定环节都是非最小相位环节，对应系统中只要有一个非最小相位环节就称为非最小相位系统。

5.3　闭环系统的开环频率特性绘制

5.3.1　开环频率特性绘制方法

开环频率特性绘制目前有两种方法。第一种方法为准确绘制法，即将 $G(j\omega)$ 分成实部和虚部，然后针对每一个 ω，计算出对应的实部和虚部得一点，最终将计算的各点连接起来得到频率特性曲线，这种方法对高阶系统比较麻烦。实践证明这种方法必要性不大，本节不讲。第二种方法为大致快速绘制法，在保证 $G(j\omega)$ 关键点与准确的曲线一致的基础上，曲线其他部分大致画。具体用三句话来表达：①抓两头，即当 $\omega = 0\text{s}^{-1}$ 时，求出 $|G(j\omega)|$，$\varphi(\omega)$ 作为起点，当 $\omega = \infty\text{s}^{-1}$ 时，求出 $|G(j\omega)|$，$\varphi(\omega)$ 作为终点；② $G(j\omega)$ 中间特性段，根据 ω 从 $0 \sim \infty\text{s}^{-1}$ 时 $\varphi(\omega)$ 变化趋势大致画；③关键点一定要计算，即 $G(j\omega)$ 与极坐标负横轴交点称关键点。下面举例说明如何应用这个方法绘制 $G(j\omega)$。

例 5-1　已知 $G(s) = \dfrac{100}{(0.1s+1)(0.01s+1)}$，系统为"0"型系统，绘制对应的幅相频率特性曲线 $G(j\omega)$。

解

第一步，根据 $G(s)$ 写 $G(j\omega)$ 表达式，即

$$G(j\omega) = \frac{100}{(j0.1\omega+1)(j0.01\omega+1)} = \frac{100}{\left(0.1^2\omega^2+1\right)^{\frac{1}{2}}\left(0.01^2\omega^2+1\right)^{\frac{1}{2}}} e^{j\varphi(\omega)}$$

第二步，根据 $\varphi(\omega)$ 为每个典型环节相位代数和，即

$$\varphi(\omega) = -\tan^{-1}(0.1\omega) - \tan^{-1}(0.01\omega)$$

最后，绘制 $G(j\omega)$。抓两头：①当 $\omega = 0\text{s}^{-1}$ 时，$|G(j\omega)| = 100$，$\varphi(\omega) = 0°$ 起点在正实轴上；②当 $\omega = \infty\text{s}^{-1}$ 时，$|G(j\omega)| = 0$，$\varphi(\omega) = -180°$ 终点在坐标原点。③ $G(j\omega)$ 中间特性段 $\omega = 0 \sim \infty\text{s}^{-1}$，看 $\varphi(\omega)$ 变化趋势大致画，从 $\varphi(\omega) = -\tan^{-1}(0.1\omega) - \tan^{-1}(0.01\omega)$ 知，当 $\omega = 0 \sim \infty\text{s}^{-1}$ 时，$\varphi(\omega)$ 从 $0°$ 连续变化到 $-180°$，所以 $G(j\omega)$ 就是连续地从 $\omega = 0\text{s}^{-1}$，$|G(j\omega)| = 100$ 这点顺时针大致画到 $\varphi(\omega) = -180°$，$|G(j\omega)| = 0$。

如图 5-21 所示，由于 $G(j\omega)$ 在 $\varphi(\omega) = -180°$ 时，在原点与横轴相交已知，所以关键点不用计算。

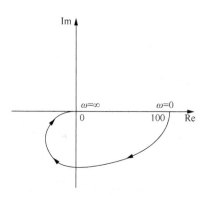

图 5-21　例 5-1 幅相频率特性曲线

例 5-2　已知 $G(s) = \dfrac{10}{s(0.1s+1)(0.2s+1)}$，绘制对应的幅相频率特性曲线 $G(j\omega)$。

解

第一步，令 $s = j\omega$，$G(j\omega)$ 的表达式为

$$G(j\omega) = \frac{10}{j\omega(j0.1\omega+1)(j0.2\omega+1)} = \frac{10}{\omega(0.1^2\omega^2+1)^{\frac{1}{2}}(0.2^2\omega^2+1)^{\frac{1}{2}}} e^{j\varphi(\omega)}$$

$$\varphi(\omega) = -90° - \tan^{-1}(0.1\omega) - \tan^{-1}(0.2\omega)$$

第二步，绘制 $G(j\omega)$，根据表达式可得：当 $\omega = 0^+ \text{s}^{-1}$，起点为 $|G(j\omega)| = \infty$，$\varphi(\omega) = -90°$；当 $\omega = \infty \text{s}^{-1}$ 时，终点为 $|G(j\omega)| = 0$，$\varphi(\omega) = -270°$。

中间特性段从 $\varphi(\omega)$ 表达式知，当 $\omega = 0 \sim \infty \text{s}^{-1}$ 时，$\varphi(\omega)$ 从 $\omega = 0^+ \text{s}^{-1}$，$\varphi(\omega) = -90°$ 开始连续变化到 $-270°$，即 $G(j\omega)$ 从 $\omega = 0^+ \text{s}^{-1}$，$|G(j\omega)| = \infty$，$\varphi(\omega) = -90°$ 这点开始连续的顺时针变化到 $\omega = \infty \text{s}^{-1}$，$|G(j\omega)| = 0$，$\varphi(\omega) = -270°$（坐标原点）。图形在第 2 象限和第 3 象限。

第三步，关键点的计算。关键点的特点为 $\varphi(\omega) = -180°$，所以令 $-180° = -90° - \tan^{-1}(0.1\omega_g) - \tan^{-1}(0.2\omega_g)$，其中 ω_g 为关键点角频率，求 ω_g，即

$$\tan^{-1}\frac{0.3\omega_g}{1 - 0.1 \times 0.2\omega_g^2} = 90° = \tan^{-1}\frac{虚部}{0}$$

$$1 - 0.1 \times 0.2\omega_g^2 = 0$$

$$\omega_g = \sqrt{\frac{1}{0.02}} = 7.07 \text{s}^{-1}$$

将 ω_g 代入 $|G(j\omega)|$，即

$$|G(j\omega)| = \frac{10}{\omega(0.1^2\omega^2+1)^{\frac{1}{2}}(0.2^2\omega^2+1)^{\frac{1}{2}}}\bigg|_{\omega = \omega_g} = 0.67 。$$

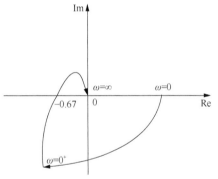

图 5-22　例 5-2 系统的幅相频率特性曲线

最后，根据此分析及计算，绘制 $G(j\omega)$ 如图 5-22 所示。

例 5-3 已知系统开环传递函数 $G(s) = \dfrac{K(\tau s+1)}{s^2(Ts+1)}$，分别绘制 $\tau > T$ 和 $T > \tau$ 时，幅相频率特性曲线 $G(j\omega)$。

解

第一步，令 $s = j\omega$，$G(j\omega)$ 的表达式为

$$G(j\omega) = \frac{K(j\tau\omega+1)}{(j\omega)^2(jT\omega+1)} = \frac{K(\tau^2\omega^2+1)^{\frac{1}{2}}}{-\omega^2(T^2\omega^2+1)^{\frac{1}{2}}} e^{j\varphi(\omega)}$$

$$= -\frac{K}{\omega^2}\left[\frac{1+\tau T\omega^2}{1+T^2\omega^2} + j\frac{(\tau - T)\omega}{1+T^2\omega^2}\right]$$

$$\varphi(\omega) = -180° + \tan^{-1}(\tau\omega) - \tan^{-1}(T\omega)$$

第二步，绘制 $G(j\omega)$，"II" 型系统。

（1）$\tau > T$ 时，起点：当 $\omega = 0s^{-1}$ 时，$|G(j\omega)| = \infty$，$\varphi(\omega) = 0°$；当 $\omega = 0^+s^{-1}$ 时，$|G(j\omega)| = \infty$，$\varphi(\omega) = -180°$。终点：当 $\omega = \infty s^{-1}$ 时，$|G(j\omega)| = 0$，$\varphi(\omega) = -180°$。$G(j\omega)$ 的中间特性段根据 $\varphi(\omega)$ 变化趋势确定，即从 $\omega = 0^+s^{-1}$，$|G(j\omega)| = \infty$，$\varphi(\omega) = -180°$ 开始变到 $\omega = \infty s^{-1}$ 时，由于 $\tau > T$，开始 $\varphi(\omega)$ 先增加后逐渐减小回到 $-180°$。所以，$G(j\omega)$ 开始先逆时针变化，后逐渐顺时针变化到坐标原点，如图 5-23 所示。

（2）$T > \tau$ 时，起点和终点与 $\tau > T$ 基本一样，只是中间特性段不同。由于 $T > \tau$ 根据 $\varphi(\omega)$ 表达式知，当 $\omega = 0^+ \sim \infty s^{-1}$ 时，$\varphi(\omega)$ 从 $-180°$ 开始首先减小（即变负）后随 ω 增大，又逐渐增加到 $-180°$。所以，$G(j\omega)$ 从 $\omega = 0^+s^{-1}$，$\varphi(\omega) = -180°$，$|G(j\omega)| = \infty$ 开始（由于 $T > \tau$，从表达式知起点在第 2 象限）。$G(j\omega)$ 首先顺时针变化，后又逐渐逆时针变化到坐标原点，如图 5-24 所示。

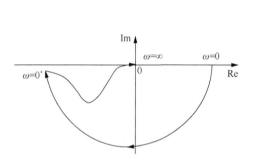

图 5-23　$\tau > T$ 时系统的幅相频率特性曲线　　　图 5-24　$T > \tau$ 时系统的幅相频率特性曲线

例 5-4　已知开环传递函数 $G(s) = \dfrac{K(0.1s+1)}{s(s-1)}$，绘制幅相频率特性曲线 $G(j\omega)$。

解

第一步，令 $s = j\omega$，$G(j\omega)$ 的表达式为

$$G(j\omega) = \frac{K(j0.1\omega+1)}{j\omega(j\omega-1)} = \frac{K\sqrt{0.1^2\omega^2+1}}{\omega\sqrt{\omega^2+1}}e^{j\varphi(\omega)}$$

$$= K\left(\frac{-1.1\omega}{\omega^3+\omega} - j\frac{0.1\omega^2-1}{\omega^3+\omega}\right)$$

$$\varphi(\omega) = -180° + \tan^{-1}\omega - 90° + \tan^{-1}(0.1\omega)。$$

第二步，绘制 $G(j\omega)$，根据系统的开环传递函数可知系统是 "I" 型系统。

（1）起点：当 $\omega = 0s^{-1}$ 时，$|G(j\omega)| = \infty$，$\varphi(\omega) = -180°$；当 $\omega = 0^+s^{-1}$ 时，$|G(j\omega)| = \infty$，$\varphi(\omega) = -270°$。终点：当 $\omega = \infty s^{-1}$ 时，$|G(j\omega)| = 0$，$\varphi(\omega) = -90°$。

（2）中间特性段：$\omega = 0^+ \sim \infty s^{-1}$，$\varphi(\omega)$ 从 $-270°$ 开始连续增大最后变到 $-90°$。也就是说 $G(j\omega)$ 从 $\omega = 0^+s^{-1}$，$|G(j\omega)| = \infty$，$\varphi(\omega) = -270°$ 开始连续逆时针变化到 $\varphi(\omega) = -90°$，$|G(j\omega)| = 0$，曲线在第 2、3 象限有关键点。

（3）计算关键点：由于关键点是曲线与横轴交点，此时虚部为 0，因此根据 $G(j\omega)$ 表达式有 $1-0.1\omega_g^2=0$，得 $\omega_g=\sqrt{\dfrac{1}{0.1}}=\sqrt{10}=3.16s^{-1}$，将其代入 $G(j\omega)$ 实部得关键点，即

$$K\frac{-1.1\omega_g}{\omega_g^3+\omega_g}=-0.1K\,.$$

最后，根据以上分析计算绘制 $G(j\omega)$，如图 5-25 所示。

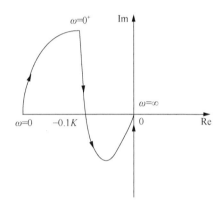

图 5-25　例 5-4 的幅相频率特性曲线

5.3.2　开环对数幅频特性及对数相频特性绘制

由于 $L(\omega)$ 是每个典型环节对数幅频特性代数和，而且在不同频段，有些典型环节起作用，有些不起作用，所以采用分频段相加绘制法进行绘制 $L(\omega)$，即在每个频段内，每个典型环节在同一个频率下的幅值（高度）相加，特性斜率相加。下面举例说明绘制 $L(\omega)$ 和 $\varphi(\omega)$ 的方法。

例 5-5　已知 $G(s)=\dfrac{10}{(s+1)(0.1s+1)}$，系统为"0"型系统，绘制 $L(\omega)$ 及 $\varphi(\omega)$。

解
（1）首先写 $L(\omega)$ 表达式，即

$$L(\omega)=20\lg10-20\lg\omega-20\lg(0.1\omega)$$

（2）分别绘制典型环节 L_1、L_2 及 L_3，如图 5-26 所示。

（3）从图 5-26 看出，分成三频段，即 $\omega\leqslant1s^{-1}$，低频段；$1s^{-1}<\omega\leqslant10s^{-1}$，中频段；$\omega>10s^{-1}$，高频段。

（4）绘制 $L(\omega)$。①从低频段 $\omega\leqslant1s^{-1}$ 开始相加，$L(\omega)=L_1$；②中频段 $1s^{-1}<\omega\leqslant10s^{-1}$，$L(\omega)=L_1+L_2$，在 $\omega=1s^{-1}$，$L(\omega)=20dB$ 这点做一条斜率为 -1 的直线得 $L(\omega)$；③高频段 $\omega>10s^{-1}$，当 $\omega=10s^{-1}$ 时，$L(\omega)=L_1+L_2+L_3=20-20-0=0dB$，斜率为 $0-1-1=-2$，所以通过 $\omega=10s^{-1}$，0dB 点作一条斜率为 -2 的直线，如图 5-27 所示。

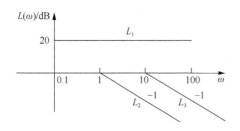

图 5-26　例 5-5 中三个典型环节对应的
对数幅频特性曲线

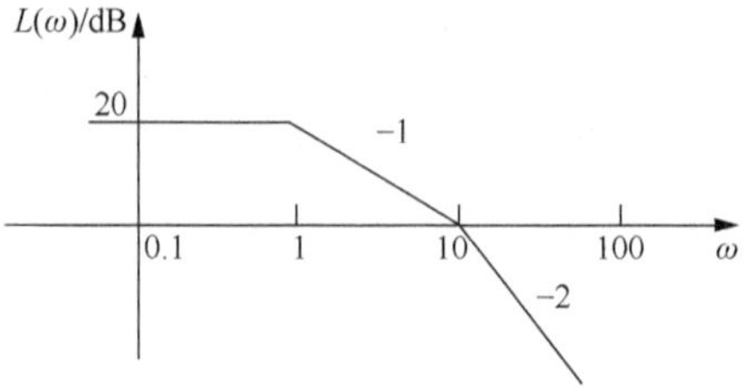

图 5-27　例 5-5 对数幅频特性曲线

（5）绘制 $\varphi(\omega)$。①表达式 $\varphi(\omega) = -\tan^{-1}\omega - \tan^{-1}(0.1\omega)$；②绘制方法为抓两头。当 $\omega = 0\mathrm{s}^{-1}$ 时，$\varphi(\omega) = 0°$；当 $\omega = \infty\mathrm{s}^{-1}$ 时，$\varphi(\omega) = -180°$；中间特性段 $\omega = 0 \sim \infty\mathrm{s}^{-1}$，按 $\varphi(\omega)$ 变化趋势大致绘制，从 $\varphi(\omega)$ 知 $\omega = 0 \sim \infty\mathrm{s}^{-1}$ 时，$\varphi(\omega)$ 连续从 $0°$ 变到 $-180°$，如图 5-28 所示。

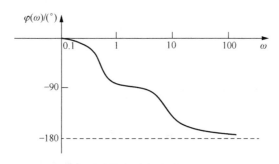

图 5-28　例 5-5 对数相频特性曲线

例 5-6　已知开环传递函数 $G(s) = \dfrac{10(s+1)}{s^2(0.01s+1)}$，"II" 型系统，绘制 $L(\omega)$ 及 $\varphi(\omega)$。

解

（1）绘制 $L(\omega)$。①表达式 $L(\omega) = 20\lg 10 - 20\lg \omega^2 + 20\lg \omega - 20\lg(0.01\omega)$；②分别画出典型环节 L_1、L_2、L_3 及 L_4 特性，如图 5-29 所示。从图 5-29 看出，$L(\omega)$ 分成三个频段绘制，即 $\omega \leqslant 1\mathrm{s}^{-1}$，$1\mathrm{s}^{-1} < \omega \leqslant 100\mathrm{s}^{-1}$，$\omega > 100\mathrm{s}^{-1}$。

第一步，绘制低频段 $\omega \leqslant 1\mathrm{s}^{-1}$ 时的曲线，取一点 $\omega = 1\mathrm{s}^{-1}$，20dB，然后计算斜率 $0 - 2 = -2$，所以从 $\omega = 1$，$L(\omega) = 20\mathrm{dB}$ 这点作一条斜率为 -2 的直线，得到 $L(\omega)$ 的低频段曲线；

第二步，绘制中频段 $1\mathrm{s}^{-1} < \omega \leqslant 100\mathrm{s}^{-1}$ 的曲线，取一点 $\omega = 1\mathrm{s}^{-1}$，$L(\omega) = 20\mathrm{dB}$，计算斜率为 $0 - 2 + 1 = -1$，所以通过 $\omega = 1\mathrm{s}^{-1}$ 时的曲线，$L(\omega) = 20\mathrm{dB}$ 这点做一条斜率为 -1 的直线，得到 $L(\omega)$ 的中频段图形；

第三步，绘制高频段 $\omega > 100$ 时的曲线，高度在 $\omega = 100\mathrm{s}^{-1}$ 时，$L(\omega) = -20\mathrm{dB}$，计算斜率为 $0 - 2 + 1 - 1 = -2$。所以通过 $\omega = 100\mathrm{s}^{-1}$，$L(\omega) = -20\mathrm{dB}$ 这点，做一条斜率为 -2 的直线，得到 $L(\omega)$ 的高频段曲线，如图 5-30（a）所示。

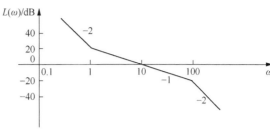

（a）例5-6对数幅频特性曲线

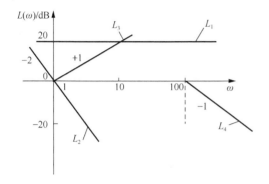

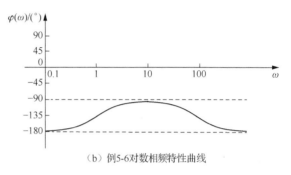

（b）例5-6对数相频特性曲线

图 5-29　例 5-6 各类型环节对数幅频特性曲线　　　图 5-30　例 5-6 对数幅频和对数相频特性曲线

（2）绘制 $\varphi(\omega)$。①表达式 $\varphi(\omega)=-180°+\tan^{-1}\omega-\tan^{-1}(0.01\omega)$。②起点：当 $\omega=0\mathrm{s}^{-1}$ 时，$\varphi(\omega)=-180°$；当 $\omega=\infty\mathrm{s}^{-1}$ 时，$\varphi(\omega)=-180°$。中间特性段 $\omega=0\sim\infty\mathrm{s}^{-1}$，从 $\varphi(\omega)$ 表达式可以看出，ω 开始增大时，$\varphi(\omega)$ 从 $-180°$ 开始增大较快，然而随着 ω 进一步增大，又逐渐减小回到 $-180°$，如图 5-30（b）所示。

5.4　系统稳定性的频域判据

5.4.1　奈奎斯特稳定判据

奈奎斯特稳定判据（共两条判据），就是用开环频率特性 $G(\mathrm{j}\omega)$ 或对数幅频特性、对数相频特性分析闭环系统稳定性的判据，与劳斯-赫尔维茨判据比较，其具有以下优点。

（1）奈奎斯特稳定判据应用开环频率特性 $G(\mathrm{j}\omega)$、对数幅频特性 $L(\omega)$、对数相频特性 $\varphi(\omega)$，而劳斯-赫尔维茨判据则用闭环特征式 $D(s)=1+G(s)=0$；如果不知道 $G(s)$，可用实验方法测得 $G(\mathrm{j}\omega)$ 来直接判定稳定性。

（2）奈奎斯特稳定判据不仅能判定系统稳定性，而且能在稳定的基础上，计算出系统稳定裕度。所以奈奎斯特稳定判据是一个重要且应用广泛的稳定判据。

奈奎斯特稳定判据（不证明）：设 p 为开环传递函数 $G(s)$ 在 s 平面虚轴右侧的极点个数，$p=0$ 开环系统稳定，$p\neq0$ 则开环系统不稳定；又设，z 为 $\varphi(s)$ 在 s 平面虚轴右侧的极点个数，$z=0$ 闭环稳定，$z\neq0$ 则不稳定。

（1）当 $p=0$ 时，则开环系统稳定，闭环系统稳定的充要条件是：当 $\omega=-\infty\sim+\infty\mathrm{s}^{-1}$ 时，$G(\mathrm{j}\omega)$ 顺时针不包围 $(-1,\mathrm{j}0)$ 点。以系统 $G(s)=\dfrac{K}{(T_1s+1)(T_2s+1)(T_3s+1)}$ 的幅频特性曲线为例，如图 5-31 所示，则关于系统的稳定性有图中所示结论。

（2）当 $p\neq 0$ 时，开环系统不稳定，闭环系统稳定的充要条件是：当 $\omega=-\infty\sim+\infty\mathrm{s}^{-1}$ 时，$G(\mathrm{j}\omega)$ 逆时针包围 $(-1,\mathrm{j}0)$ p 圈。设 $p=1$，某系统开环传递函数的频率特性如图 5-32 所示，则关于系统的稳定性有图中所示结论。

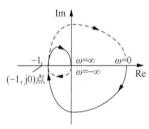

（a）系统稳定：$G(\mathrm{j}\omega)$顺时针不包围$(-1,\mathrm{j}0)$点

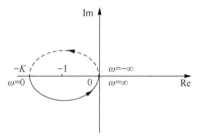

（a）系统稳定：$G(\mathrm{j}\omega)$逆时针包围$(-1,\mathrm{j}0)$点1圈

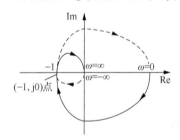

（b）系统临界稳定：$G(\mathrm{j}\omega)$通过$(-1,\mathrm{j}0)$点

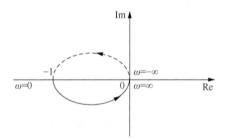

（b）系统临界稳定：$G(\mathrm{j}\omega)$通过$(-1,\mathrm{j}0)$点

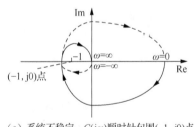

（c）系统不稳定：$G(\mathrm{j}\omega)$顺时针包围$(-1,\mathrm{j}0)$点

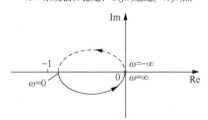

（c）系统不稳定：$G(\mathrm{j}\omega)$逆时针不包围$(-1,\mathrm{j}0)$点

图 5-31　$p=0$ 时系统的幅相频率特性曲线　　　图 5-32　$p=1$ 时系统的幅相频率特性曲线

从奈奎斯特稳定判据可知应用其分析系统稳定性的方法如下。

（1）如果已知系统结构图，首先求出系统开环传递函数，因为奈奎斯特稳定判据用系统开环传递函数的频率特性 $G(\mathrm{j}\omega)$ 来判定系统稳定性。

（2）正确绘制 $G(\mathrm{j}\omega)$。

（3）奈奎斯特稳定判据与 p 有关，求出 $G(s)$，确定 p，再去选择判据来进行稳定性判别。

（4）判断 $G(\mathrm{j}\omega)$ 包围 $(-1,\mathrm{j}0)$ 还是不包围 $(-1,\mathrm{j}0)$：以 $(-1,\mathrm{j}0)$ 为圆心，$G(\mathrm{j}\omega)$ 从 $\omega=-\infty\mathrm{s}^{-1}$ 至 $\omega=+\infty\mathrm{s}^{-1}$，若其相位为 $0°$，则不包围；若为 $360°$ 则包围一圈；若为 $720°$ 则包围两圈。

（5）也可用公式 $p-z=R$ 来判稳，R 为包围 $(-1, j0)$ 的圈数，$R>0$ 为逆时针包围 $(-1, j0)$，$R<0$ 为顺时针包围 $(-1, j0)$，$R=0$ 则不包围。

例 5-7 已知系统结构图如图 5-33 所示，应用奈奎斯特稳定判据分析 K 和 T 对系统稳定性的影响；当 $T=0.1\text{s}$，求系统稳定时 K 值。

解

分析 K、T 对系统稳定性的影响，首先求系统的开环传递函数 $G(s)=\dfrac{K}{s(Ts+1)^2}$，系统为 "I" 型系统，且 $p=0$。

其次，绘制 $G(j\omega)$。

（1）表达式 $G(j\omega)=\dfrac{K}{j\omega(jT\omega+1)^2}$，$\varphi(\omega)=-90°-2\tan^{-1}(T\omega)$。

（2）绘制 $G(j\omega)$ 的方法是抓两头。起点：当 $\omega=0\text{s}^{-1}$ 时，$|G(j\omega)|=\infty$，$\varphi(\omega)=0°$；当 $\omega=0^+\text{s}^{-1}$ 时，$|G(j\omega)|=\infty$，$\varphi(\omega)=-90°$。终点：当 $\omega=\infty\text{s}^{-1}$ 时，$|G(j\omega)|=0$，$\varphi(\omega)=-270°$。中间特性段：当 $\omega=0^+\sim\infty\text{s}^{-1}$ 时，根据 $\varphi(\omega)=-90°-2\tan^{-1}(T\omega)$。可以看出 $\varphi(\omega)$ 从 $-90°$ 连续变化到 $-270°$，所以 $G(j\omega)$ 顺时针从 $\omega=0^+\text{s}^{-1}$，$|G(j\omega)|=\infty$，$\varphi(\omega)=-90°$ 这点连续顺时针画到 $\omega=\infty\text{s}^{-1}$，$|G(j\omega)|=0$，$\varphi(\omega)=-270°$，如图 5-34 所示。由图可知，曲线存在关键点，令 $-180°=-90°-2\tan^{-1}(T\omega_g)$，求得关键点的角频率 ω_g：$\tan^{-1}(T\omega_g)=45°$，$T\omega_g=\tan45°=1$，$\omega_g=\dfrac{1}{T}$。

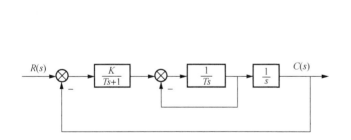

图 5-33 例 5-7 结构图

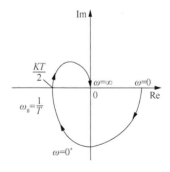

图 5-34 例 5-7 系统的开环幅相频率特性曲线

最后，求得关键点：$\dfrac{K}{\omega\left(\sqrt{T^2\omega^2+1}\right)^2}\Bigg|_{\omega=\frac{1}{T}}=\dfrac{K}{\omega(T^2\omega^2+1)}=\dfrac{K}{\dfrac{1}{T}(1+1)}=\dfrac{KT}{2}$。

分析：$\dfrac{KT}{2}=1$，系统临界稳定；$\dfrac{KT}{2}<1$ 系统稳定；$\dfrac{KT}{2}>1$ 则系统不稳定。为了保证系统稳定，取 $K<\dfrac{2}{T}$，可见 T 越小则在系统稳定条件下 K 越大，系统稳态性就越好，相反 T 越大则 K 越小。$T=0.1$，从 $K<\dfrac{2}{T}$ 知 $K<\dfrac{2}{0.1}=20$，所以 $0<K<20$。

例 5-8 已知系统开环幅相频率特性曲线如图 5-35 所示，试分析系统的稳定性。

解

（1）如图 5-35（a）所示，补上 $\omega=-\infty\sim0s^{-1}$ 频率特性段，根据图线在 $(-\infty,0)$ 与 $(0,+\infty)$ 区域内的对称特点画出即可。从图知 $\omega=-\infty\sim+\infty s^{-1}$ 时，$G(j\omega)$ 顺时针包围 $(-1,j0)$ 一圈，由于 $p=1$ 所以系统不稳定。

（2）如图 5-35（b）所示，首先，把 $\omega=0s^{-1}$ 到 $\omega=0^+s^{-1}$ 时 $G(j\omega)$ 图形补上，然后再把 $\omega=-\infty\sim0s^{-1}$ 时的 $G(j\omega)$ 图形补上。可见，$\omega=-\infty\sim0s^{-1}$ 时，$G(j\omega)$ 逆时针包围 $(-1,j0)$ 点一圈，所以系统稳定。

（3）如图 5-35（c）所示，由于 $p=0$ 而 $\omega=0^+s^{-1}$ 在 $-180°$ 位置，系统为"Ⅱ"型系统，首先把 $\omega=0s^{-1}$ 到 $\omega=0^+s^{-1}$ 时 $G(j\omega)$ 的图形补上，然后再将 $\omega=-\infty\sim0s^{-1}$ 时 $G(j\omega)$ 的图形补上。

可见，$\omega=-\infty\sim+\infty s^{-1}$ 时，$G(j\omega)$ 顺时针包围 $(-1,j0)$ 一圈，逆时针又包围 $(-1,j0)$ 一圈，则 $p-z=R$，$p=0$，$R=360°-360°=0°$，$z=0$ 闭环稳定。

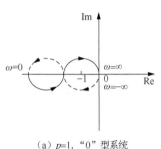

（a）$p=1$，"0" 型系统

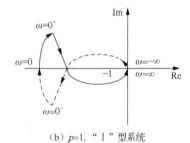

（b）$p=1$，"Ⅰ" 型系统

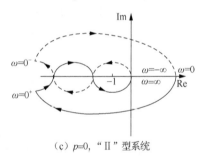

（c）$p=0$，"Ⅱ" 型系统

图 5-35　系统的开环幅相频率特性曲线

5.4.2　对数稳定判据

对数稳定判据（或称伯德判据）就是将奈奎斯特稳定判据映射到 $L(\omega)$ 及 $\varphi(\omega)$ 曲线上得到的结论。例如，已知 $G(s)=\dfrac{10}{s(0.01s+1)^2}$，其幅相频率特性曲线 $G(j\omega)$、对数幅频特性曲线 $L(\omega)$、对数相频特性曲线 $\varphi(\omega)$，如图 5-36 所示。

在 $G(j\omega)$ 图上以原点为圆心画一个单位圆，与 $G(j\omega)$ 交于 A 点，如图 5-36（a）所示。由于 A 点 $|G(j\omega)|=1$，所以 A 点对应 $L(\omega)=0\text{dB}$，$\omega=\omega_c$，相位为 $\varphi(\omega_c)$。

所以从 $G(j\omega)$ 映射到 $L(\omega)$ 关系看，对数稳定判据为：

（1）当 $\omega=\omega_c$，$L(\omega_c)=0\text{dB}$ 时，对应 $\varphi(\omega)>-180°$，系统稳定；

（2）当 $\omega=\omega_c$，$L(\omega_c)=0\text{dB}$ 时，对应 $\varphi(\omega)=-180°$，系统临界稳定；

（3）当 $\omega = \omega_c$，$L(\omega_c) = 0\text{dB}$ 时，对应 $\varphi(\omega) < -180°$，系统不稳定。

在本例中，$\varphi(\omega_c) = -90° - 2\tan^{-1}\left(0.01\omega_c\big|_{\omega_c=10}\right) = -101.4° > -180°$，如图 5-36（c）所示，因此系统稳定。

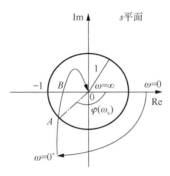

（a）幅相频率特性曲线

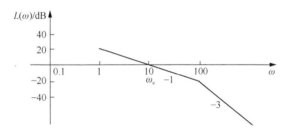

（b）对数幅频特性曲线

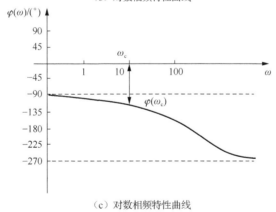

（c）对数相频特性曲线

图 5-36 系统的对数频率和幅相频率特性曲线

5.5 系统稳定裕度

一个物理系统既要保证稳定，还要有一定稳定裕度（或裕量），保证系统运行中参数微变时，系统仍然稳定运行。稳定裕度概念：如果系统稳定，$G(\text{j}\omega)$ 与 $(-1, \text{j}0)$ 点之间的距离远或近，称稳定裕度。工程上用如图 5-36（a）中 A 点和 B 点来定量衡量 $G(j\omega)$ 与 $(-1,j0)$ 点之间距离的远近。

1. 相位裕度 $r(\omega_c)$

概念：当 $|G(j\omega)|=1$，如图 5-36（a）所示，通过比较 A 点和 $(-1,j0)$ 点的关系不难发现，A 点沿着单位圆顺时针旋转 $r(\omega_c)$ 角度就可以到达 $(-1,j0)$ 点，也就是处于临界稳定状态，此时称 $r(\omega_c)$ 为相位裕度（也称为相角裕度）。

$r(\omega_c)$ 计算公式根据 $r(\omega_c)$ 概念及图 5-36 可知：

$$r(\omega_c)=180°+\varphi(\omega_c) \tag{5-18}$$

2. 幅值裕度 h

概念：当 $\varphi(\omega)=-180°$（图 5-36 中 B 点），$G(j\omega)$ 的幅值 $|G(j\omega)|$ 再增大 h 倍，$G(j\omega)$ 就通过 $(-1,j0)$ 点而达到临界稳定状态，此时称 h 为幅值裕度。

h 计算公式：根据定义，$h|G(j\omega)|=1$，则有

$$h=\frac{1}{|G(j\omega)|} \tag{5-19}$$

或

$$h=-20\lg|G(j\omega)| \tag{5-20}$$

式中，$|G(j\omega)|$ 是 $\varphi(\omega)=-180°$ 时的幅值。

例 5-9　已知某最小相位系统 $L(\omega)$，如图 5-37 所示，计算 $r(\omega_c)$ 及 h。

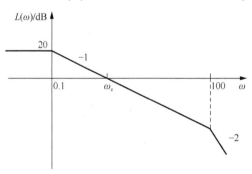

图 5-37　例 5-9 对数幅频特性曲线

解

（1）计算 $r(\omega_c)$。根据 $r(\omega_c)$ 表达式知：① 从 $L(\omega)$ 求取 ω_c 和 $G(s)$，即 $G(s)=\dfrac{k}{(T_1s+1)(T_2s+1)}$。由 $20\lg k=20=20\lg10$ 可知 $k=10$。而 $T_1=\dfrac{1}{0.1}=10$，$T_2=\dfrac{1}{100}=0.01$，那么，由 $20\lg10-20\lg(10\omega_c)=0$，可以求得 $\omega_c=1\mathrm{s}^{-1}$。② $r(\omega_c)=180°-\tan^{-1}10-\tan^{-1}0.01=95°$。

（2）计算 h。从 $G(s)$ 知该系统为"0"型系统，所以 $\varphi(\omega)=-180°$，$|G(j\omega)|=0$，所以

$$h = \frac{1}{\left| G\left(j\omega \right) \right|} = \infty。$$

例 5-10 已知最小相位系统 $L\left(\omega \right)$，如图 5-38 所示。计算 $r\left(\omega_c \right)$ 及 h。

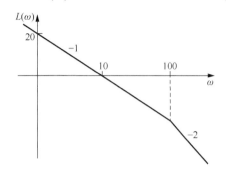

图 5-38   例 5-10 系统的对数幅频特性曲线

解

（1）求 $G(s)$ 及 $\varphi\left(\omega \right)$ 表达式：从 $L\left(\omega \right)$ 求出，$G(s) = \dfrac{10}{s\left(0.01s + 1 \right)}$，$\varphi\left(\omega \right) = -90° - \tan^{-1}\left(0.01\omega \right)$。

（2）从 $L\left(\omega \right)$ 求 ω_c：因为 $20\lg 10 - 20\lg \omega_c = 0$，所以 $\omega_c = 10\mathrm{s}^{-1}$。

（3）计算 $r\left(\omega_c \right)$：$r\left(\omega_c \right) = 180° - 90° - \tan^{-1}\left(10 \times 0.01 \right) = 84.3°$。

（4）计算 h：因为系统是一个 $p = 0$ 的二阶系统，则 $\omega = \infty$，$\varphi\left(\omega \right) = -180°$ 对应 $\left| G\left(j\omega \right) \right| = 0$，所以 $h = \dfrac{1}{\left| G\left(j\omega \right) \right|} = \dfrac{1}{0} = \infty$。

例 5-11 已知系统 $G(s) = \dfrac{10}{s\left(0.01s + 1 \right)^2}$，计算 $r\left(\omega_c \right)$ 及 h。

解

（1）计算 $r\left(\omega_c \right)$。①求 ω_c：根据 $G(s)$ 大致画出 $L\left(\omega \right)$，这里我们略去绘制过程只给出绘制结果如图 5-39 所示。ω_c 所在位置对应图形的表达式为 $20\lg 10 - 20\lg \omega_c = 0$，$\omega_c = 10\mathrm{s}^{-1}$，$0 < \omega_c \leqslant 100$ 符合要求。②计算 $r\left(\omega_c \right)$：$r\left(\omega_c \right) = 180° - 90° - 2\tan^{-1}\left(10 \times 0.01 \right) = 90° - 11.4° = 78.6°$。

（2）计算 $h = \dfrac{1}{\left| G\left(j\omega \right) \right|}$。首先求取 $\varphi\left(\omega \right) = -180°$ 时的 $\left| G\left(j\omega \right) \right|$。令 $-180° = -90° - 2\tan^{-1}\left(0.01\omega_g \right)$，得 $\omega_g = \dfrac{1}{0.01} = 100\mathrm{s}^{-1}$。因为

$$\left| G\left(j\omega \right) \right| = \frac{10}{\omega\left(0.01^2\,\omega^2 + 1 \right)}\Big|_{\omega = 100} = 0.05$$

所以，$h = \dfrac{1}{\left| G\left(j\omega \right) \right|} = \dfrac{1}{0.05} = 20$。

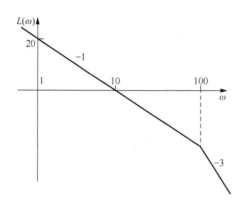

图 5-39 例 5-11 对数幅频特性曲线

5.6 最小相位系统开环对数幅频特性与闭环系统动态及稳态性能的关系

为了便于分析，将 $L(\omega)$ 分成低频段、中频段及高频段，如图 5-40 所示，$\omega \leqslant \omega_1$ 为低频段，$\omega_1 < \omega \leqslant \omega_2$ 为中频段，$\omega > \omega_2$ 为高频段。为了便于工程中应用，我们在中频段引入中频宽的概念，中频宽用 H 表示，其定义为 $H = \dfrac{\omega_2}{\omega_1}$。

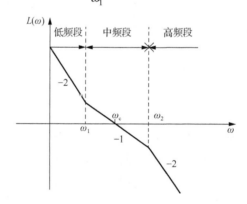

图 5-40 对数幅频特性的频段划分

5.6.1 $L(\omega)$ 低频段与系统稳态误差的关系

由于 $L(\omega)$ 低频段斜率大小由开环传递函数积分环节个数决定，其高度由开环传递函数放大系数 K 决定。如图 5-40 所示，系统低频段 $L(\omega)$ 斜率为 -2 表明系统 $G(s)$ 有两个积分环节。

但是，从给定系统稳态误差公式 $e_{ss} = \lim\limits_{s \to 0} s \dfrac{1}{1 + \dfrac{K}{s^v}} R(s)$ 知，给定系统稳态误差大小不仅与

$r(t)$ 的形式及大小有关，主要还与开环增益 K 及积分环节个数有关。所以，$L(\omega)$ 低频段只与系统稳态误差有关。

例 5-12　已知最小相位系统 $L(\omega)$，如图 5-41 所示，$r(t)=t$，求 e_{ss}。

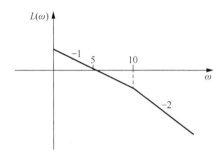

图 5-41　例 5-12 的对数幅频特性曲线

解

（1）从 $L(\omega)$ 低频特性知道系统是"I"型系统，所以在 $r(t)=t$ 输入下，$e_{ss}=\dfrac{1}{K_v}$，而

$$K_v=\lim_{s\to 0}\frac{K}{s^{1-1}}=K。$$

（2）根据 $L(\omega)$ 低频段求 K，利用曲线与横轴交点可得，$20\lg K-20\lg 5=0$，$K=5$。

（3）$e_{ss}=\dfrac{1}{K}=\dfrac{1}{5}=0.2$。

5.6.2　$L(\omega)$ 斜率对 $r(\omega_c)$ 的影响

1. $L(\omega)$ 中频段斜率对 $r(\omega_c)$ 的影响

如图 5-42 所示，因 $r(\omega_c)=180°+\varphi(\omega_c)$，图 5-42（a）中中频段斜率为 -1，所以其 $\varphi(\omega_c)=-90°$，$r(\omega_c)=180°-90°=90°$。图 5-42（b）中，中频段斜率为 -2，所以 $\varphi(\omega_c)=-180°$，$r(\omega_c)=180°-180°=0°$。

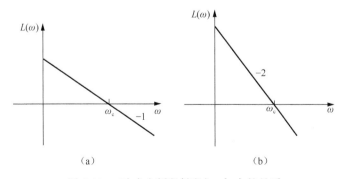

（a）　　　　　　　　　　　　（b）

图 5-42　$L(\omega)$ 中频段斜率与 $r(\omega_c)$ 的关系

由图 5-42（a）和（b）可知，$L(\omega)$ 中频段（ω_c 左右频段）斜率变化对 $r(\omega_c)$ 影响最大。工程设计时，为了保证系统有一定 $r(\omega_c)$，一般斜率取 -1。反过来，分析系统时 $L(\omega)$ 中频段斜率大于 -1，则系统 $r(\omega_c)$ 一定比较小，甚至不稳定。

2. $L(\omega)$ 低频段斜率对 $r(\omega_c)$ 的影响

如图 5-43 所示，低频段斜率比中频段斜率大。如果 $G(s)=\dfrac{k(\tau s+1)}{s^2}$，则转折频率 $\omega_1=\dfrac{1}{\tau}$。

设 k 及 ω_c 不变，则 $r(\omega_c)=180°-180°+\tan^{-1}(\tau\omega_c)=\tan^{-1}\dfrac{\omega_c}{\omega_1}$。可见，当 $\omega_c=\omega_1$ 时，$r(\omega_c)=45°$；当 $\omega_1\ll\omega_c$ 时，$r(\omega_c)\approx90°$。所以，$L(\omega)$ 低频段斜率大于中频段斜率时，这种情况 $r(\omega_c)$ 的数值就会减小，当 ω_1 远离 ω_c 时，对 $r(\omega_c)$ 的数值变化影响很小。这表明了微分时间常数 τ 对 $r(\omega_c)$ 的影响，即 τ 越大，对 $r(\omega_c)$ 影响越小。

3. $L(\omega)$ 高频段斜率对 $r(\omega_c)$ 的影响

如图 5-44 所示，$G(s)=\dfrac{K}{s(Ts+1)}$，转折频率 $\omega_2=\dfrac{1}{T}$，设 K 及 ω_c 不变。

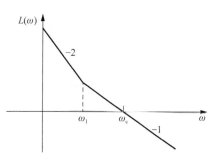

图 5-43　$L(\omega)$ 低频段斜率对 $r(\omega_c)$ 影响

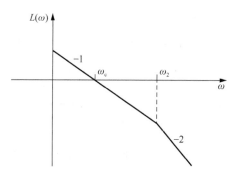

图 5-44　$L(\omega)$ 高频段斜率对 $r(\omega_c)$ 的影响

由 $r(\omega_c)=180°-90°-\tan^{-1}\dfrac{\omega_c}{\omega_2}=90°-\tan^{-1}\dfrac{\omega_c}{\omega_2}$ 可知，当 $\omega_c=\omega_2$ 时，$r(\omega_c)=45°$；当 $\omega_2\gg\omega_c$ 时，$r(\omega_c)\approx90°$。所以当 $L(\omega)$ 高频段斜率大于中频段斜率时，如果 ω_2 远离 ω_c，对 $r(\omega_c)$ 的数值变化影响很小。

综合以上分析 $L(\omega)$ 各段斜率对 $r(\omega_c)$ 的影响，得出下面结论。在进行系统设计时，为了保证系统具有一定 $r(\omega_c)$，对 $L(\omega)$ 频段有两个要求：①$L(\omega)$ 通过 ω_c 处斜率为 -1，即 $L(\omega)$ 中频段斜率为 -1；②实际应用时 $L(\omega)$ 中频段有一定宽度 H，一般 $H=\dfrac{\omega_2}{\omega_1}=4\sim5$。

5.6.3　开环增益 K 对 $r(\omega_c)$ 的影响

例 5-13　已知 $G(s)=\dfrac{K}{s(Ts+1)}$ 及其对数幅频特性 $L(\omega)$，如图 5-45 所示，设 T 不变。分

析开环增益 K 对 $r(\omega_c)$ 的影响。

解

（1）相位裕度 $r(\omega_c)=180°-90°-\tan^{-1}(T\omega_c)=90°-\tan^{-1}(T\omega_c)$。

（2）当 $\omega_c<\dfrac{1}{T}$ 时，$20\lg K-20\lg\omega_c=0$，$K=\omega_c$。可见，K 增加，ω_c 增大，$r(\omega_c)$ 则减小；相反 K 减小，ω_c 减小，则 $r(\omega_c)$ 增大。

（3）当 $\omega_c>\dfrac{1}{T}$ 时，$20\lg K-20\lg\omega_c-20\lg(T\omega_c)=0$，$K=T\omega_c^2\cong\omega_c^2$，$K$ 增加，ω_c 也随之增加，$r(\omega_c)$ 就变小。所以对类似系统，设计时一般要求 $\omega_c<\dfrac{1}{T}$ 且 K 要小一些，这样系统的稳定裕度比较大。

例 5-14 已知 $G(s)=\dfrac{K(\tau s+1)}{s^2}$，$\tau$ 不变，对数幅频特性 $L(\omega)$，如图 5-46 所示。分析转折频率与相位裕度 $r(\omega_c)$、截止频率 ω_c 的关系。

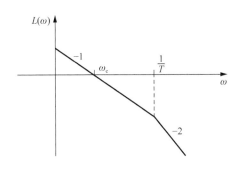

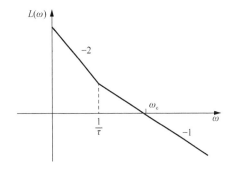

图 5-45 例 5-13 所示的对数幅频特性曲线　　图 5-46 例 5-14 对应的对数幅频特性曲线

解

（1）$r(\omega_c)=180°-180°+\tan^{-1}(\tau\omega_c)=\tan^{-1}(\tau\omega_c)$。

（2）当 $\omega_c>\dfrac{1}{\tau}$ 时，$L(\omega)=20\lg K-20\lg\omega_c^2+20\lg(\tau\omega_c)=0$，$K=\dfrac{1}{\tau}\omega_c\cong\omega_c$，即 K 正比于 ω_c。可见，$\omega_c>\dfrac{1}{\tau}$ 时，K 增加，ω_c 也增加，$r(\omega_c)$ 也增加，相反 $r(\omega_c)$ 就减小。

（3）$\omega_c<\dfrac{1}{\tau}$，$K=\omega_c^2$，$\omega_c=\sqrt{K}$。K 减小，ω_c 也减小，$r(\omega_c)$ 也减小，一般工程上不允许经过 ω_c 点的对数幅频特性曲线 $L(\omega)$ 的斜率为 -2，否则会造成系统不稳定。所以对类似系统设计时 $\omega_c>\dfrac{1}{\tau}$，K 越大，$r(\omega_c)$ 就越大。

例 5-15 已知 $G(s)=\dfrac{K(\tau s+1)}{s^2(Ts+1)}$，$\tau>T$ 且不变，$L(\omega)$ 如图 5-47（a）所示，$\varphi(\omega)$ 如图 5.47（b）所示，分析中频段的截止频率 ω_c 对系统相位裕度 $r(\omega_c)$ 的影响。

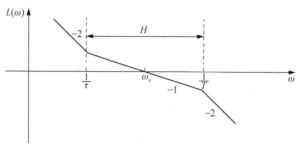

（a）对数幅频特性曲线

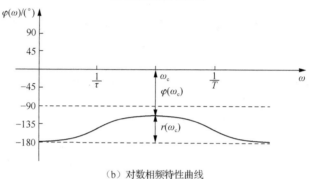

（b）对数相频特性曲线

图 5-47　例 5-15 对应的对数幅频和对数相频特性曲线

解

对这类系统我们一般要求在 $\dfrac{1}{\tau} < \omega_c < \dfrac{1}{T}$ 范围内，保证中频段 $L(\omega)$ 斜率为 -1。

（1）$r(\omega_c) = 180° - 180° + \tan^{-1}(\tau\omega_c) - \tan^{-1}(T\omega_c) = \tan^{-1}(\tau\omega_c) - \tan^{-1}(T\omega_c)$。

（2）求 K 与 ω_c 关系：$20\lg K - 20\lg \omega_c^2 + 20\lg(\tau\omega_c) = 0$，$K\tau = \omega_c$，$K = \dfrac{1}{\tau}\omega_c \cong \omega_c$。

可以看出，K 增加，ω_c 也增加；K 减小，ω_c 也减小。根据 $r(\omega_c)$ 的表达式可知这是一个先增后减的函数，这里我们略去它的数学证明过程。所以存在一个 K 和 ω_c，使得 $r(\omega_c)$ 最大，$\varphi(\omega)$ 如图 5-47（b）所示。

令 $\dfrac{1}{\tau} = \omega_1$，$\dfrac{1}{T} = \omega_2$，$H = \dfrac{\omega_2}{\omega_1}$，$\omega_2 = H\omega_1$，求取产生最大 $r(\omega_c)$ 时 ω_c 的值。$\dfrac{\mathrm{d}r(\omega_c)}{\mathrm{d}\left(\dfrac{\omega_c}{\omega_1}\right)} = 0$，

求得 $\omega_c \approx \sqrt{\dfrac{1}{2}\omega_1\omega_2}$（$\omega_2 \gg \omega_1$），$r_{\max}(\omega_c) = \tan^{-1}\sqrt{\dfrac{H}{2}} - \tan^{-1}\sqrt{\dfrac{1}{2H}}$。

5.6.4　$r(\omega_c)$、ω_c 与系统动态性能的关系

下面以典型二阶系统为例重点分析，即 $G(s) = \dfrac{\omega_n^2}{s(s + 2\xi\omega_n)} = \dfrac{\dfrac{\omega_n}{2\xi}}{s\left(\dfrac{1}{2\xi\omega_n}s + 1\right)}$。

1. 剪切频率 ω_c 与调节时间 t_s 的关系

（1）由于调节时间 t_s 与自然频率 ω_n 成反比，需要首先求得 ω_c 与 ω_n 关系，即当 $\omega = \omega_c$，$|G(j\omega)| = 1 = \dfrac{\omega_n^2}{\omega\sqrt{\omega^2 + 4\xi^2\omega_n^2}}\Big|_{\omega=\omega_c}$，求得

$$\frac{\omega_c}{\omega_n} = \sqrt{\sqrt{4\xi^4 + 1} - 2\xi^2} \tag{5-21}$$

（2）将式（5-21）代入式（3-14）得

$$t_s = \frac{3 \sim 4}{\xi\omega_c}\sqrt{\sqrt{4\xi^4 + 1} - 2\xi^2} \tag{5-22}$$

可见，当 ξ 一定时，t_s 与 ω_c 成反比。

2. $r(\omega_c)$ 与 $\sigma\%$ 的关系

由超调量 $\sigma\%$ 与阻尼比 ξ 的唯一关系，求取 $r(\omega_c)$ 与 ξ 的关系，$r(\omega_c) = 90° - \tan^{-1}\dfrac{\omega_c}{2\xi\omega_n} = \tan^{-1}\dfrac{2\xi\omega_n}{\omega_c}$。可以求得 α 与 β：

$$\alpha = \tan^{-1}\frac{\omega_c}{2\xi\omega_n}, \quad \beta = \tan^{-1}\frac{2\xi\omega_n}{\omega_c} \tag{5-23}$$

α、β 的图形表示如图 5-48 所示。

将式（5-21）代入式（5-23）得

$$r(\omega_c) = \tan^{-1}\frac{2\xi}{\left(\sqrt{4\xi^4 + 1} - 2\xi^2\right)^{\frac{1}{2}}} \tag{5-24}$$

可见，$r(\omega_c)$ 只与 ξ 有关系。$r(\omega_c)$ 越大，ξ 也越大，$\sigma\%$ 就越小。

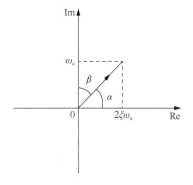

图 5-48　α、β 的图形表示

综合上面分析有如下结论：

（1）$L(\omega)$ 低频段与系统的型别和增益有关，所以低频段与系统稳态误差 e_{ss} 有关。

（2）$L(\omega)$ 中频段与系统的动态性能的关系极为密切。$r(\omega_c) = 0$ 表示开环幅相频率特性曲

线通过复平面的-1+j0 点，处于临界状态，系统不稳定。同理 $r(\omega_c)<0$ ，系统也不稳定。因此，要求系统有足够的稳定裕度 $r(\omega_c)$ ，这样系统超调量比较小。另外，系统的调节时间 t_s 与剪切频率 ω_c 成反比。

（3）对于高阶系统也存在上面的关系，不过无法用数学方法求取，工程上仅有经验公式。

小　结

频域分析法是工程上应用最广泛的图解分析法，其主要特点是根据系统开环频率特性去判断闭环系统的各种性能，能比较方便地分析系统参数变化对系统性能的影响，并指出改善系统性能的途径。本章主要内容如下。

（1）基本概念：频率特性，幅频和相频特性，对数幅频特性，交接频率，剪切（截止）频率 ω_c ，相位裕度，幅值裕度，最小相位环节和系统，非最小相位环节和系统等。

（2）基本理论：奈奎斯特稳定判据、对数稳定判据、相位裕度及幅值裕度计算公式、$L(\omega)$ 与系统稳态和动态性能的关系等。

（3）基本方法：已知系统数学模型，绘制 $G(j\omega)$ 、$L(\omega)$ 及 $\varphi(\omega)$ 的方法；已知 $L(\omega)$ 求 $G(s)$ 及其参数的方法；已知系统数学模型，应用奈奎斯特稳定判据分析系统稳定性的方法或改善系统性能的方法；已知系统数学模型及参数，计算 $r(\omega_c)$ 及 h 的方法。

习　题

5-1　试绘制下面系统的幅相频率特性曲线，并应用奈奎斯特稳定判据分析系统的稳定性。

（1）$G(s)=\dfrac{10}{s(0.1s+1)}$。

（2）$G(s)=\dfrac{10}{s(2s+1)(0.1s+1)}$。

（3）$G(s)=\dfrac{10(0.1s+1)}{s^2(0.01s+1)}$。

（4）$G(s)=\dfrac{50(s+1)}{s(s-1)}$。

5-2　试绘制下面系统对数幅频特性和对数相频特性：

（1）$G(s)=\dfrac{s+0.2}{s(s+0.02)}$。

（2）$G(s)=\dfrac{2.5(s+10)}{s^2(0.2s+1)}$。

（3）$G(s) = \dfrac{10(s+1)}{s(s-1)}$。

5-3　已知系统开环幅相频率特性曲线如图 5-49 所示，试写出系统开环传递函数及其参数。

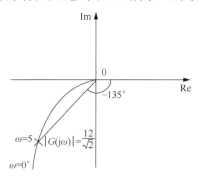

图 5-49　习题 5-3 所对应的开环幅相频率特性曲线

5-4　图 5-50（a）、（b）分别表示两个系统的开环幅相频率特性曲线，试从下面四个开环传递函数中找出它们各自对应的开环传递函数，并分别分析其稳定性。

（A）$\dfrac{K(s+1)}{s^3(0.5s+1)}$ 　　　　　　　（B）$\dfrac{K}{s(Ts+1)}$

（C）$\dfrac{K(s+1)(0.5s+1)}{s^3(0.1s+1)(0.05s+1)}$ 　　　（D）$\dfrac{K}{s(Ts-1)}$

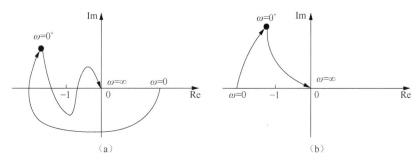

图 5-50　习题 5-4 系统的开环幅相频率特性曲线

5-5　已知最小相位系统对数幅频特性 $L(\omega)$ 如图 5-51（a）、（b）、（c）、（d）所示，分别写出各个系统的 $G(s)$ 及其参数，并计算每个系统的 $r(\omega_c)$ 及 h。

5-6　已知系统开环传递函数为

$$G(s) = \dfrac{K}{s(Ts+1)(s+1)}, \quad K > 0, \ T > 0$$

（1）试用奈奎斯特稳定判据确定其闭环系统稳定条件。

（2）确定当 $T = 2$ 时，K 值范围。

（3）确定当 $K = 10$ 时，T 值范围。

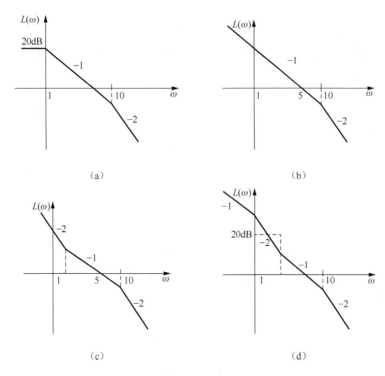

图 5-51　习题 5-5 的对数幅频特性曲线

5-7　已知一个非最小相位系统开环传递函数为

$$G(s) = \frac{K(s+1)}{s(s-1)}$$

（1）试用奈奎斯特稳定判据确定闭环系统稳定的 K 值范围。

（2）试绘制 $r(\omega_c) = 45°$ 时的 $L(\omega)$ 和 $\varphi(\omega)$。

5-8　已知最小相位系统开环对数相频特性表达式：$\varphi(\omega) = -90° - \tan^{-1}(0.5\omega) - \tan^{-1}\omega$，求 $r(\omega) = 30°$ 时的 $G(s)$。

5-9　已知单位反馈系统开环对数幅频特性如图 5-52 所示。

（1）求取 $G(s)$ 及其参数。

（2）计算 $\sigma\%$ 和 t_s。

5-10　已知 $r(t) = 2t$，$e_{ss} = 0.2$，根据单位反馈最小相位系统开环幅相频率特性曲线，如图 5-53 所示。

（1）求 $G(s)$。

（2）求 ω_c 和 $r(\omega_c)$。

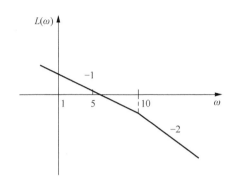

图 5-52   单位反馈系统开环对数幅频特性曲线

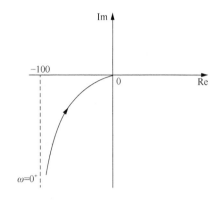

图 5-53   习题 5-10 系统的开环幅相频率特性曲线

6 线性定常系统的校正

前面几章讨论了控制系统时域分析法和频域分析法。利用这些方法，可以在已知系统数学模型及参数条件下，计算和估计其性能。这些方法常常被用来分析理论上的问题，但是在工程实际中常常提出相反问题，就是已知被控对象数学模型及参数，又对系统提出性能指标要求，但被控系统不满足性能指标要求，如何设计校正装置对被控对象进行校正，使校正后对象的性能满足指标要求，这个问题是本章要解决的重要问题，即系统校正。

6.1 线性定常系统校正的概念、方式和方法

6.1.1 线性定常系统校正的概念

已知被控对象数学模型 $G_0(s)$ 及其参数 [$G_0(s)$ 称不可改变的数学模型] 和系统要求的性能指标 [时域指标为 t_s 及 e_{ss}，频域指标为 $r(\omega_c)$、ω_c、h] 分析 $G_0(s)$，如果 $G_0(s)$ 未满足性能指标要求，则可以人为地在 $G_0(s)$ 上加入一些典型环节，使系统满足全部指标要求，这种方法称为系统校正。人为加入环节的物理装置称作校正装置，记作 $G_c(s)$。

从校正概念可知：

（1）系统校正的基本思想是，已知 $G_0(s)$ 及性能指标要求，分析 $G_0(s)$ 是否满足指标要求，不满足要求则加入 $G_c(s)$，直到满足全部性能指标要求。

（2）校正任务是根据已知 $G_0(s)$ 和性能指标要求，应用某种方法去求取 $G_c(s)$ 及其参数，使系统满足全部性能要求。

6.1.2 线性定常系统校正的方式

系统校正方式，就是 $G_0(s)$ 与 $G_c(s)$ 的连接方式，一般有四种校正方式。

1. 串联校正

如图 6-1 所示，当 $G_c(s)$ 在前向通道上是串联的，称为串联校正。一般 $G_c(s)$ 放在输入端，这是应用最广泛的一种校正方式，$G_c(s)$ 比较容易求取。

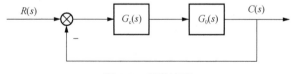

图 6-1 串联校正

2. 并联校正

如图 6-2 所示，当 $G_c(s)$ 在局部反馈或主反馈通道上的连接方式是并联的，称为并联校正。

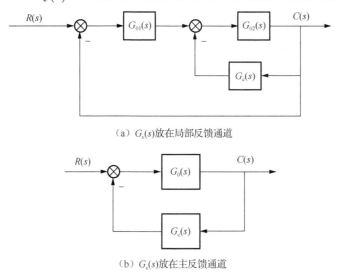

（a）$G_c(s)$ 放在局部反馈通道

（b）$G_c(s)$ 放在主反馈通道

图 6-2 并联校正

3. 串并联校正

如图 6-3 所示，当系统既有串联校正又有并联校正时称为串并联校正。

4. 复合校正

复合校正如图 6-4 所示。

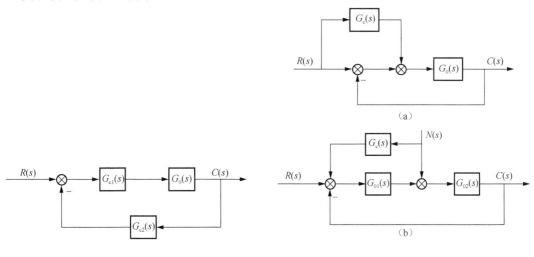

图 6-3 串并联校正

图 6-4 复合校正

由于实践应用中串联校正比较多，本章主要讲授串联校正。

6.1.3 线性定常系统校正的方法

校正方法就是在确定校正方式的基础上，根据 $G_0(s)$ 给定指标，求取 $G_c(s)$ 及其参数的方法。目前仅有分析法（试探法）和工程法（期望特性法）两种方法。

1. 分析法

分析法基本步骤如下（以串联校正为例）。

（1）根据已知 $G_0(s)$ 及性能指标要求，应用系统分析的基本概念及理论（本章主要应用频域分析法）对 $G_0(s)$ 进行深入分析，判断其动态及稳定性能是否满足要求，是否需要校正。

（2）如果通过分析发现系统的动态或稳定性能不能满足要求，就根据性能的要求合理地选择校正环节，预选 $G_c(s)$ 并计算其参数。

（3）判断校正系统是否全面满足要求。因 $G_c(s)$ 是预选的，如果满足要求则设计工作完毕；如果还有一些指标未满足要求，则重新调整 $G_c(s)$ 及其参数，直到全面满足要求为止。

2. 工程法

工程法基本步骤如下（以串联校正为例）。
（1）根据最优理论建立典型"I"型系统和典型"II"型系统的期望 $G(s)$ 及 $L(\omega)$。
（2）求 $G_c(s)$ 串联校正，期望开环传递函数为

$$G(s) = G_c(s)G_0(s)$$

则有

$$G_c(s) = G(s) / G_0(s) \tag{6-1}$$

典型"I"型系统的开环传递函数为 $G(s) = K / s(Ts+1)$，典型"II"型系统的开环传递函数为 $G(s) = K(\tau s+1) / s^2(Ts+1)$ （$\tau > T$）。该方法原理清楚，方案唯一，但是若 $G_0(s)$ 处理不当，可能会使 $G_c(s)$ 比较复杂。

6.2 常用校正装置及其控制规律

校正装置分为无源网络和有源网络两种。当前工程上应用最多的校正装置是有源网络，有源网络由运算放大器、电阻和电容组成，有以下优点：

（1）运算放大器输入电阻比较大，输出电阻比较小，串联前负载效应比较小，一般不考虑；

（2）由于运算放大器放大倍数比较大，其输入端具有虚地的特点，因此求闭环增益很方便，调试也很方便。

6.2.1 超前校正及其装置

1. 超前校正概念

当校正装置输出信号相位始终超前于输入信号相位时，称为超前校正。其物理装置称作超前校正装置，如图 6-5 所示。

2. 超前校正装置数学模型及特性

如图 6-5 所示的有源网络就是一个超前校正装置，其数学模型为

$$G_c(s) = K(\tau s + 1) \qquad (6-2)$$

式中，$K = R_1/R_0$；$\tau = R_0 C_0$。该装置也称为 PD 调节器。

对数幅频特性如下：

$$L(\omega) = 20\lg K + 20\lg(\tau\omega)$$

对数相频特性如下：

$$\varphi(\omega) = \tan^{-1}(\tau\omega)$$

其对数幅频特性和对数相频特性如图 6-6 所示。

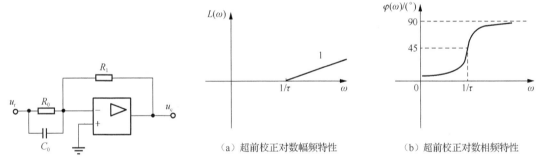

图 6-5 超前校正装置 　　（a）超前校正对数幅频特性　（b）超前校正对数相频特性

图 6-6 超前校正对数幅频和对数相频特性

3. 超前校正控制规律

比例+微分控制规律高频增益大，输出信号反映输入信号变化趋势，同时输出信号相位始终超前于输入信号。根据控制规律，超前校正一般在对动态性能要求较高时使用。

6.2.2 滞后校正及其装置

1. 滞后校正概念

当校正装置输出信号相位始终滞后于输入信号相位时，称为滞后校正。其物理装置称作滞后校正装置。

2. 滞后校正装置数学模型及特性

滞后校正装置如图 6-7 所示。

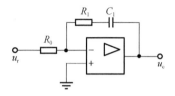

图 6-7 滞后校正装置

（1）滞后校正装置数学模型为

$$G_c(s) = (\tau s + 1)/(T_0 s) \tag{6-3}$$

式中，$T_0 = R_0 C$；$\tau = R_1 C$。

（2）滞后校正的对数幅频特性和对数相频特性如图 6-8 所示，根据 $G_c(s)$ 得相应的对数幅频特性和对数相频特性表达式如下：

$$L(\omega) = 20\lg(1/T_0) - 20\lg\omega + 20\lg(\tau\omega)$$

$$\varphi(\omega) = -90° + \tan^{-1}(\tau\omega)$$

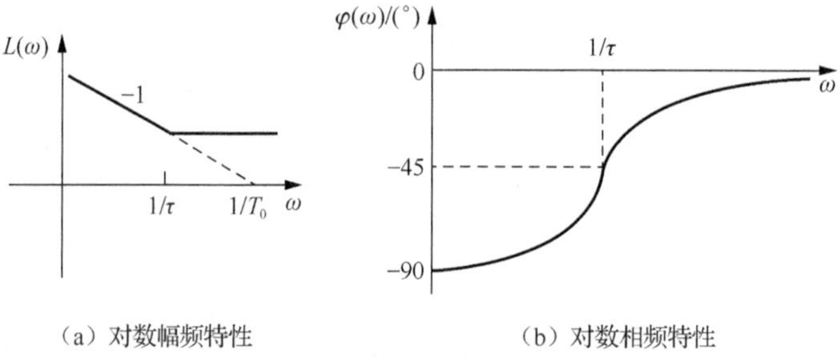

（a）对数幅频特性 （b）对数相频特性

图 6-8 滞后校正装置特性

3. 滞后校正控制规律

滞后校正的数学模型具有比例+积分控制规律，滞后校正装置一般用于提高具有一定稳定裕度系统的稳态性能。

6.2.3 滞后超前校正及其装置

1. 滞后超前校正概念

当校正装置在低频段范围内输出信号相位始终滞于输入信号相位，而在高频段输出信号相位又超前于输入信号相位，称为滞后超前校正，具有这样特性的装置称滞后超前校正装置，如图 6-9 所示。

2. 滞后超前校正装置数学模型及特性

（1）滞后超前校正装置数学模型为

$$G_c(s) = (\tau_1 s + 1)(\tau_2 s + 1)/(T_0 s) \tag{6-4}$$

式中，$T_0 = R_0 C_1$；$\tau_1 = R_0 C_0$；$\tau_2 = R_1 C_1$。

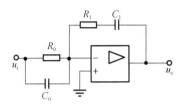

图 6-9 滞后超前校正装置

（2）滞后超前校正特性如图 6-10 所示。

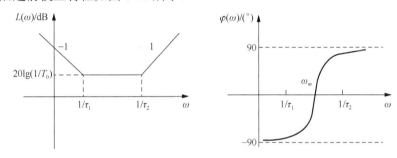

图 6-10 滞后超前校正装置的对数幅频特性和对数相频特性

（3）滞后超前校正的对数频率特性表达式如下：

$$L(\omega) = 20\lg(1/T_0) - 20\lg\omega + 20\lg(\tau_1\omega) + 20\lg(\tau_2\omega)$$

$$\varphi(\omega) = -90° + \tan^{-1}(\tau_1\omega) + \tan^{-1}(\tau_2\omega)$$

3. 滞后超前校正控制规律

从 $L(\omega)$ 及 $\varphi(\omega)$ 可以看出，滞后超前校正具有比例积分和微分控制规律，且有以下特点：

（1）低频段增益大，高频段增益也大；

（2）低频段相位滞后，高频段相位超前。

可见这种校正装置可应用于动态性能及稳态性能要求均较高的系统。表 6-1 绘出常用校正装置，供设计时参考选用。

表 6-1 基本校正装置数学模型及参数

类型	原理图	特征函数
比例（P）		$G_c(s) = -K = -\dfrac{R_0}{R_1}$

类型	原理图	特征函数
积分（I）		$G_c(s) = \dfrac{1}{T_0 s}$ $T_0 = R_0 C$
微分（D）		$G_c(s) = -\tau s$ $\tau = R_1 C$
比例+积分（PI）		$G_c(s) = \dfrac{\tau s + 1}{T_0 s}$ $T_0 = R_0 C$ $\tau = R_1 C$
比例+微分（PD）		$G_c(s) = -K(\tau s + 1)$ $K = \dfrac{R_1}{R_0}$ $\tau = R_0 C_0$

续表

类型	原理图	特征函数
比例+积分+微分（PID）		$G_c(s) = -\left[\dfrac{(\tau_1 s + 1)(\tau_2 s + 1)}{\tau_0 s}\right]$ $\tau_0 = R_0 C_1$ $\tau_1 = R_0 C_0$ $\tau_2 = R_1 C_1$
滤波器		$G_c(s) = -\dfrac{K}{Ts + 1}$ $K = \dfrac{R_1}{R_0}$ $T = R_1 C_1$

6.3 应用频域分析法进行串联校正的基本方法及步骤

本节主要介绍在已知被控对象 $G_0(s)$ 及性能指标要求 $[r(\omega_c), h, \omega_c, e_{ss}]$ 的基础上，应用频域分析法基本概念及理论进行串联校正。

求取 $G_c(s)$ 及其参数的方法和步骤如下。

（1）首先分析 $G_c(s)$ 是否满足 e_{ss} 要求，即分析系统的稳态要不要校正。如果需要校正，再分析 $G_c(s)$ 不满足要求是由放大倍数小还是由积分环节少造成的，由此确定校正装置的结构。总之先从 $L(\omega)$ 低频段入手进行校正，因为 $L(\omega)$ 低频段与 e_{ss} 有关。同时 $L(\omega)$ 低频段高度和斜率对中频段有影响，反之中频段对低频段没有影响。将低频段设计好了，对中频段的影响也就确定了。

（2）其次在满足稳态要求的基础上，又进一步分析 $G_c(s)$ 的相位裕度及截止频率 ω_{c_0} 是否满足要求，即分析动态性能要不要校正，也就是用 $r_0(\omega_{c_0})$ 与要求的 $r(\omega_c)$ 进行比较，ω_{c_0} 与要求的 ω_c 进行比较。当 $\omega_{c_0} < \omega_c$ 或 $r(\omega_{c_0}) < r(\omega_c)$ 时需要校正，然后分析什么原因导致动态需要校正，对这个问题要具体问题具体分析，选择校正装置并计算参数。

（3）最后判断校正分析是否满足性能指标要求，如果满足，则校正结束；否则重新选择

控制工程导论 →→

$G_c(s)$ 或调整其参数。下面举两个例子。

例 6-1 某被控对象结构图如图 6-11 所示，要求在单位斜坡信号作用下 $e_{ss} \leqslant 0.1$，$\omega_c \geqslant 4.4\text{s}^{-1}$，$r(\omega_c) \geqslant 45°$，$h \geqslant 10\text{ dB}$，求 $G_c(s)$。

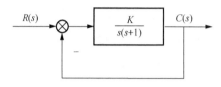

图 6-11　例 6-1 结构图

解

（1）分析 $G_c(s)$ 是否满足 e_{ss} 要求。

第一步，根据结构图求得 $G(s) = \dfrac{K}{s(s+1)}$，系统为"I"型系统。

第二步，因为系统要求 $e_{ss} \leqslant 0.1$，所以我们取 $e_{ss} = 0.1$。

（2）根据 $G_c(s)$、$r_0(\omega_{c_0})$、ω_c 要求分析 $G_c(s)$ 是否满足动态性能要求。

第一步，大致算出 $L_0(\omega)$，求 ω_{c_0}、$r(\omega_{c_0})$，即

$$L_0(\omega) = 20\lg 10 - 20\lg \omega - 20\lg \omega$$

$$\varphi_0(\omega) = -90° - \tan^{-1}\omega$$

所以，由 $20\lg 10 - 20\lg \omega_{c_0} - 20\lg \omega_{c_0} = 0$ 可得 $\omega_{c_0} = 3.16\text{s}^{-1}$，$r(\omega_{c_0}) = 17.6°$。

第二步，从上面分析可知 $\omega_{c_0} < \omega_c$，$r(\omega_{c_0}) < r(\omega_c)$，所以动态要校正。

第三步，分析动态性能要校正的原因。$\omega_{c_0} < \omega_c$，$r(\omega_{c_0}) < r(\omega_c)$ 这个问题是由滞后角度大造成的。根据这个原因选择超前校正使 ω_c 增加，且加入超前校正装置也使 $r(\omega_c)$ 增加，即 $G_c(s) = \tau s + 1$。

第四步，计算 $G_c(s)$ 参数。校正使

$$G(s) = G_c(s)G_0(s) = \frac{10(\tau s + 1)}{s(s+1)}$$

$$L(\omega) = 20\lg 10 - 20\lg \omega_c + 20\lg(\tau \omega_c) - 20\lg \omega_c = 0$$

因为要求 $\omega_c \geqslant 4.4\text{s}^{-1}$，所以取 $\omega_c = 4.4\text{s}^{-1}$ 代入上式有 $10\tau\omega_c = \omega_c^2$，计算可得 $\tau = 0.44$ s。

$$r(\omega_c) = 180° - 90° + \tan^{-1}(0.44 \times 4.4) - \tan^{-1}4.4 = 75.5° > 45°$$

$$h = \frac{1}{|j\omega|} = \frac{1}{0} = \infty$$

当 $\varphi(\omega) = -180°$ 时 $G(j\omega)$ 与负实轴没有交点。可见动态校正满足全部指标要求，不用校验 $L(\omega)$，校正后的对数幅频特性曲线如图 6-12 中 $L(\omega)$ 所示，图中 $L_0(\omega)$ 部分为系统未校正前的对数幅频特性曲线。

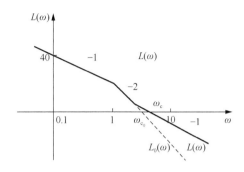

图 6-12　校正后的对数幅频特性曲线

例 6-2　已知 $G_0(s) = \dfrac{K}{s(0.1s+1)(0.2s+1)}$，要求 $\omega_c \leqslant 2.3\mathrm{s}^{-1}$，$r(\omega_c) \geqslant 40°$，输入 $r(t) = t$ 时 $e_{ss} = 0$，求 $G_c(s)$。

解

（1）由题可知 $G_0(s)$ 是"I"型系统，依题意 $r(t) = t$ 时 $e_{ss} = 0$，此时系统满足不了稳态性能需要校正，因此需要加入一个积分环节使之变成"II"型系统才能满足要求，即 $G_0(s) = \dfrac{K}{s^2(0.1s+1)(0.2s+1)}$。

（2）动态性能分析。当系统加入一个积分环节后，满足稳态要求，但是系统又变成了结构不稳定的系统。即 $D(s) = 0$ 缺项，系统不稳定。根据劳斯-赫尔维茨判据，须加入一个一阶微分环节使系统的特征方程不缺项；$D(s) = 0$ 不缺项变成结构稳定的系统，然后适当调节参数满足动态性能要求，即引入 $G_c(s) = \tau s + 1$。

（3）计算 $G_c(s)$ 参数，含稳态和动态性能校正。利用 $G_c(s) = \dfrac{\tau s+1}{\tau_0 s}$ 进行校正后 $G(s) = G_c(s)G_0(s) = \dfrac{\dfrac{K}{\tau_0}(\tau s+1)}{s^2(0.1s+1)(0.2s+1)}$。

第一步，选取 $\omega_c = 2\mathrm{s}^{-1}$ 和 $r(\omega_c) = 40°$，则有

$$r(\omega_c) = 180° - 180° - \tan^{-1}(2 \times 0.1) + \tan^{-1}(2\tau) - \tan^{-1}(2 \times 0.2) = 40°$$

求得 $\tau = 1.65\,\mathrm{s}$，$1/\tau = 0.61$。

第二步，求 $\dfrac{K}{\tau_0}$，由于 $\omega_c \in \left(\dfrac{1}{0.2}, \dfrac{1}{0.1}\right]$ 频段内的两个惯性环节对数幅频特性都为 0dB。

$$L(\omega) = 20\lg\dfrac{K}{\tau_0} - 20\lg\omega^2 + 20\lg(1.65\omega) - 20\lg(0.1\omega) - 20\lg(0.2\omega), \quad \omega \geqslant 10\mathrm{s}^{-1}$$

如图 6-13 所示，当 $0.61\mathrm{s}^{-1} > \omega \geqslant 10\mathrm{s}^{-1}$ 时，$L(\omega) = 20\lg\dfrac{K}{\tau_0} - 20\lg\omega^2 + 20\lg(1.65\omega)$。把 $\omega_c = 2\mathrm{s}^{-1}$ 和 $L(\omega) = 0$ 代入 $L(\omega)$ 的表达式可得 $\dfrac{K}{\tau_0} = 1.21$。

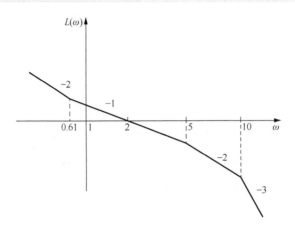

图 6-13　系统的对数幅频特性曲线

6.4　工程设计方法

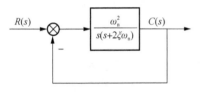

图 6-14　典型"I"型系统

工程设计方法的基本思想是将期望特征方程标准化，针对运动系统和特征系统的要求，确定两种典型系统的特性即典型"I"型系统和典型"II"型系统。当实际被控对象不是典型系统时，通过校正使其成为典型系统。典型"I"型系统如图 6-14 所示。

6.4.1　典型"I"型系统设计方法

1. 期望特性

为使希望特性具有比较好的性能，来确定有关参数。从图 6-14 求其闭环传递函数为

$$\varphi(s) = \frac{\omega_n^2}{s^2 + 2\xi\omega_n s + \omega_n^2} = \frac{\dfrac{K}{T}}{s^2 + \dfrac{1}{T}s + \dfrac{K}{T}}$$

式中，$\omega_n = \sqrt{\dfrac{K}{T}}$；$\xi = 2\sqrt{KT}$。令

$$|\varphi(j\omega)| = \frac{\omega_n^2}{\left[\left(\omega_n^2 - \omega^2\right)^2 + \left(2\xi\omega_n\omega\right)^2\right]^{\frac{1}{2}}} = 1$$

求得

$$\xi = \frac{1}{\sqrt{2}}\sqrt{1 - \frac{1}{2}\left(\frac{\omega}{\omega_n}\right)^2} \tag{6-5}$$

可见只有在 ξ 随 ω 变化而变化时，使 ω_n 无穷大，$|\varphi(j\omega)|$ 才能为 1，实际上难以做到。

但是当 ω_n 比较大时，在 $\omega \ll \omega_n$ 频段内，$\left(\dfrac{\omega}{\omega_n}\right)^2 \ll 1$，此时 $\left(\dfrac{\omega}{\omega_n}\right)^2$ 忽略不计。

式（6-5）可写成

$$\xi = \frac{1}{\sqrt{2}} = 0.707 \tag{6-6}$$

根据图 6-14，典型"I"阶系统开环传递函数为

$$G(s) = \frac{\dfrac{\omega_n}{2\xi}}{s\left(\dfrac{1}{2\xi\omega_n}s+1\right)} = \frac{\tau\omega_n^2}{s(\tau s+1)} \tag{6-7}$$

式中，$\tau = \dfrac{1}{2\xi\omega_n}$；$\xi = 2\sqrt{KT} = 0.707$，$K = \dfrac{1}{2T}$。其性能指标如下：

$$\begin{cases} \sigma\% = 4.3\% \\ t_s = (6 \sim 8)T \\ r(\omega_c) = 63.5° \end{cases} \tag{6-8}$$

可见其跟随性能是比较好的，其期望的对数幅频特性如图 6-15 所示。

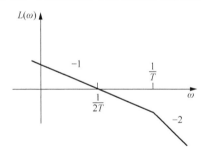

图 6-15　典型"I"期望对数幅频特性曲线

2. 示例

例 6-3　已知 $G_0(s) = \dfrac{K}{(T_1s+1)(T_\Sigma s+1)}$，$T_1 \gg T_\Sigma$，要求校正成典型"I"型系统，求 $G_c(s)$。

解

由于采取串联校正，因此：

$$G(s) = G_c(s)G_0(s)$$

$$G_c(s) = G(s)/G_0(s) = \frac{\dfrac{1}{2T}}{s(Ts+1)} \times \frac{(T_1s+1)(T_\Sigma s+1)}{K}$$

根据式（6-7），要使系统的调节时间 t_s 短，必须选取 $T = T_\Sigma$，因此可以求得

$$G_c(s) = \frac{T_1s+1}{2T_\Sigma Ks} = \frac{\tau s+1}{T_0 s}$$

例 6-4 已知 $G_0(s) = \dfrac{K}{(T_1s+1)(T_2s+1)(T_\Sigma s+1)}$，$T_1 > T_2 \gg T_\Sigma$，要求校正成典型"I"型系统，求 $G_c(s)$。

解

由于

$$G_c(s) = G(s)/G_0(s) = \frac{\dfrac{1}{2T}}{s(Ts+2)} \times \frac{(T_1s+1)(T_2s+1)(T_\Sigma s+1)}{K}$$

若选 $T = T_\Sigma$，可得

$$G_c(s) = \frac{(T_1s+1)(T_2s+1)}{2T_\Sigma Ks} = \frac{(\tau_1s+1)(\tau_2s+1)}{T_0 s}$$

例 6-5 已知 $G_0(s) = \dfrac{K}{(T_1s+1)(T_2s+1)(T_3s+1)}$，$T_1 \gg T_2$ 和 T_3（T_2 和 T_3 称为小时间常数），要求校正成典型"I"型系统，求 $G_c(s)$。

解

第一步，由于 T_2 和 T_3 是小时间常数，为使 $G_c(s)$ 简单一些，我们可以进行如下简化，将 $(T_2s+1)(T_3s+1) \approx (T_\Sigma s+1)$，$T_\Sigma = T_2 + T_3$，因此：

$$\frac{1}{(jT_2\omega+1)(jT_3\omega+1)} = \frac{1}{(1-T_2T_3\omega^2)+(T_2+T_3)j\omega} \approx \frac{1}{1+(T_2+T_3)j\omega}$$

将 $T_2T_3\omega^2 \ll 1$ 忽略不计，工程上近似条件是 $T_2T_3\omega^2 \ll \dfrac{1}{10}$，则有

$$\frac{1}{(T_2s+1)(T_3+1)} \approx \frac{1}{(T_2+T_3)s+1} = \frac{1}{T_\Sigma s+1}$$

第二步，$G_c(s) = \dfrac{\dfrac{1}{2T}}{s(Ts+1)} \times \dfrac{(T_1s+1)(T_\Sigma s+1)}{K} = \dfrac{T_1s+1}{2T_\Sigma Ks} = \dfrac{\tau s+1}{T_0 s}$，选 $T = T_\Sigma$，则 $T_1 = \tau$，

$T_0 = 2T_\Sigma K$。

6.4.2 典型"II"型系统设计方法

典型"II"型系统结构图如图 6-16 所示，实际上典型"II"型系统可以没有 $\dfrac{1}{T_f s+1}$ 环节，该环节的功能是工程应用中对输入信号进行滤波，工程应用上对数幅频特性曲线中频宽一般为 4。

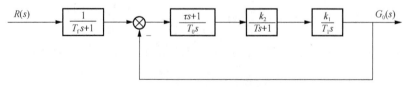

图 6-16 典型"II"型系统结构图

该系统可化简为 $G(s) = \dfrac{\dfrac{K}{T_0}(\tau s + 1)}{s^2(Ts+1)}$ ，式中 $K = \dfrac{k_1 k_2}{T_1}$ 。

1. 期望特性

图 6-16 中取 $T_f = \tau$ ，其中：

$$\varphi(s) = \frac{1}{\dfrac{TT_0}{K}s^3 + \dfrac{T_0}{K}s^2 + \tau s + 1}$$

应用"模数最优"理论可得

$$|\varphi(\mathrm{j}\omega)| = \frac{1}{\left[\left(1 - \dfrac{T_0}{K}\omega^2\right)^2 + \left(\tau\omega - \dfrac{T_0 T}{K}\omega^3\right)^2\right]^{\frac{1}{2}}} = 1$$

或

$$\left(\frac{T_0 T}{K}\right)^2 \omega^6 + \left(\frac{T_0^2}{K^2} - 2\tau\frac{T_0 T}{K}\right)\omega^4 + \left(\tau^2 - 2\frac{T_0}{K}\right)\omega^2 + 1 = 1$$

从该式看出，由于 $\dfrac{T_0 T}{K} > 0$ ，只有在 $\omega = 0$ 时才能成立。但是，当 $\dfrac{T_0 T}{K} \ll 1$ 时，根据 ω 的

具体实际情况，一定条件下可以忽略 $\left(\dfrac{T_0 T}{K}\right)^2 \omega^6$ 项，并令

$$\begin{cases} \dfrac{T_0^2}{K^2} - 2\tau\dfrac{T_0 T}{K} = 0 \\ \tau^2 - 2\dfrac{T_0}{K} = 0 \end{cases}, \quad \varphi(\mathrm{j}\omega) \approx 1 \tag{6-9}$$

从式（6-9）求得典型"Ⅱ"型系统的最佳参数为

$$\begin{cases} \tau = 4T \\ T_0 = 8KT^2 \\ T_f = 4T \end{cases} \tag{6-10}$$

因此有

$$G(s) = \frac{\dfrac{k_1 k_2}{T_0 T_1}(\tau s + 1)}{s^2(\tau s + 1)} = \frac{4Ts + 1}{8T^2 s^2(\tau s + 1)} \tag{6-11}$$

$L(\omega)$ 如图 6-17 所示。

典型"Ⅱ"型系统最佳指标为

$$\begin{cases} \sigma\% = 8.1\% \\ t_s = 16.4T \\ r(\omega_c) = 36.8° \\ T_f = \tau = 4T \end{cases} \tag{6-12}$$

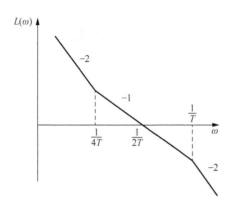

图 6-17　典型 "Ⅱ" 型系统期望特性曲线

2. 示例

例 6-6　已知 $G_0(s) = \dfrac{K}{s(T_\Sigma s + 1)}$，要求校正成典型 "Ⅱ" 型系统，求 $G_c(s)$。

解

由于采取串联校正，则

$$G_c(s) = \frac{G(s)}{G_0(s)} = \frac{4Ts + 1}{8T^2 s^2 (Ts + 1)} \times \frac{s(T_\Sigma s + 1)}{K}$$

根据式（6-12）中 $t_s = 16.4T$，可以选择 $T = T_\Sigma$，使得系统的调节时间比较短，而且调节器的结构也比较简单。所以从上式求得

$$G_c(s) = \frac{4T_\Sigma s + 1}{8T_\Sigma^2 Ks} = \frac{\tau s + 1}{T_0 s}$$

式中，$T_0 = 8T_\Sigma^2 K$，$\tau = 4T_\Sigma$。

例 6-7　已知系统结构如图 6-18 所示，要求按典型 "Ⅱ" 型系统进行设计，求 T_0 及 τ 的最佳参数。

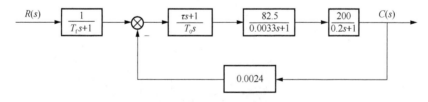

图 6-18　例 6-7 系统结构图

解

（1）先将系统变换成单位反馈系统如图 6-19 所示。

（2）将图 6-19 近似处理成典型 "Ⅱ" 型系统标准结构：由于 $T_1 = 0.0033$ s，$T_2 = 0.2$ s，因此 $\dfrac{T_2}{T_1} = 60.6$，可以看出这两个时间常数 T_1 和 T_2 差距比较大，在工程上可以把其中一个大的

惯性环节近似为积分环节，因此有 $\dfrac{1}{0.2s+1} \approx \dfrac{1}{0.2s}$ ，图 6-19 给出了近似的结果。于是，对该

系统进行近似处理： $G_0\left(s\right)=\dfrac{200\times82.5\times0.0024\left(\tau s+1\right)}{0.2T_0 s^2\left(0.0033s+1\right)}=\dfrac{\dfrac{198}{T_0}\left(\tau s+1\right)}{s^2\left(0.0033s+1\right)}$

（3）最佳参数：

$$\begin{cases} \tau = 4\times0.0033 = 0.0132\text{s} \\ T_0 = 8\times198\times0.0033^2 = 0.01725\text{s} \\ T_\mathrm{f} = \tau = 0.0132\text{s} \end{cases}$$

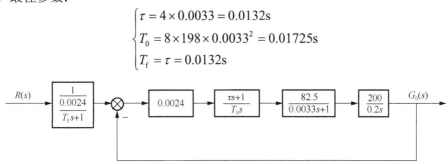

图 6-19　图 6-18 对应的单位反馈系统

6.5　线性定常系统的复合控制校正

　　如前所述，设计反馈控制系统的校正装置时，经常会遇到稳态性能和动态性能难以兼顾的情况，如为了减小系统稳态误差，可以采取提高开环增益或增加开环传递函数积分环节个数的办法，但是这两个办法有可能导致系统不稳定。工程实践中，为了解决以上矛盾，通常采用复合控制校正。因为复合控制不影响闭环系统的稳定性，适当选择其参数可以减小系统稳态误差。下面举例说明复合控制校正的基本方法。

　　例 6-8　复合控制系统如图 6-20 所示，要求在单位斜坡信号作用下 $e_{\mathrm{ss}}=0$ ，闭环系统 $\xi=0.707$ ，求 $G_{\mathrm{c}_1}\left(s\right)$ 和 $G_{\mathrm{c}_2}\left(s\right)$ 。

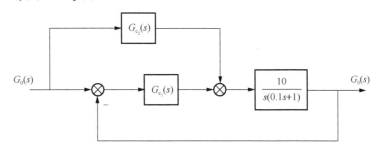

图 6-20　例 6-8 对应的复合控制系统

解

（1）先根据 $\xi=0.707$ ，进行反馈系统校正，即求 $G_{\mathrm{c}_1}\left(s\right)$ ，采用工程设计方法：

$$G_{c_1}(s) = \frac{\dfrac{1}{2T}}{s(Ts+1)} \times \frac{s(0.1s+1)}{10} = \frac{1}{2 \times 0.1 \times 10} = 0.5$$

选取 $T = 0.1\,\text{s}$，

$$G_{c_1}(s) = \frac{\dfrac{1}{2T}}{s(Ts+1)} \times \frac{s(0.1s+1)}{10} = \frac{1}{2 \times 0.1 \times 10} = 0.5$$

是一个比例控制器。

（2）题中要求输入 $r(t) = t$ 时，系统的稳态误差 $e_{ss} = 0$，求 $G_{c_2}(s)$，因此我们可以根据稳态误差的定义求取 $G_{c_2}(s)$。

$$e_{ss} = \lim_{s \to 0} sE(s) = \lim_{s \to 0} \frac{1}{1 + \dfrac{0.5 \times 10}{s(0.1s+1)}} \left(1 - G_{c_2}(s)\frac{10}{s(0.1s+1)}\right)\frac{1}{s^2}$$

当 $s \to 0$，令

$$1 - G_{c_2}(s)\frac{10}{s} = 0, \quad e_{ss} = 0$$

所以 $G_{c_2}(s) = \dfrac{1}{10}s = 0.1s$。

例 6-9 复合控制系统如图 6-21 所示，其中 $N(s)$ 为可测量扰动量，若要求系统输出 $C(s)$ 完全不受 $N(s)$ 的影响。而且跟随给定阶跃信号的系统稳态误差为零，试求 $G_{c_1}(s)$ 和 $G_{c_2}(s)$。

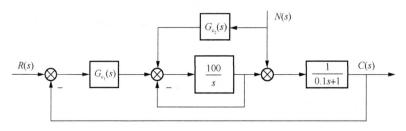

图 6-21　例 6-9 对应的复合控制系统

解

（1）先求反馈系统串联校正，即求 $G_{c_1}(s)$。

第一步，将系统变换成单环控制系统，如图 6-22 所示。

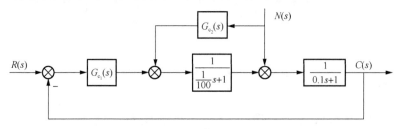

图 6-22　将图 6-21 化简为单环控制系统

第二步，由于 $r(t)=R$ 时，$e_{ss}=0$，校正成典型"I"型系统就可满足要求，即

$$G_{c_1}(s)=\frac{\dfrac{1}{2T}}{s(Ts+1)}\times\frac{(0.01s+1)(0.1s+1)}{1}$$。选取 $T=0.01\mathrm{s}$，则 $G_{c_1}(s)=\dfrac{0.1s+1}{2\times0.01s}=\dfrac{\tau s+1}{T_0 s}$，

$T_0=0.02\mathrm{s}$，$\tau=0.1\mathrm{s}$。

（2）求 $G_{c_2}(s)$。

第一步，从图 6-22 中求取 $N(s)$ 作用下 $C(s)$。

$$C(s)=\frac{\dfrac{1}{0.1s+1}}{1+\dfrac{0.1s+1}{0.02s}\times\dfrac{1}{0.01s+1}\times\dfrac{1}{0.1s+1}}\left(1+\dfrac{1}{0.01s+1}G_{c_2}(s)\right)N(s)$$

第二步，从上式知，若使系统 $C(s)$ 不受 $N(s)$ 影响，则令 $1+\dfrac{1}{0.01s+1}G_{c_2}(s)=0$，可得 $G_{c_2}(s)=-(0.01s+1)$。

小　　结

控制系统校正，就是在已知被控对象数学模型 $G_0(s)$ 及其参数，以及对系统性能要求的情况下，应用频域分析法分析 $G_0(s)$ 是否满足性能指标要求，如果未满足要求，人为加入一些附加零极点，使系统满足给定的性能指标要求。实现校正的物理装置，称作校正装置，记作 $G_c(s)$。根据校正装置 $G_c(s)$ 与 $G_0(s)$ 连接方式不同，分为串联校正、并联校正和复合控制校正。本章重点讲授串联校正，校正装置按其特性分为超前校正、滞后校正和滞后超前校正。

串联校正方法，有分析法（试探法）和工程设计方法（期望特性法）。分析法基本思想是：首先从满足稳态性能要求开始校正，然后在此基础上分析 $G_0(s)$ 动态性能是否需要校正。如果要校正，是要超前校正、滞后校正，还是滞后超前校正呢？根据校正原因进行预选 $G_c(s)$ 并计算其参数，最后进行校验。如果满足性能要求，校正结束；如果没有满足要求，则重新选择 $G_c(s)$，直到满足为止。这个方法比较直观，物理上易于实现，但需要设计者有一定的设计经验，因为设计带有试探性。工程设计方法针对随动和恒值系统，确定典型"I"型系统和典型"II"型系统两种典型标准结构 $G(s)$，应用"模数最优"理论求取其最佳参数和性能指标，然后将 $G(s)$ 与 $G_0(s)$ 比较，求取 $G_c(s)$ 及其参数。但是，得到校正装置可能比较复杂，难以准确实现，关键是将 $G_0(s)$ 处理好。

超前校正是通过相位超前特性来改善系统性能，可以增加 $r(\omega_c)$ 及 ω_c，结果可以使 $\sigma\%$ 减小，响应快，但其对改善稳态性能作用不大，故超前校正适用于稳态性能满足指标要求而动态性能不满足要求的系统。滞后校正主要利用其高频幅值衰减特性来改善系统性能，可以实现降低 ω_c、提高 $r(\omega_c)$ 的目的，并提高系统抗扰能力。所以滞后校正也可以使系统在保证动

态性能指标基本不变情况下，提高系统的稳态性能。滞后超前校正可以充分发挥滞后校正和超前校正各自的优点，全面提高系统稳态和动态性能。

习　　题

6-1　已知单位反馈最小相位系统的固有部分 $L_0(\omega)$ 和串联校正装置 $L_c(\omega)$ 如图 6-23 所示。

（1）写出相应的传递函数 $G_0(s)$ 和 $G_c(s)$ 。

（2）画出校正后系统的 $L(\omega)$ 和 $\varphi(\omega)$ 。

（3）写出校正后系统 $G(s)$ 。

（4）分析 $G_c(s)$ 的作用。

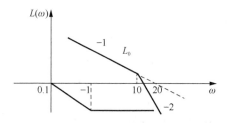

图 6-23　系统固有对数幅频特性和校正装置的频率幅频特性

6-2　已知单位反馈系统 $L_0(\omega)$ 如图 6-24（a）所示，以及两种串联校正装置 $L_c(\omega)$ 如图 6-24（b）、（c）所示。

（1）分别写出 $G_0(s)$ 和 $G_c(s)$ 。

（2）画出两种校正法的 $L(\omega)$ ，以及对应的 $G(s)$ 。

（3）比较两种校正方法系统的稳态性能和动态性能。

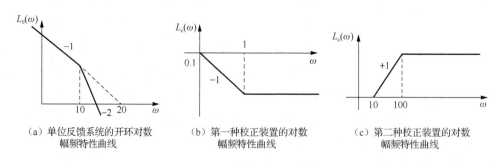

（a）单位反馈系统的开环对数　　　（b）第一种校正装置的对数　　　（c）第二种校正装置的对数
　　幅频特性曲线　　　　　　　　　　　幅频特性曲线　　　　　　　　　　　幅频特性曲线

图 6-24　单位反馈系统的对数幅频特性曲线

6-3 某典型"Ⅱ"型系统，校正前 $\omega_{c_0} = \dfrac{1}{s}$，$r\left(\omega_{c_0}\right) = 45°$。现在希望该系统通过串联校正后成为 $\sigma\% = 4.3\%$，$t_s = 0.7s$，$\Delta = 0.02$ 的典型"Ⅱ"型系统，求 $G_c(s)$，画出 $L_c(\omega)$。

6-4 已知单位反馈系统校正前 $G_0(s) = \dfrac{K}{s(s+1)}$，要求采用串联超前校正法使系统满足以下条件。

（1）$r\left(\omega_c\right)$ 大于 $45°$。

（2）单位斜坡输入下系统稳态误差小于 $1/15\text{rad}$。

（3）截止频率 ω_c 大于 7.5s^{-1}。

7 线性采样系统分析

随着数字计算机、微处理器及数字元件的发展，数字控制应用越来越广泛并有逐步取代模拟控制的趋势。离散系统的理论发展非常迅速，为了有效分析数字控制系统，本章主要介绍线性离散采样系统的相关理论，主要包括离散采样系统的概念、z 变换理论、采样与信号保持、脉冲传递函数、离散采样系统的性能分析、离散采样系统和连续系统的性能对比等内容。

7.1 离散采样系统的基本概念

控制系统中有一个或若干个部件的输出信号是一串脉冲信号或是数字信号，由于信号在时间上是离散的，我们称这类系统为离散系统。与离散系统对应的是连续系统，在连续系统中所有的信号都是时间变量的连续函数。这是两种不同性质的系统，但是它们的研究方法又有相似的地方，连续系统中的很多方法都可以推广到离散系统中。生产实践中采样控制系统、数字控制系统及计算机控制系统都是离散采样系统。

（1）采样控制系统。

采样控制系统的离散信号是脉冲序列（时间上离散），这类系统的离散信号一般来自误差信号的采样值，这些采样值通常是在规定时间上瞬时取值的脉冲信号。如果瞬时取值的时间间隔是固定的，那么这种采样是周期采样，反之是非周期采样。

采样控制系统的典型结构图如图 7-1 所示，$r(t)$ 为系统输入量；$c(t)$ 为系统输出量；$b(t)$ 为主反馈量；$e(t)$ 为系统误差；$e^*(t)$ 为误差采样信号；$e_h(t)$ 为保持器输出信号。该结构比连续控制系统多了两个环节：理想采样开关 s 和保持器。当理想采样开关 s 采样持续时间接近于零，瞬时采样得到的误差采样信号 $e^*(t)$ 的幅值等于此时系统差信号 $e(t)$ 的幅值。$G_h(s)$ 为保持器的传递函数。该结构图是一个闭环采样系统的典型结构图。如果采样开关位于闭环之外，或者结构图本身是开环的，就是开环采样系统。

图 7-1　采样控制系统的典型结构图

（2）数字控制系统或计算机控制系统。

数字控制系统或计算机控制系统信号的特点是离散信号为数字序列（时间上离散、幅值上量化），一般情况下数字控制系统是以计算机作为控制器去控制被控对象的闭环控制系统，一般数字控制系统的典型结构原理图如图 7-2 所示。

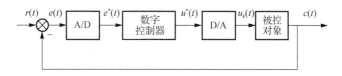

图 7-2　数字控制系统的典型结构原理图

由图 7-2 可见，存在两个特殊的环节：A/D（模拟/数字）和 D/A（数字/模拟），其中 A/D 环节是 A/D 转换器，作用是把模拟信号转换为数字信号，包括采样过程和量化过程，最终生成计算机可存储和识别的二进制编码。而 D/A 环节就是 D/A 转换器，与 A/D 转换器的作用正相反，由解码和复现两个过程组成，其中解码过程是把数字信号转换为离散的模拟信号，复现过程是把离散的数字信号复现为连续的模拟信号。

（3）离散采样系统的特点。

第一，控制器的控制规律由计算机实现，这使得控制规律比较灵活、控制精度高，而且可以借助计算机实现许多附加功能。第二，数字信号传递能抑制噪声，提高抗干扰能力。第三，滞后系统可以引入采样的方式来稳定。第四，可以提高控制系统的精度。

由于离散系统的特殊性，我们采用 z 变换方法来建立离散系统的数学模型，并借鉴模拟系统的研究方法，来对离散系统进行分析。

7.2　z 变换理论

7.2.1　z 变换定义

我们知道拉普拉斯变换可以把微分方程转化为代数方程，并由此引入了传递函数的概念来对系统进行分析。离散采样系统中也有类似的数学工具，就是 z 变换，通过 z 变换可以建立离散系统的数学模型即系统的脉冲传递函数。实际上，z 变换是拉普拉斯变换的一种特殊情况。采样信号 $e^*(t)$ 的表达式及其拉普拉斯变换为

$$e^*(t) = e(t)\sum_{n=0}^{\infty}\delta(t-nT) = \sum_{n=0}^{\infty}e(nT)\delta(t-nT)$$

$$E^*(s) = L\left[e^*(t)\right] = \sum_{n=0}^{\infty}e(nT)\mathrm{e}^{-nTs}$$

（7-1）

由于式（7-1）中存在指数函数不便于应用，因此引入新的变量 $z=\mathrm{e}^{Ts}$ 代换，T 为采样周期，z 为复平面的复变量，称为变换因子。则采样信号的 z 变换定义为

$$E(z)=E^{*}(s)\big|_{s=\frac{1}{T}\ln z}=\sum_{0}^{\infty}e(nT)z^{-n} \tag{7-2}$$

记作 $E(z)=Z\big[e^{*}(t)\big]=Z\big[e(t)\big]$，上式展开有

$$E(z)=e(0)z^{0}+e(T)z^{-1}+e(2T)z^{-2}+\cdots \tag{7-3}$$

式（7-2）是变量 z 的幂级数，$e(nT)z^{-n}$ 中 $e(nT)$ 表示采样脉冲的幅值，z 的 n 次幂含有采样脉冲出现的时刻，因此 $e(nT)z^{-n}$ 同时包含量值信息和时间信息。

7.2.2 典型信号的 z 变换

1. 单位脉冲信号

单位脉冲信号为 $e(t)=\delta(t)$，因为单位脉冲信号只在零时刻存在，其他时间为零。因此其 z 变换为

$$E(z)=\sum_{n=0}^{\infty}e(nT)z^{-n}=1\times z^{0}=1 \tag{7-4}$$

2. 单位阶跃信号

单位阶跃信号为 $e(t)=1(t)$，其 z 变换为

$$E(z)=\sum_{n=0}^{\infty}1(nT)\times z^{-n}=1+z^{-1}+z^{-2}+z^{-3}+\cdots \tag{7-5}$$

当 $|z|>1$ 时上式收敛，此时 $E(z)$ 收敛为

$$E(z)=\frac{z}{z-1} \tag{7-6}$$

3. 单位斜坡信号

单位斜坡信号为 $e(t)=t$，则有 $E(z)=\sum_{n=0}^{\infty}nT\cdot z^{-n}$。由式（7-5）和式（7-6）有

$$\sum_{n=0}^{\infty}z^{-n}=\frac{z}{z-1} \tag{7-7}$$

对上式求导，并进行相关变化就得到单位斜坡函数的 z 变换为

$$\sum_{n=0}^{\infty}nT\cdot z^{-n}=\frac{Tz}{(z-1)^{2}},\quad z>1 \tag{7-8}$$

为应用方便，列出部分函数的 z 变换如表 7-1 所示（表中 a 为常数）。

表 7-1 z 变换表

拉普拉斯变换 $E(s)$	时间函数 $e(t)$	z 变换 $E(z)$
1	$\delta(t)$	1
e^{-nTs}	$\delta(t-nT)$	z^{-n}
$\dfrac{1}{s}$	$1(t)$	$\dfrac{z}{z-1}$
$\dfrac{1}{s^2}$	t	$\dfrac{Tz}{(z-1)^2}$
$\dfrac{2}{s^3}$	t^2	$\dfrac{T^2z(z+1)}{(z-1)^3}$
$\dfrac{1}{s+a}$	e^{-at}	$\dfrac{z}{z-e^{-aT}}$
$\dfrac{1}{(s+a)^2}$	te^{-at}	$\dfrac{Tze^{-aT}}{(z-e^{-aT})^2}$
$\dfrac{a}{s(s+a)}$	$1-e^{-at}$	$\dfrac{(1-e^{-aT})z}{(z-1)(z-e^{-aT})}$
$\dfrac{\omega}{s^2+\omega^2}$	$\sin(\omega t)$	$\dfrac{z\sin(\omega T)}{z^2-2z\cos(\omega T)+1}$
$\dfrac{s}{s^2+\omega^2}$	$\cos(\omega t)$	$\dfrac{z[z-\cos(\omega T)]}{z^2-2z\cos(\omega T)+1}$
$\dfrac{\omega}{(s+a)^2+\omega^2}$	$e^{-at}\sin(\omega t)$	$\dfrac{ze^{-aT}\sin(\omega T)}{z^2-2ze^{-aT}\cos(\omega T)+e^{-2aT}}$
$\dfrac{s+a}{(s+a)^2+\omega^2}$	$e^{-at}\cos(\omega t)$	$\dfrac{z^2-ze^{-aT}\cos(\omega T)}{z^2-2ze^{-aT}\cos(\omega T)+e^{-2aT}}$

7.2.3 z 变换定理

1. 线性定理（证明略）

设 $E_1(z)=Z\big[e_1(t)\big]$，$E_2(z)=Z\big[e_2(t)\big]$，a、b 为常数，则有

$$Z\big[ae_1(t)\pm be_2(t)\big]=aE_1(z)\pm bE_2(z) \tag{7-9}$$

2. 实数位移定理（证明略）

实数位移定理的含义是指整个采样序列在时间轴向左或右平移几个采样周期，左移为超前，右移为滞后。设 $Z\big[e(t)\big]=E(z)$，则有

$$Z\big[e(t-kT)\big]=z^{-k}E(z)$$

$$Z\big[e(t+kT)\big]=z^k\left[E(z)-\sum_{n=0}^{k-1}e(nT)z^{-n}\right] \tag{7-10}$$

式中，$Z\big[e(t-kT)\big]$ 和 $Z\big[e(t+kT)\big]$ 分别为滞后定理和超前定理；k 为正整数；Z 有明确的物理意义，z^{-k} 代表时域中的滞后环节，表示将采样信号滞后 k 个采样周期；z^k 代表时域中的超前环节，表示将采样信号超前 k 个采样周期。

3. 复数位移定理（证明略）

$$Z\big[\mathrm{e}^{\mp at}e(t)\big]=E\big(z\mathrm{e}^{\pm at}\big)\tag{7-11}$$

4. 终值定理（证明略）

该定理可用于求取系统稳态误差，函数序列 $e(nT)$（$n=0,1,2,\cdots$）为有限值，并存在终值：

$$\lim_{n\to\infty}e(nT)=\lim_{z\to1}(z-1)E(z)\tag{7-12}$$

5. 卷积定理（证明略）

设 $x(nT)$ 和 $y(nT)$ 为两个采样函数，其离散卷积为

$$x(nT)*y(nT)=\sum_{k=0}^{\infty}x(kT)y\big[(n-k)T\big]\tag{7-13}$$

$$g(nT)=x(nT)*y(nT)$$

必有 $G(z)=X(z)\cdot Y(z)$，离散系统中卷积定理是沟通时域和 z 域的桥梁。

6. z 逆变换

1）z 逆变换的定义

对于线性采样系统一般在 z 域中计算，然后再通过 z 逆变换求出时域的解，从 z 域的函数 $E(z)$ 求时域函数 $e^*(t)$ 叫作 z 逆变换，记作

$$Z^{-1}\big[E(z)\big]=e^*(t)\tag{7-14}$$

z 逆变换只能给出采样信号，而无法给出连续信号。

2）z 逆变换的求法

一般 z 逆变换的求法有部分分式展开法、幂级数法和留数法 3 种，这里我们介绍部分分式展开法和幂级数法。

（1）部分分式展开法：这种方法也称查表法，通过把 z 函数分解成若干个分式和的形式，每个分式可以查表找到对应的时间函数，然后把时间函数转变为相应的采样信号即可。

例 7-1 已知 z 变换函数 $E(z)=\dfrac{z}{(z-1)(z-2)}$，求其 z 逆变换。

解

把上述函数采用与传递函数分解类似的方法，化成最简分式。由于无重复的极点和零点，上式分解为

$$E(z) = \frac{-1}{z-1} - \frac{-2}{z-2} = -\frac{1}{z}\frac{z}{(z-1)} + \frac{1}{z}\frac{2z}{(z-2)}$$

查表找到对应的时间函数，整理得

$$e^*(t) = \sum_{k=0}^{\infty}(2^k - 1) \times \delta(t - kT)$$

（2）幂级数法：这种方法也称为综合除法，其表达式为

$$E(z) = \frac{b_0 + b_1 z^{-1} + \cdots + b_m z^{-m}}{1 + a_1 z^{-1} + \cdots + a_n z^{-n}}, \quad m \leqslant n \qquad (7\text{-}15)$$

用分母去除分子，把结果按 z^{-1} 升幂排列，结果如式（7-16）所示：

$$E(z) = c_0 + c_1 z^{-1} + c_2 z^{-2} + \cdots + c_k z^{-k} + \cdots = \sum_{k=0}^{\infty} c_k z^{-k} \qquad (7\text{-}16)$$

$$e^*(t) = \sum_{k=0}^{\infty} c_k \delta(t - kT) \qquad (7\text{-}17)$$

上式正好是 z 变换的定义式，其系数 c_k 就是 $e(t)$ 在采样时刻 $t = kT$ 时的值 $e(kT)$，实际应用时计算有限的几项就可以，求通式就比较困难了。

例 7-2 已知 $E(z) = \dfrac{10z}{(z-1)(z-2)}$，求其 z 逆变换。

解

将表达式变为 $\dfrac{10z^{-1}}{1 - 3z^{-1} + 2z^{-2}}$，利用综合除法计算如下：

$$
\begin{array}{r}
10z^{-1} + 30z^{-2} + 70z^{-3} + \cdots \\
1 - 3z^{-1} + 2z^{-2} \overline{\smash{\big)}\ 10z^{-1}\qquad\qquad\qquad\qquad} \\
\underline{10z^{-1} - 30z^{-2} + 20z^{-3}\qquad\quad} \\
30z^{-2} - 20z^{-3}\qquad\quad \\
\underline{30z^{-2} - 90z^{-3} + 60z^{-4}\quad} \\
70z^{-3} - 60z^{-4}\quad \\
\underline{70z^{-3} - 210z^{-4} + 140z^{-5}} \\
\cdots\cdots
\end{array}
$$

所以，$E(z) = 10z^{-1} + 30z^{-2} + 70z^{-3} + \cdots$，$e^*(t) = 10\delta(t - T) + 30\delta(t - 2T) + 70\delta(t - 3T) + \cdots$。

7. z 逆变换求解差分方程

差分方程用来描述离散采样系统的动态过程，离散采样系统中可以采用 z 变换方法求解差分方程，可以使时域中的差分方程转换为 z 域中的代数方程。

1）差分的概念

为了方便可以设 $T = 1\,\mathrm{s}$，$e(t)$ 为连续函数，采样后为 $e(kT)$，即 $e(kT) = e(k)$。

一阶前向差分定义为

$$\Delta e(k) = e(k+1) - e(k) \quad\quad (7\text{-}18)$$

二阶前向差分定义为

$$\Delta^2 e(k) = \Delta\big[\Delta e(k)\big] = \Delta^2 e(k+1) - \Delta^2 e(k)$$
$$= e(k+2) - 2e(k+1) + e(k) \quad\quad (7\text{-}19)$$

n 阶前向差分方程定义如下：

$$\Delta^n e(k) = \Delta^{n-1} e(k+1) - \Delta^{n-1} e(k) \quad\quad (7\text{-}20)$$

一阶后向差分定义为

$$\Delta e(k) = e(k) - e(k-1) \quad\quad (7\text{-}21)$$

二阶后向差分定义为

$$\Delta^2 e(k) = \Delta\big[\Delta e(k)\big] = \Delta e(k) - \Delta e(k-1)$$
$$= e(k) - 2e(k-1) + e(k-2) \qu\quad (7\text{-}22)$$

n 阶后向差分方程定义如下：

$$\Delta^n e(k) = \Delta^{n-1} e(k) - \Delta^{n-1} e(k-1) \quad\quad (7\text{-}23)$$

2）差分方程

方程的变量中除了 $e(k)$ 外还包括 $e(k)$ 的差分，这种方程我们称为差分方程。对于输入、输出均为采样信号的线性定常采样系统而言，其动态过程一般可以表示为

$$c(k) + a_1 c(k-1) + \cdots + a_n c(k-n) = b_0 r(k) + \cdots + b_m r(k-m)$$

或

$$c(k) = -\sum_{i=1}^{n} a_i c(k-i) + \sum_{j=0}^{m} b_j r(k-j) \quad\quad (7\text{-}24)$$

式中，各系数均为常数，且 $n \geqslant m$，差分方程中的阶次定义为最高差分和最低差分之差。上式中最高差分为 $c(k)$，最低差分为 $c(k-n)$，方程的阶次为 n。

n 阶前向差分方程为

$$c(k+n) + a_1 c(k+n-1) + \cdots + a_n c(k) = b_0 r(k+m) + \cdots + b_m r(k)$$

或

$$c(k+n) = -\sum_{i=1}^{n} a_i c(k+n-i) + \sum_{j=0}^{m} b_j r(k+m-j) \quad\quad (7\text{-}25)$$

n 阶后向差分方程为

$$c(k) + a_1 c(k-1) + \cdots + a_n c(k-n) = b_0 r(k) + b_1 r(k-1) + \cdots + b_m r(k-m)$$

或

$$c(k) = -\sum_{i=1}^{n} a_i c(k-i) + \sum_{j=0}^{m} b_j r(k-j) \quad\quad (7\text{-}26)$$

3）z 变换求解差分方程

例 7-3 $c^*(t+2T)+3c^*(t+T)+2c^*(t)=0$ ，初始条件 $c(0)=0$ ， $c(1)=1$ 。

解

根据题条件可知输入为零，对方程两边进行 z 变换：

$$Z\left[c(k+2)\right]=z^2C(z)-z$$

$$Z\left[3c(k+1)\right]=3zC(z)$$

$$Z\left[2c(k)\right]=2C(z)$$

代入方程可得

$$C(z)=\frac{z}{z^2+3z+2}=\frac{z}{z+1}-\frac{z}{z+2}$$

$$c(k)=(-1)^k-(-2)^k,\quad k=0,1,2,\cdots$$

7.2.4 z 变换说明

z 变换与连续函数的采样序列对应，所以 z 变换不可能与连续函数对应。由于 $e^*(t)$ 可以代表采样瞬时具有相同数值的任何函数，所以 z 逆变换也不唯一。图 7-3 就给出两个不同的函数在采样时刻具有相同采样值的一个例子。

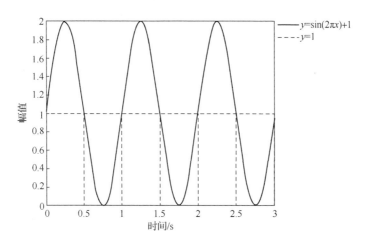

图 7-3　两个不同的函数在采样时刻具有相同的采样值

7.2.5 z 变换的局限性

（1） z 变换的推导是建立在理想采样序列的基础上。而实际采样脉冲序列具有一定的宽度，只有当脉冲宽度与系统最大时间常数相比很小时，z 变换才能成立。

（2） $C(z)$ 只能反映 $c(t)$ 在采样时刻的数值，不能反映 $c(t)$ 在采样间隔中的信息（为描述采样间隔中的状态可以采用修正 z 变换法）。

（3）用 z 变换法分析离散系统，要求连续部分传递函数的分母阶次比分子阶次至少高 2 次，这时用 z 变换法得到的结果是正确的。

7.3　采样与信号保持

前两节简单介绍了离散采样系统及 z 变换的有关内容，本节对采样问题做具体的介绍。

7.3.1　采样过程数学描述

采样过程是指把连续信号转换成离散信号的过程，这一过程是由采样开关或者是采样器完成。通常我们把连续信号 $e(t)$ 加到采样开关的输入端，采样开关以周期 T 闭合，且每次闭合时间为 τ，$\tau \ll T$ 且为系统的采样时间常数，这样可以把在采样开关输出端得到的脉冲序列 $e^*(t)$，近似为宽度为 τ、高度为 $e(kT)$ 的一系列矩形脉冲。这一过程可以由图 7-4 表示。数学表达式如式（7-27）所示：

$$e^*(t) = e(t)\sum_{k=0}^{\infty}\delta(t-kT) \tag{7-27}$$

把 $\sum_{k=0}^{\infty}\delta(t-kT)$ 记为 $\delta_T(t)$，即

$$\sum_{k=0}^{\infty}\delta(t-kT) = \delta_T(t) \tag{7-28}$$

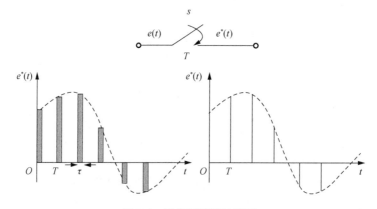

图 7-4　采样得到脉冲序列

由于 $e(t)$ 只有在采样时刻才有数值，因此采样过程的数学描述可以进一步表示为

$$e^*(t) = \sum_{k=0}^{\infty}e(kT)\delta(t-kT) \tag{7-29}$$

从式（7-29）中可以看出采样过程的物理意义如下：单位理想脉冲串 $\delta_T(t)$ 被输入信号 $e(t)$ 进行调制的过程。$\delta_T(t)$ 是载波信号，$e(t)$ 是调制信号，采样器是幅值调制器，输出是理想

脉冲序列 $e^*(t)$，因为 τ 值极小，在工程上采用面积相等的理想脉冲来代替原来的调幅脉冲。

上面是对采样过程的时域描述，为了方便应用，可以采用拉普拉斯变换的方法来对上式进行变换，看看是否能进行简化。对采样信号进行拉普拉斯变换有

$$E^*(s) = L\left[e^*(t)\right] = L\left[\sum_{k=0}^{\infty} e(kT)\delta(t-kT)\right]$$

$$= \sum_{k=0}^{\infty} e(kT)L\left[\delta(t-kT)\right] = \sum_{k=0}^{\infty} e(kT)\mathrm{e}^{-kTs} \tag{7-30}$$

$E^*(s)$ 不能给出 $e(t)$ 在采样间隔之间的信息，而且指数的存在使系统的分析十分不方便。所以我们可以采用 z 变换的方法来把离散系统 s 的超越方程变为代数方程。

7.3.2　采样定理

采样信号不能等同于原信号，所以要对比采样信号和原信号的频谱，对比它们的频谱就可以进一步了解 $E^*(s)$ 和 $E(s)$ 的关系。

由式（7-28）可知该函数是一个周期函数，可以展开为傅里叶级数：

$$\delta_T(t) = \frac{1}{T}\sum_{k=0}^{\infty} \mathrm{e}^{\mathrm{j}k\omega_s t} \tag{7-31}$$

式中，$\omega_s = \dfrac{2\pi}{T}$ 为采样角频率。则有

$$e^*(t) = \frac{1}{T}\sum_{k=0}^{\infty} e(t)\mathrm{e}^{\mathrm{j}k\omega_s t} \tag{7-32}$$

式（7-32）经拉普拉斯变换后，利用位移定理可得

$$E^*(s) = \frac{1}{T}\sum_{k=0}^{\infty} E(s+\mathrm{j}k\omega_s) \tag{7-33}$$

如 $E^*(s)$ 无右半平面极点，令 $s = \mathrm{j}\omega$ 代入就可以得出采样信号的傅里叶变换：

$$E^*(\mathrm{j}\omega) = \frac{1}{T}\sum_{k=0}^{\infty} E(\mathrm{j}\omega+\mathrm{j}k\omega_s) \tag{7-34}$$

式中，$E(\mathrm{j}\omega)$ 为连续信号 $e(t)$ 的傅里叶变换，一般情况下，假设 $E(\mathrm{j}\omega)$ 为单一频谱，最大角频率为 ω_h，其图形如图 7-5 所示。

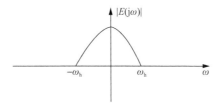

图 7-5　连续信号频谱

采样信号频谱 $\left|E^*(j\omega)\right|$ 则是以采样频率 ω_s 为周期的无数频谱之和。其中 $k=0$ 称为采样频谱的主分量，其余频谱为采样频谱的补分量（高频）。其频谱图形如图 7-6 所示。

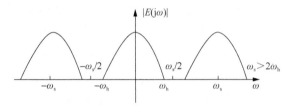

图 7-6　采样信号频谱

采样信号的频谱与原信号的连续频谱形状上是一样的，只是幅值为原来的 $\dfrac{1}{T}$。但是如果 $\omega_s < 2\omega_h$，将会出现采样频谱的主分量和补分量相互叠加的情况。其频谱图形如图 7-7 所示。

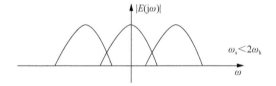

图 7-7　采样信号下不满足香农采样定理时的频谱

采样频率会使采样器的输出信号发生畸变，即使使用滤波器也无法恢复原来连续信号的频谱，为保证信号不失真，应该对采样频率有一定的限制。

上面从频域角度分析，为使信号不失真，应该对采样频率有一定的限制。从时域角度来看，采样信号损失了一部分原来连续信号的部分信息，为了使采样信号尽量保持原信号的信息，采样频率要满足采样定理。

香农采样定理：如果采样器的输入信号 $e(t)$ 具有有限带宽，且具有最高频率为 ω_h 的分量，只要采样周期满足以下条件：

$$T_s \leqslant \frac{2\pi}{2\omega_h} \tag{7-35}$$

利用理想滤波器就可以把连续信号 $e(t)$ 从采样信号 $e^*(t)$ 中恢复出来。该定理指明了不失真时采样信号的频率条件。

7.3.3　信号的复现与保持器

1. 信号的复现

计算机控制系统中，计算机处理的数据输出有两种情况，一种是直接输出数字量，还有一种需要把数字量变为连续信号，把数字信号转变为连续信号的装置就是保持器。我们常用的保持器有零阶保持器和一阶保持器，这里只介绍零阶保持器。

2. 保持器

零阶保持器的作用是使采样信号 $e^*(t)$ 在每一个采样瞬间的值 $e(kT)$ 一直保持到下一个采样瞬间 $e[(k+1)T]$，这样会使输出信号变成阶梯信号 $e_h(t)$，每个周期内信号输出为常值，其导数为零，因此称为零阶保持器。把每个周期的阶梯信号中点连接起来，得到的曲线形状与 $e(t)$ 形状一样，但滞后 $T/2$ 的响应信号 $e(t-T/2)$，这一过程可以由图 7-8 来表示。从图中可以看出，零阶保持器是采样系统中重要的环节，因此有必要分析其数学特性。根据保持器的特点，单位脉冲输入到零阶保持器时其输出高度为 1、宽度为 T 的矩形波 $e_h(t)$，其表达式如下：

$$e_h(t) = 1(t) - 1(t-T) \tag{7-36}$$

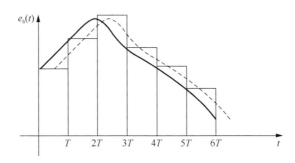

图 7-8   零阶保持器输出特性

式（7-36）对应的拉普拉斯变换为

$$L[e_h(t)] = \frac{1-e^{-Ts}}{s} \tag{7-37}$$

将 $s = j\omega$ 代入上式，就可以得出零阶保持器的频率特性：

$$G_h(j\omega) = \frac{1-e^{-jT\omega}}{j\omega} = 2e^{-jT\omega/2}\frac{e^{jT\omega/2}-e^{-jT\omega/2}}{2j\omega}$$

$$= \frac{2\pi}{\omega_s}\frac{\sin[\pi(\omega/\omega_s)]}{\pi(\omega/\omega_s)}e^{-j\pi(\omega/\omega_s)} \tag{7-38}$$

式中，$\omega_s = 2\pi/T$。

根据上式可以绘制零阶保持器的幅频和相频曲线如图 7-9 所示，可以看出零阶保持器具有如下特性。

（1）低通特性：幅值随着频率的增大而快速衰减，允许主要频谱和部分高频频谱通过，使数字控制系统中输出存在波纹，不能完全复现原信号。

（2）相位滞后特性：这一点从相频特性曲线上可以清楚地看出滞后的角度随 ω 增大而增大，$\omega = \omega_s$ 时可达 $-180°$，使闭环稳定性变差。

（3）时间滞后特性：关于滞后的特点可以在图 7-8 中看出来，零阶保持器对稳定性有影响，阶梯输出增加系统响应中的波纹。

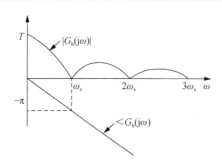

图 7-9 零阶保持器幅频和相频曲线

7.4 脉冲传递函数

连续系统中通过拉普拉斯变换来建立系统的复数域数学模型，即传递函数，通过传递函数可以很容易地对系统进行性能分析。对于采样系统我们用类似的方法，即建立离散系统的数学模型，前面已经提到过离散系统的一种数学模型差分方程，虽然可以通过求解差分方程的解看到输出序列的响应，但是不便于分析系统参数变化对离散系统的影响。因此可以通过 z 变换来建立离散采样系统的另一种数学模型脉冲传递函数来对系统的性能进行分析。

7.4.1 脉冲传递函数的定义

假定开环离散系统结构如图 7-10 所示，输入为 $r(t)$，采样后为 $r^*(t)$，其 z 变换为 $R(z)$，输出 $c(t)$ 为连续部分的输出，采样后为 $c^*(t)$，其 z 变换为 $C(z)$，则我们给出离散系统的脉冲传递函数定义如下：在零初始条件下输出采样信号的 z 变换与输入采样信号的 z 变换之比定义为系统的脉冲传递函数，记为 $G(z)$，零初始条件指 $t < 0$ 时输入输出采样序列值为零。

$$G(z) = C(z)/R(z) = \frac{\sum_{n=0}^{\infty} c(nT)z^{-n}}{\sum_{n=0}^{\infty} r(nT)z^{-n}} \qquad (7-39)$$

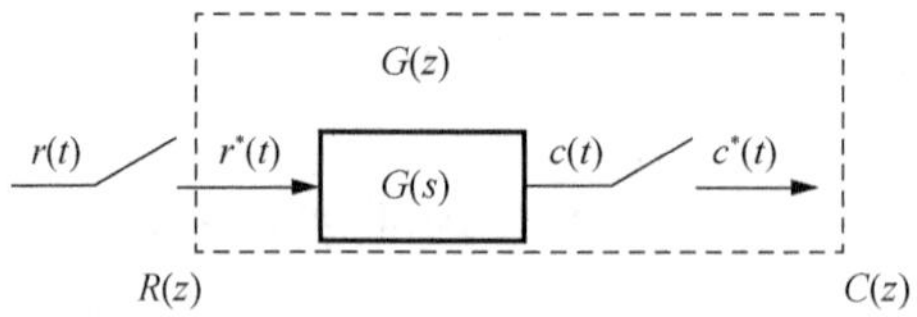

图 7-10 开环离散系统结构图

如果输入的 z 变换和系统的脉冲传递函数是已知的，则可以计算系统输出响应 $c^*(t) = Z^{-1}\big[C(z)\big] = Z^{-1}\big[G(z)R(z)\big]$，因此脉冲传递函数的求取显得非常重要。

设输入信号 $r(t)$ 采样后的 z 变换 $R(z)=1$，则有下式成立：

$$G(z) = \frac{C(z)}{R(z)} = C(z) = Z\left[c^*(t)\right] \qquad (7\text{-}40)$$

可见脉冲传递函数就是输出响应采样后的 z 变换，设开环系统的输入信号为 $\delta(t)$，系统的连续部分输出为单位脉冲响应 $g(t)$，采样后为 $g^*(t)$，根据上式有

$$c^*(t) = g^*(t) = \sum_{k=0}^{\infty} g(kT)\delta(t-kT) \qquad (7\text{-}41)$$

$$C(z) = Z\left[g^*(t)\right] = \sum_{k=0}^{\infty} g(kT)z^{-k} \qquad (7\text{-}42)$$

根据系统脉冲传递函数的定义，因为此时输入的 z 变换为 1，所以有

$$G(z) = \sum_{k=0}^{\infty} g(kT)^{-k} \qquad (7\text{-}43)$$

可见连续系统的脉冲响应的 z 变换是系统的脉冲传递函数。

实际应用中系统输出基本都是连续信号，而不是采样信号，所以需要在输出端增设虚拟采样开关，并假设输出采样开关与输入采样同步工作，如图 7-11 所示。

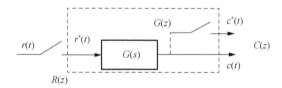

图 7-11　在输出端假设采样开关的离散系统

7.4.2　脉冲传递函数与差分方程的关系

一般情况下，采样系统的差分方程可以描述如下：

$$c(kT) = -\sum_{i=1}^{k} a_i c\left[(k-i)T\right] + \sum_{j=0}^{m} b_j r\left[(k-j)T\right] \qquad (7\text{-}44)$$

对上式进行 z 变换，可以推出脉冲传递函数和差分方程的关系如下：

$$C(z) = -\sum_{i=1}^{k} a_i C(z)z^{-i} + \sum_{j=0}^{m} b_j R(z)z^{-j} \qquad (7\text{-}45)$$

$$G(z) = \frac{C(z)}{R(z)} = \frac{\displaystyle\sum_{j=0}^{m} b_j z^{-j}}{1 + \displaystyle\sum_{i=1}^{n} a_i z^{-i}} \qquad (7\text{-}46)$$

可以看出差分方程和脉冲传递函数都是对采样系统不同的数学描述，实质是一样的，都是同一个系统的数学模型，虽然形式不同，但是可以相互转化。

7.4.3　脉冲传递函数的求法

根据前面的知识，如果已知连续系统的传递函数，可以由以下三个步骤来求取采样系统的脉冲传递函数。

第一步，由系统的传递函数求脉冲响应 $g(t)$：

$$g(t) = L^{-1}\left[G(s)\right] \tag{7-47}$$

第二步，对 $g(t)$ 采样得到 $g^*(t)$；

第三步，对 $g^*(t)$ 进行 z 变换得到 $G(z)$。

或把传递函数分解成部分分式，各分式对应的 z 变换能在表中查到，也可以由 $G(s)$ 求出 $G(z)$。

例 7-4　系统的结构如图 7-10 所示，$G(s) = \dfrac{5}{s(s+5)}$，求该系统的脉冲传递函数。

解

对传递函数进行多项式分解可得

$$G(s) = \frac{5}{s(s+5)} = \frac{1}{s} - \frac{1}{s+5}$$

因此，可以得到

$$G(z) = Z\left(\frac{1}{s} - \frac{1}{s+5}\right) = \frac{z}{z-1} - \frac{z}{z-\mathrm{e}^{-5T}} = \frac{z\left(1-\mathrm{e}^{-5T}\right)}{(z-1)\left(z-\mathrm{e}^{-5T}\right)}$$

7.4.4　串联环节的脉冲传递函数

连续系统中串联环节的传递函数等于各个环节传递函数之积，而在采样系统中串联环节的脉冲传递函数与环节之间有无采样开关有关系。

第一种情况：环节之间没有采样开关，如图 7-12 所示。

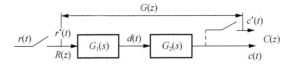

图 7-12　两环节之间没有采样开关的采样系统

连续对象的输出为 $C(s) = G_1(s)G_2(s)R^*(s)$，设 $G(s) = G_1(s)G_2(s)$，可见该系统的脉冲传递函数 $G(s)$ 的 z 变换为

$$G(z) = C(z)/R(z) = Z\left[G_1(s)G_2(s)\right] = G_1G_2(z) \tag{7-48}$$

此时，我们要注意 $\left[G_1(z)G_2(z)\right] \neq G_1G_2(z)$。

因此有如下结论：两个串联环节之间无采样开关时，系统的脉冲传递函数等于两个环节的传递函数乘积采样后的 z 变换。上述同样适用于 n 个环节串联且各环节之间无采样开关的情况。此时脉冲传递函数为

$$G(z) = G_1 G_2 \cdots G_{n-1} G_n(z) \tag{7-49}$$

第二种情况：串联环节之间有采样开关，如图 7-13 所示。

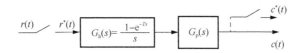

图 7-13 两环节之间有采样开关的串联采样系统

由 $C(z) = G_2(z)D(z)$ 及 $D(z) = G_1(z)R(z)$ 可知：

$$C(z) = G_2(z)D(z) = G_1(z)G_2(z)R(z) \tag{7-50}$$
$$G(z) = C(z)/R(z) = G_1(z)G_2(z)$$

上式就是两个串联环节之间有采样开关时的脉冲传递函数，此时系统的脉冲传递函数就是这两个环节各自的脉冲传递函数的乘积。同理，当 n 个环节串联，且环节之间均有采样开关时，整个系统的脉冲传递函数为

$$G(z) = G_1(z)G_2(z)G_3(z)\cdots G_{n-1}(z)G_n(z) \tag{7-51}$$

7.4.5 有零阶保持器的开环脉冲传递函数

首先看一下有零阶保持器的开环系统结构图，如图 7-14 所示。

为了求取脉冲传递函数对图 7-14 进行变换得到图 7-15。

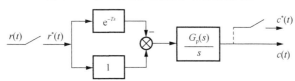

图 7-14 有零阶保持器的开环系统结构图

图 7-15 图 7-14 进行变化的新结构图

上图中 $G_\mathrm{p}(s)$ 为系统连续部分的传递函数。

根据叠加定理，$c^*(t)$ 信号由两部分组成，$c^*(t) = c_1^*(t) + c_2^*(t)$，$c_1^*(t)$ 对应的采样信号是 $C_1(z)$，$c_2^*(t)$ 对应的采样信号是 $C_2(z)$。设 $G_2(s) = \dfrac{G_\mathrm{p}(s)}{s}$，则有 $C_1^*(z) = G_2(z)R(z)$，另一个信号 $r^*(t)$ 经过 e^{-Ts} 和 $G_2(s)$ 产生输出 $c_2^*(t)$，e^{-Ts} 是一个时延环节，时延了一个采样周期 T，即 $c_2^*(t)$ 比 $c_1^*(t)$ 时延了一个周期，再根据 z 变换的时移定理，有 $C_2(z) = -Z^{-1}\left[G_2(z)R(z)\right]$，则有

$$G(z) = \frac{z-1}{z}Z\left[\frac{G_\mathrm{p}(z)}{s}\right] \tag{7-52}$$

控制工程导论 →→→

例 7-5 已知图 7-14 中 $G_p(s) = \dfrac{10}{s(s+10)}$，求取开环系统的脉冲传递函数。

解

$\dfrac{G_p(s)}{s} = \dfrac{-0.1}{s} + \dfrac{1}{s^2} + \dfrac{0.1}{s+10}$，对应的 z 变换是

$$Z\left[\frac{G_p(s)}{s}\right] = \frac{-0.1z}{z-1} + \frac{Tz}{(z-1)^2} + \frac{0.1z}{z-e^{-10T}}$$

由式（7-52）可得

$$G(z) = \frac{z-1}{z}\left(\frac{-0.1z}{z-1} + \frac{Tz}{(z-1)^2} + \frac{0.1z}{z-e^{-10T}}\right) = \frac{\left(T-0.1+0.1e^{-10T}\right)z + \left(0.1-Te^{-10T}-0.1e^{-10T}\right)}{(z-1)\left(z-e^{-10T}\right)}$$

下面看一下对于本例题同一个系统如果没有保持器的时候，脉冲传递函数是什么情况。直接对 $G_p(s)$ 进行 z 变换可得无保持器时的脉冲传递函数：

$$G(z) = \frac{z\left(1-e^{-10T}\right)}{(z-1)\left(z-e^{-10T}\right)}$$

可以看出引入零阶保持器只改变原系统脉冲传递函数的分子，而不改变分母。

7.4.6 闭环系统脉冲传递函数

采样器在闭环系统的位置不同，则与之对应的闭环脉冲传递函数不同。因此闭环离散采样系统不唯一。我们选择几种典型情况分析。图 7-16 中虚设的采样开关是不存在的，所有的采样开关是同时工作的。

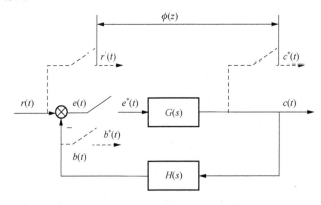

图 7-16 闭环离散采样系统结构图

情况 1：$C(s) = G(s)E^*(s)$，其中 $E^*(s)$ 为误差采样信号的拉普拉斯变换。

此时，$E^*(s) = \left[R(s) - H(s)C(s)\right]^* = \left[R(s) - H(s)G(s)E^*(s)\right]^* = R^*(s) - HG^*(s)E^*(s)$，

其中 $E^*(s) = \dfrac{1}{1+HG^*(s)}R^*(s)$，$C^*(s) = \left[G(s)E^*(s)\right]^* = \dfrac{G^*(s)}{1+HG^*(s)}R^*(s)$，对应的 z 变换为

$E(z) = \dfrac{1}{1+GH(z)}R(z)$，$C(z) = \dfrac{G(z)}{1+GH(z)}R(z)$，则闭环系统的输出对于输入的脉冲传递函

数为 $\phi(z) = \dfrac{C(z)}{R(z)} = \dfrac{G(z)}{1+GH(z)}$。

系统误差对于输入的脉冲传递函数可以通过下式计算：

$$\phi_e(z) = \frac{E(z)}{R(z)} = \frac{1}{1+GH(z)}$$

可见采样系统的脉冲传递函数和误差脉冲传递函数与连续系统的传递函数和误差传递
函数有类似的形式。

在求得离散系统的脉冲传递函数后，脉冲传递函数的分母多项式为零就是闭环系统的特
征方程：

$$D(z) = 1 + GH(z) = 0 \tag{7-53}$$

式中，$GH(z)$ 定义为离散系统的开环脉冲传递函数。

应当注意：离散系统的闭环脉冲传递函数不能从对应的连续系统传递函数的 z 变换直接
得到，即 $\phi(z) \neq Z[\phi(s)]$，$\phi_e(z) \neq Z[\phi_e(s)]$。这是采样开关位置不同造成的。

情况 2：与图 7-16 相比在反馈环节前面多配置了一个采样开关，如图 7-17 所示。

此时，$E^*(s) = R^*(s) - B^*(s)$，$B(s) = H(s) \times D^*(s)$，$D(s) = G(s) \times E^*(s)$，这三式对应
的 z 变换为

$$E(z) = R(z) - B(z) \tag{7-54}$$

$$B(z) = H(z)D(z) \tag{7-55}$$

$$D(z) = G(z)E(z) \tag{7-56}$$

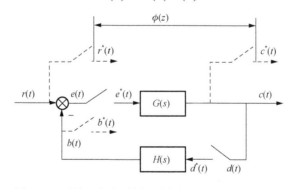

图 7-17 反馈环节有采样开关的闭环离散系统结构图

同时又有 $c(t)$ 和 $d(t)$ 是同一个信号，式（7-56）代入式（7-55）有 $B(z) = G(z)H(z)E(z)$，
代入式（7-54）有

$$\phi_e(z) = \frac{E(z)}{R(z)} = \frac{1}{1+G(z)H(z)} \tag{7-57}$$

上式为误差脉冲传递函数。

有了误差脉冲传递函数后，解出 $E(z)$ 代入式（7-56），又可以求出闭环脉冲传递函数：

$$\phi(z) = \frac{C(z)}{R(z)} = \frac{G(z)}{1 + G(z)H(z)} \tag{7-58}$$

上述两种情况正是由于采样开关的位置不同，导致系统具有不同的脉冲传递函数。

情况 3：闭环系统中采样开关的位置不同，有可能无法获得闭环脉冲传递函数，只能求出 $C(z)$（图 7-18）。

由图 7-18 可以求出

$$C(s) = G(s)\left[R(s) - H(s)C^*(s)\right] = G(s)R(s) - G(s)H(s)C^*(s)$$

$$C^*(s) = GR^*(s) - GH^*(s)C^*(s), \quad C(z) = \frac{RG(z)}{1 + GH(z)}$$

本例题中只能求出 $C(z)$ 而无法求取系统脉冲传递函数。

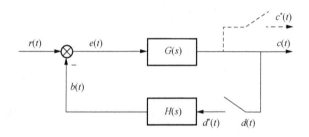

图 7-18 闭环离散系统

7.5 离散采样系统的性能分析

7.5.1 离散采样系统稳定性分析

1. s 平面与 z 平面的关系

线性连续系统的稳定性分析是通过分析在 s 平面上特征根的分布来实现的，即特征根分布在虚轴左侧系统就是稳定的。现在分析离散采样系统的稳定性，那么我们一定要建立 s 平面和 z 平面的对应关系。根据 z 变换的定义有

$$s = \sigma + \mathrm{j}\omega, \quad z = \mathrm{e}^{Ts} = \mathrm{e}^{T(\sigma + \mathrm{j}\omega)} = \mathrm{e}^{T\sigma}\mathrm{e}^{\mathrm{j}\omega T}$$

则有 $|z| = \mathrm{e}^{T\sigma}$，$\angle z = \omega T$。

令 $\sigma = 0$，$\omega = -\infty \to +\infty$，$z = 1 \times \mathrm{e}^{\mathrm{j}\omega T}$ 这种映射相当于取 s 平面上的虚轴映射到 z 平面上的轨迹：该轨迹是以原点为圆心的单位圆，如图 7-19 所示。也就是 s 平面上的点沿着虚轴负无穷向正无穷运动时，z 平面相应的点沿单位圆变化无穷多圈。

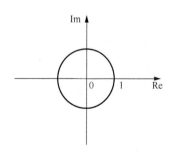

图 7-19 s 平面虚轴在 z 平面的映射

当 s 平面的点从虚轴 $-\dfrac{\omega_s}{2}$ 运动到 $\dfrac{\omega_s}{2}$ 时，z 平面上的点

从 $-180°$ 逆时针运动到 $180°$，变化一周。ω_s 是采样的角
频率，当 s 平面的点从虚轴 $\dfrac{\omega_s}{2}$ 运动到 $\dfrac{3\omega_s}{2}$ 时，与从虚轴
$-\dfrac{\omega_s}{2}$ 运动到 $\dfrac{\omega_s}{2}$ 时类似，z 平面的点继续逆时针运动变化
一周。虚轴上点的运动以此类推，这样可以把 s 平面分成
无数平行于实轴的周期带，其中 $-\dfrac{\omega_s}{2}$ 到 $\dfrac{\omega_s}{2}$ 的周期带称为
主要带，如图 7-20 所示。由以上分析可以有如下结论：s
平面左半平面的点实部小于零，z 变换后位于单位圆内，s
平面右半平面的点实部大于零，z 变换后位于单位圆外。

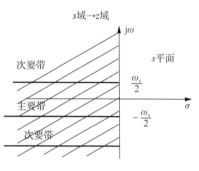

图 7-20 s 域到 z 域的映射

2. 离散系统稳定条件和判据

离散采样系统有时域和 z 域两种数学模型，即差分方程和脉冲传递函数。因此稳定条件
有两种表述方式。这里我们仅介绍 z 域中离散采样系统稳定的充要条件，如果已知离散采样
系统如图 7-16 所示，系统的特征方程是 $D(z)=1+GH(z)$，根据前面讨论的情况分析，可以
得出 z 域中线性定常离散采样系统稳定的充要条件如下。

离散系统特征方程的全部特征根均分布在 z 平面的单位圆内，或者所有特征根的模均小
于 1，那么对应的线性定常离散系统是稳定的。因此计算特征根就可以判断离散采样系统的
稳定性，但是对于高阶系统将是非常困难的。连续系统的代数判据是根据特征方程判别根在
s 平面的分布情况来判稳，z 域内我们是否可以采用类似的方法呢？关键是我们要寻找一种
变换，把 z 域的单位圆再映射到一个新平面的虚轴左侧。那么劳斯-赫尔维茨判据就可以判别
离散系统的稳定性了。设变换如下：

$$z=\frac{w+1}{w-1} \tag{7-59}$$

这就构建了 z 平面到 w 平面的映射，z、w 均为复变量。通过上述变换就可以实现我们
上述的设想（证明略）。经过上述变换后，特征方程由 $D(z)=0$ 变为 $D(w)=0$ 后就可以应用
劳斯-赫尔维茨判据了。

例 7-6 系统如图 7-21 所示，当 $T=0.5\text{s}$ 和 $T=1\text{s}$ 时，分别求系统稳定时 K 的范围，并说
明采样周期对稳定性的影响，其中 $G_{\text{h}}(s)=\dfrac{1-\text{e}^{-Ts}}{s}$。

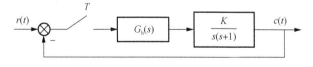

图 7-21 例 7-6 系统结构图

解
系统的开环脉冲传递函数如下：

$$G(z) = \left(1 - z^{-1}\right) Z\left[\frac{K}{s^2(s+1)}\right] = K\frac{\left(\mathrm{e}^{-T} + T - 1\right)z + \left(1 - \mathrm{e}^{-T} - T\mathrm{e}^{-T}\right)}{(z-1)\left(z - \mathrm{e}^{-T}\right)}$$

系统特征方程为 $D(z) = 1 + G(z) = 0$。当 $T = 1\mathrm{s}$ 时，并进行变量代换 $z = \dfrac{w+1}{w-1}$ 可以得出 w 域的特征方程为 $D(w) = 0.632Kw^2 + (1.264 - 0.528K)w + (2.736 - 0.104K) = 0$。由劳斯-赫尔维茨判据可以算出，$0 < K < 2.4$ 系统是稳定的。同理可计算出 $T = 0.5$ 时系统稳定 K 的范围是 $0 < K < 4.37$。

根据以上结果可以得出如下结论：

（1）在保证系统稳定的前提下，随着采样周期变短，允许的开环增益范围扩大，否则缩小（本例的结论）；

（2）当采样周期一定时，加大开环增益会使得系统的稳定性变差（该结论未给出实例）；

（3）当开环增益一定时，采样周期越长，丢失的信息就越多，对系统的稳定性不利。

7.5.2　离散采样系统的系统稳态误差计算

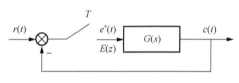

图 7-22　单位反馈离散系统

对于离散系统的系统稳态误差计算可以采用与连续系统的系统稳态误差计算相类似的方法，我们以单位反馈离散系统为例（图 7-22）进行分析。计算误差前，我们先讨论一下离散系统的类型。前面我们知道零阶保持器不影响开环系统脉冲传递函数的极点，因此连续系统传递函数的极点与相应的离散系统开环脉冲传递函数的极点是对应的，如连续系统有 ν 个 $s = 0$ 的极点，则相应的离散系统有 ν 个 $z = 1$ 的极点。

离散系统的类型根据开环脉冲传递函数 $G(z)$ 中 $z = 1$ 的极点个数来确定。$\nu = 0, 1, 2, \cdots$ 分别称为"0"型系统、"I"型系统、"II"型系统等。

零阶保持器不影响系统的极点，开环脉冲传递函数极点与相应连续系统的极点一一对应。即：若连续系统有 ν 个 $s = 0$ 的极点，则相应的离散系统有 ν 个 $z = 1$ 的极点。

首先计算系统误差的表达式：

$$E(z) = R(z) - C(z) = \left[1 - \phi(z)\right]R(z) = \phi_{\mathrm{e}}(z)R(z)$$

$$\frac{E(z)}{R(z)} = \phi_{\mathrm{e}}(z) = \frac{1}{1 + G(z)}$$

一般而言，终值定理是计算系统稳态误差的通用方法。在稳定的前提下可以计算系统稳态误差如下：

$$e(\infty) = \lim_{t \to \infty} e^*(t) = \lim_{z \to 1}\left(1 - z^{-1}\right)E(z) = \lim_{z \to 1}\frac{(z-1)R(z)}{z\left[1 + G(z)\right]} \tag{7-60}$$

可以看出系统稳态误差与系统自身的结构和参数、输入序列的形式以及采样周期 T 有关。

1. 单位阶跃输入下的系统稳态误差

将 $r(t)=1(t)$，$R(z)=\dfrac{z}{z-1}$ 代入式（7-60）中有系统稳态误差如下：

$$e(\infty)=\lim_{t\to\infty}e^*(t)=\lim_{z\to1}\left(1-z^{-1}\right)E(z)=\lim_{z\to1}\frac{(z-1)}{z\left[1+G(z)\right]}\frac{z}{z-1}$$

$$=\lim_{z\to1}\frac{1}{\left[1+G(z)\right]}=\frac{1}{K_{\mathrm{p}}}\tag{7-61}$$

式中，$K_{\mathrm{p}}=\lim_{z\to1}\left[G(z)\right]$ 定义为静态位置误差系数。

2. 单位斜坡输入时的系统稳态误差

将 $r(t)=t$，$R(z)=\dfrac{Tz}{(z-1)^2}$ 代入式（7-60）中有系统稳态误差如下：

$$e(\infty)=\lim_{t\to\infty}e^*(t)=\lim_{z\to1}\left(1-z^{-1}\right)E(z)=\lim_{z\to1}\frac{(z-1)}{z\left[1+G(z)\right]}\frac{Tz}{(z-1)^2}$$

$$=\lim_{z\to1}\frac{1}{\left[1+G(z)\right]}\frac{T}{z-1}=\frac{T}{K_{\mathrm{v}}}\tag{7-62}$$

式中，K_{v} 定义为静态速度误差系数：

$$K_{\mathrm{v}}=\lim_{z\to1}(z-1)G(z)\tag{7-63}$$

3. 单位加速度输入时的系统稳态误差

将 $r(t)=\dfrac{t^2}{2}$，$R(z)=\dfrac{T^2z(z+1)}{2(z-1)^3}$ 代入式（7-60）中有系统稳态误差如下：

$$e(\infty)=\lim_{t\to\infty}e^*(t)=\lim_{z\to1}\left(1-z^{-1}\right)E(z)=\lim_{z\to1}\frac{(z-1)}{z\left[1+G(z)\right]}\frac{T^2z(z+1)}{2(z-1)^3}$$

$$=\lim_{z\to1}\frac{1}{\left[1+G(z)\right]}\frac{T^2(z+1)}{2(z-1)^2}=\frac{T^2}{K_{\mathrm{a}}}\tag{7-64}$$

式中，K_{a} 定义为静态加速度误差系数：

$$K_{\mathrm{a}}=\lim_{z\to1}(z-1)^2G(z)\tag{7-65}$$

7.5.3　离散采样系统的动态性能分析

z 变换法分析离散系统的性能有时域法、根轨迹法和频域法，这里我们介绍最为简单和常用的时域法，分析离散系统的性能时一般我们假定输入为单位阶跃函数，因为离散系统的动态性能指标与连续系统的动态、性能指标基本一致，因此我们只需解得单位阶跃响应曲线就可以分析离散系统的动态性能。

设闭环脉冲传递函数如下：

$$\phi(z) = \frac{b_m z^m + b_{m-1} z^{m-1} + \cdots + b_1 z + b_0}{a_n z^n + a_{n-1} z^{n-1} + \cdots + a_1 z + a_0} = \frac{b_m (z-z_1)(z-z_2)\cdots(z-z_m)}{a_n (z-p_1)(z-p_2)\cdots(z-p_n)} = K \frac{\prod\limits_{j=1}^{m}(z-z_j)}{\prod\limits_{i=1}^{n}(z-p_i)} \quad (7\text{-}66)$$

式中，z_j、p_i 分别是系统的零点和极点；$n > m$。当输入为单位阶跃输入函数时，系统的输出为

$$c(z) = K \frac{(z-z_1)\cdots(z-z_m)}{(z-p_1)\cdots(z-p_n)} \frac{z}{z-1} = \frac{M(z)}{D(z)} \frac{z}{z-1} = \frac{M(1)}{D(1)} \frac{z}{z-1} + \sum_{i=1}^{n} \frac{A_i z}{z-p_i}$$

$$A_i = \frac{M(z)}{D(z)} \frac{z}{z-1}(z-p_i), \ z=p_i, \ i=1,2,\cdots,n \quad (7\text{-}67)$$

$$c(kT) = \frac{M(1)}{D(1)} + \sum_{i=1}^{n} A_i p_i^k, \ k=0,1,2,\cdots \quad (7\text{-}68)$$

式（7-68）中第一项为稳态分量，第二项为瞬态分量。因此瞬态分量的响应情况完全取决于极点在 z 平面的分布。下面就极点的分布来讨论系统响应的情况，极点位置如图 7-23 所示。

$p_i = \mathrm{e}^{s_i T}$ 则 $A_i p_i^k = A_i \mathrm{e}^{s_i kT}$，所以由极点在单位圆的位置可确定动态响应形式。

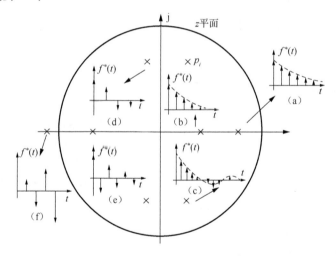

图 7-23　闭环极点分布与动态响应形式

特征根的模等于 1 响应为等幅脉冲序列，系统不稳定，故未画出。

（1）$0 < p_i < 1$，闭环单极点位于单位圆正实轴上动态响应按指数规律收敛，越接近原点响应衰减越快。

（2）负实轴上的闭环单极点 $-1 < p_i < 0$，闭环单极点位于单位圆负实轴上动态响应为交替符号的衰减脉冲序列，越接近原点响应衰减越快。k 为偶数，p_i^k 大于零，k 为奇数，p_i^k 小于零，正负交替振荡衰减。

（3）$p_i > 1$ 或 $p_i < -1$ 时为单位圆外实根，$p_i > 1$ 响应为单调发散，$p_i < -1$ 响应为振荡发散。

（4）极点是闭环共轭复数极点。

共轭复数极点位于单位圆内，动态响应为振荡收敛序列，越接近原点，响应衰减越快。共轭复数极点位于左半单位圆内的振荡频率高于共轭复数极点位于右半单位圆内。所以设计时闭环极点尽量位于右半单位圆内，靠近原点。模值大于 1 时系统响应是振荡发散的。

当极点位于原点时（称为具有无穷大稳定度的离散系统），输出序列在有限拍内结束（连续系统时间无穷时响应结束）。

根据以上分析，可以看出闭环极点的分布与离散系统的动态性能有很大关系。

7.6 离散采样系统和连续系统的性能对比

这一节主要讨论一个连续的系统离散化前后其动态性能是否有变化，下面通过一个具体的例子来分析。系统的结构图如图 7-24 所示，$G_{\mathrm{h}}(s) = \dfrac{1-\mathrm{e}^{-Ts}}{s}$ 为零阶保持器，其中 $T = 1\mathrm{s}$，$K = 1$。

图 7-24 离散系统结构图

（1）我们首先分析一下与图 7-24 所示的离散系统对应的连续系统的动态性能指标，即没有采样器和采样开关。采用 MATLAB 仿真，其阶跃响应如图 7-25 所示。

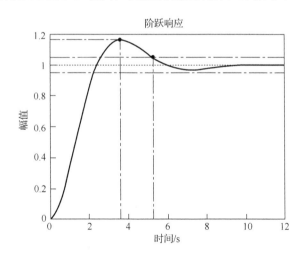

图 7-25 图 7-24 对应的连续系统的动态性能仿真

根据图 7-25 中信息，可知系统的动态性能指标为超调量 16.3%，峰值时间 3.63s，调节时间 5.3s。

（2）图 7-24 没有零阶保持器时，分析只有采样开关时系统的性能，采样时间取 1s，其阶跃响应如图 7-26 所示。

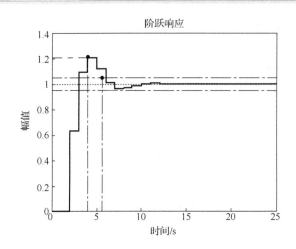

图 7-26　没有零阶保持器时的离散系统性能仿真

根据图 7-26 可以得到系统的指标为超调量 21%，峰值时间 4 s，调节时间 5.63 s。

（3）引入零阶保持器后，其阶跃响应如图 7-27 所示（仿真计算过程参见例 9-20）。

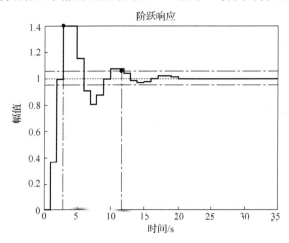

图 7-27　引入零阶保持器后的离散系统动态性能仿真

根据图 7-27 可以得到系统的指标为超调量 40%，峰值时间 3s，调节时间 11.6s。

根据以上数据，可知采样器一定程度上提高了系统的响应速度，超调量变大，同时采样所造成的信息丢失会使系统的稳定性变差。另外，零阶保持器会使得系统的性能变差，除了采样器的因素外，还有零阶保持器相位滞后的因素。

小　　结

本章主要对线性采样系统进行了分析，其主要内容如下。

（1）线性采样系统分析用到的数学工具和方法是 z 变换，这与连续系统的数学工具和方法不同。

（2）采样过程可以视为脉冲调制过程，采样频率必须满足香农采样定理，只有这样才能不失真地恢复原来的连续信号。

（3）线性采样系统数学模型主要有差分方程和脉冲传递函数。其中脉冲传递函数是一种经常使用的模型，对于同一个系统由于结构图中采样开关位置的不同，会导致所求得的系统脉冲传递函数的不同，甚至有时无法求出系统的脉冲传递函数。

（4）分析线性采样系统的 z 变换法具有一定的局限性。当不满足 $\lim_{s\to\infty} sG(s)=0$ 条件，而且采样器后面没有零阶保持器时，采用 z 变换法计算输出时会出现错误，这主要是由于无法获得采样间隔中的信息造成的。我们可以采用扩展 z 变换法来解决此类问题。

（5）线性采样系统的稳定性分析，对于线性采样系统采用双线性变换法可以使线性连续系统的劳斯-赫尔维茨判据适用于离散采样系统。

（6）讨论了采样器、保持器对离散采样系统动态性能的影响。

习　　题

7-1　试求如图 7-28 所示闭环离散系统的脉冲传递函数 $\phi(z)$。

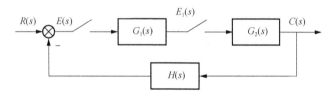

图 7-28　习题 7-1 的系统结构图

7-2　试求如图 7-29 所示闭环离散系统的脉冲传递函数 $\phi(z)$ 或输出 z 变换 $C(z)$。

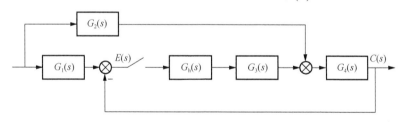

图 7-29　习题 7-2 的系统结构图

7-3　设离散系统如图 7-30 所示，其中采样周期 $T=0.2$，$K=10$，$r(t)=1+t+t^2/2$。试用终值定理法计算系统稳态误差 $e_{ss}(\infty)$。

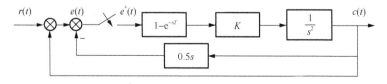

图 7-30　习题 7-3 离散系统结构图

7-4　系统如图 7-31 所示，求离散系统输出变量的 z 变换 $C(z)$。

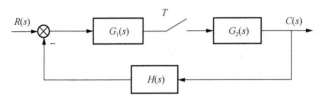

图 7-31　习题 7-4 离散系统结构图

7-5　求 $E(s) = \dfrac{s+1}{s^2}$ 的 z 变换。

7-6　求 $E(z) = \dfrac{10z}{(z-1)(z-2)}$ 的 z 逆变换。

7-7　求 $E(z) = \dfrac{z^2}{(z-0.8)(z-0.1)}$ 的终值。

7-8　设离散系统如图 7-32 所示，采样周期 $T = 1\mathrm{s}$，$G_{\mathrm{h}}(s)$ 为零阶保持器。求使系统稳定的 K 值范围。

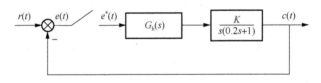

图 7-32　习题 7-8 离散系统结构图

8 控制系统的状态空间分析

经典控制理论比较好地解决了单输入-单输出系统的反馈控制问题。20世纪50年代，随着航天技术、核技术的发展，控制系统变得更加复杂，经典控制理论的局限性暴露出来，对多输入-多输出系统无能为力，对系统内部信息无法描述。1958年，卡尔曼提出了状态空间分析法，分析系统可控性、可观测性等概念。状态空间分析法是一种时域分析法，不仅能够分析系统的外部行为，同时也能够对系统内部进行描述。状态空间分析法的出现使控制理论的发展到达一个新的高度。

8.1 状态空间分析法的基本概念

（1）系统状态：时域中系统的行为或运动信息的集合称为状态。

（2）状态变量：确定系统状态的一组独立的变量称为状态变量。对于一个系统而言，状态变量的选择不是唯一的，其数目等于系统微分方程的阶数。状态变量数目具有最小性。一般我们用 $x_1(t)$，$x_2(t)$，$\cdots$，$x_n(t)$ 来表示状态。

（3）状态向量：以状态变量为分量构成的向量，称为状态向量，即 $\boldsymbol{x}(t) = \begin{bmatrix} x_1(t) & x_2(t) & \cdots & x_n(t) \end{bmatrix}^{\mathrm{T}}$。

（4）状态空间：以 n 个状态变量为基底构成的 n 维空间称为状态空间。

（5）状态空间方程：用于描述系统状态变量与输入变量关系的一阶微分方程组称为系统的状态空间方程，一般形式为

$$\dot{\boldsymbol{x}}(t) = f[\boldsymbol{x}(t), u(t), t] \tag{8-1}$$

（6）输出方程：系统输出变量与系统状态变量和输入变量之间的代数方程，表达式为

$$y(t) = g[\boldsymbol{x}(t), u(t), t] \tag{8-2}$$

（7）状态空间表达式：状态空间方程和输出方程组合在一起即为状态空间表达式，也称为动态方程，如式（8-3）所示：

$$\begin{cases} \dot{\boldsymbol{x}}(t) = f[\boldsymbol{x}(t), u(t), t] \\ y(t) = g[\boldsymbol{x}(t), u(t), t] \end{cases} \tag{8-3}$$

对于线性定常系统而言，动态方程标准表达式为

$$\dot{\boldsymbol{x}}(t) = \boldsymbol{A}\boldsymbol{x} + \boldsymbol{B}u \tag{8-4}$$

$$y(t) = \boldsymbol{Cx} + \boldsymbol{Du} \qquad (8\text{-}5)$$

式中，$\boldsymbol{A}$ 为 $n \times n$ 矩阵；$\boldsymbol{B}$ 为 $n \times 1$ 列向量；$\boldsymbol{C}$、$\boldsymbol{D}$ 为 $1 \times n$ 行向量。系统状态空间表达式的结构图如图 8-1 所示。

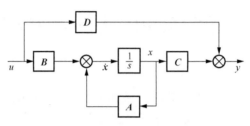

图 8-1　系统状态空间表达式的结构图

8.2　线性系统状态空间模型的建立

本节主要讨论系统微分方程、传递函数及状态空间方程三种数学模型之间的关系。

8.2.1　利用系统微分方程建立状态空间方程

1. 输入信号不含导数项的状态空间方程

系统由 n 阶微分方程（8-6）描述：

$$y^{(n)} + a_{n-1}y^{(n-1)} + a_{n-2}y^{(n-2)} + \cdots + a_2\ddot{y} + a_1\dot{y} = u \qquad (8\text{-}6)$$

采用如下方法选取状态变量：

$$\begin{cases} x_1 = y \\ \dot{x}_1 = x_2 = \dot{y} \\ \quad\vdots \\ \dot{x}_{n-1} = x_n = y^{(n-1)} \\ \dot{x}_n = y^{(n)} = -a_{n-1}x_n - a_{n-2}x_{n-1} - \cdots - a_1x_2 - a_0x_1 + u \end{cases}$$

上述方程组写成矩阵形式为

$$\begin{cases} \dot{\boldsymbol{x}}(t) = \boldsymbol{Ax} + \boldsymbol{Bu} \\ y(t) = \boldsymbol{Cx} \end{cases} \qquad (8\text{-}7)$$

式中

$$\dot{\boldsymbol{x}}(t) = \begin{bmatrix} \dot{x}_1 \\ \dot{x}_2 \\ \vdots \\ \dot{x}_{n-1} \\ \dot{x}_n \end{bmatrix}, \quad \boldsymbol{A} = \begin{bmatrix} 0 & 1 & 0 & \cdots & 0 \\ 0 & 0 & 1 & \cdots & 0 \\ \vdots & \vdots & \vdots & & \vdots \\ 0 & 0 & 0 & \cdots & 1 \\ -a_n & -a_{n-1} & -a_{n-2} & \cdots & -a_1 \end{bmatrix}, \quad \boldsymbol{B} = \begin{bmatrix} 0 \\ 0 \\ \vdots \\ 0 \\ 1 \end{bmatrix}, \quad \boldsymbol{C} = \begin{bmatrix} 1 \\ 0 \\ \vdots \\ 0 \\ 0 \end{bmatrix}^{\mathrm{T}}$$

与上述状态空间描述对应的结构图如图 8-2 所示。

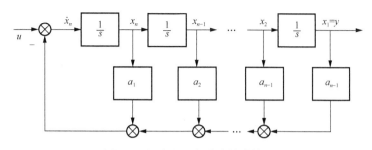

图 8-2 状态空间表达式的结构图

2. 输入信号含有导数项的状态空间方程

一般情况下系统的微分方程通式如下:

$$y^n + a_{n-1}y^{n-1} + a_{n-2}y^{n-2} + \cdots + a_1\dot{y} + a_0 y = b_0 u^n + b_1 u^{n-1} + b_2 u^{n-2} + \cdots + b_{n-1}\dot{u} + b_n u \qquad (8\text{-}8)$$

为了保证状态空间方程中不出现输入的导数项,采用如下方式选取状态变量:

$$\begin{cases} x_1 = y - \beta_0 u \\ x_2 = \dot{y} - \beta_0 \dot{u} - \beta_1 u \\ x_3 = \ddot{y} - \beta_0 \ddot{u} - \beta_1 \dot{u} - \beta_2 u \\ \quad\vdots \\ x_n = y^{(n-1)} - \beta_0 u^{(n-1)} - \beta_1 u^{(n-2)} - \cdots - \beta_{n-1} u \end{cases} \qquad (8\text{-}9)$$

式中, $\beta_0, \beta_1, \beta_2, \cdots, \beta_{n-1}$ 为待定系数。对上式求取导数,则有

$$\begin{cases} \dot{x}_1 = x_2 + \beta_1 u = \dot{y} - \beta_0 \dot{u} \\ \dot{x}_2 = x_3 + \beta_2 u = \ddot{y} - \beta_0 \ddot{u} - \beta_1 \dot{u} \\ \dot{x}_3 = x_4 + \beta_3 u = \dddot{y} - \beta_0 \dddot{u} - \beta_1 \ddot{u} - \beta_2 \dot{u} \\ \quad\vdots \\ \dot{x}_n = y^{(n)} - \beta_0 u^{(n)} - \beta_1 u^{(n-1)} - \cdots - \beta_{n-1}\dot{u} \end{cases} \qquad (8\text{-}10)$$

按下式选择待定系数:

$$\begin{cases} \beta_0 = b_0 \\ \beta_1 = b_1 - a_1\beta_0 \\ \beta_2 = b_2 - a_1\beta_1 - a_2\beta_0 \\ \quad\vdots \\ \beta_n = b_n - a_1\beta_{n-1} - \cdots - a_{n-1}\beta_1 - a_n\beta_0 \end{cases} \qquad (8\text{-}11)$$

利用式(8-8)求取 $y^{(n)}$,同时把式(8-11)一起代入式(8-10)最后一项中,则式(8-10)改为

$$\begin{cases} \dot{x}_1 = x_2 + \beta_1 u \\ \dot{x}_2 = x_3 + \beta_2 u \\ \dot{x}_3 = x_4 + \beta_3 u \\ \quad\vdots \\ \dot{x}_n = -a_n x_1 - a_{n-1} x_2 - \cdots - a_2 x_{n-1} - a_1 x_n - \beta_n u \end{cases} \qquad (8\text{-}12)$$

输出方程为

$$y = x_1 + \beta_0 u \qquad (8\text{-}13)$$

上两式对应的矩阵形式为

$$\dot{x}(t) = Ax + Bu, \quad y = Cx + Du$$

$$x = \begin{bmatrix} x_1 \\ x_2 \\ \vdots \\ x_{n-1} \\ x_n \end{bmatrix}, \quad A = \begin{bmatrix} 0 & 1 & 0 & \cdots & 0 \\ 0 & 0 & 1 & \cdots & 0 \\ \vdots & \vdots & \vdots & & \vdots \\ 0 & 0 & 0 & \cdots & 1 \\ -a_n & -a_{n-1} & -a_{n-2} & \cdots & -a_1 \end{bmatrix}, \quad B = \begin{bmatrix} \beta_1 \\ \beta_2 \\ \vdots \\ \beta_{n-1} \\ \beta_n \end{bmatrix} \qquad (8\text{-}14)$$

$$y = \begin{bmatrix} 1 & 0 & 0 & \cdots & 0 \end{bmatrix} x + \beta_0 u \qquad (8\text{-}15)$$

8.2.2 利用系统传递函数建立状态空间方程

下面仅讨论传递函数为有理真分式的情况，即传递函数具有如下表达式：

$$G(s) = \frac{c(s)}{r(s)} = \frac{b_{n-1}s^{n-1} + b_{n-2}s^{n-2} + \cdots + b_1 s + b_0}{s^n + a_{n-1}s^{n-1} + \cdots + a_1 s + a_0} \qquad (8\text{-}16)$$

把式（8-16）串联分解为如图 8-3 所示的两部分，并引入中间变量 z 。

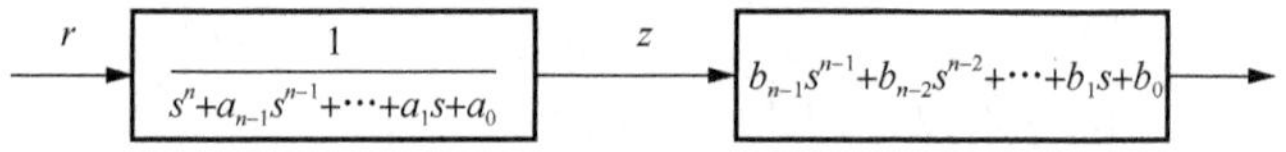

$$\xrightarrow{\;r\;} \boxed{\dfrac{1}{s^n + a_{n-1}s^{n-1} + \cdots + a_1 s + a_0}} \xrightarrow{\;z\;} \boxed{b_{n-1}s^{n-1} + b_{n-2}s^{n-2} + \cdots + b_1 s + b_0} \longrightarrow$$

图 8-3 式（8-16）的串联分解

由图 8-3 可知存在如下方程：

$$z^{(n)} + a_{n-1}z^{(n-1)} + \cdots + a_1 s + a_0 = u \qquad (8\text{-}17)$$

$$y = b_{n-1}z^{(n-1)} + \cdots + b_1\dot{z} + b_0 z \qquad (8\text{-}18)$$

选取状态变量 $x_1 = z, \ x_2 = \dot{z}, \ x_3 = \ddot{z}, \cdots, \ x_n = z^{(n-1)}$ ，则状态空间方程为

$$\begin{cases} \dot{x}_1 = x_2 \\ \dot{x}_2 = x_3 \\ \quad\vdots \\ \dot{x}_{n-1} = x_n \\ \dot{x}_n = -a_0 x_1 - a_1 x_2 - \cdots - a_{n-1} x_n + u \end{cases} \qquad (8\text{-}19)$$

输出方程为

$$y = -b_0 x_1 - b_1 x_2 - \cdots - b_{n-1} x_n \qquad (8\text{-}20)$$

表述为矩阵形式如下：

$$\dot{x}(t) = Ax + Bu$$
$$y(t) = Cx$$

式中

$$\dot{x} = \begin{bmatrix} \dot{x}_1 \\ \dot{x}_2 \\ \vdots \\ \dot{x}_{n-1} \\ \dot{x}_n \end{bmatrix}, \quad x = \begin{bmatrix} x_1 \\ x_2 \\ \vdots \\ x_{n-1} \\ x_n \end{bmatrix}, \quad A = \begin{bmatrix} 0 & 1 & 0 & \cdots & 0 \\ 0 & 0 & 1 & \cdots & 0 \\ \vdots & \vdots & \vdots & & \vdots \\ 0 & 0 & 0 & \cdots & 1 \\ -a_0 & -a_1 & -a_2 & \cdots & -a_{n-1} \end{bmatrix}, \quad B = \begin{bmatrix} 0 \\ 0 \\ \vdots \\ 0 \\ 1 \end{bmatrix}, \quad C = \begin{bmatrix} b_0 \\ b_1 \\ \vdots \\ b_{n-2} \\ b_{n-1} \end{bmatrix}^{\mathrm{T}}$$

8.2.3　线性系统的状态空间方程与传递函数的关系

下面以单输入-单输出系统为例，其状态空间方程为

$$\dot{x}(t) = Ax + Bu$$
$$y(t) = Cx + Du$$

在初始状态为零的条件下对以上两式进行拉普拉斯变换，得出如下关系：

$$G(s) = \frac{y(s)}{u(s)} = C(sI - A)^{-1}B + D \tag{8-21}$$

即由状态空间方程求得的传递函数，对于多输入-多输出系统也有类似结论。

8.2.4　状态空间方程之间的转换

由于状态变量的选择不同，可以得到不同形式的状态空间方程。这些不同的状态空间方程是如何相互转换的？设描述同一系统的两组状态变量分别为 $(x_1, x_2, \cdots, x_n)$，$(\hat{x}_1, \hat{x}_2, \cdots, \hat{x}_n)$。它们之间存在的非奇异线性变换关系为

$$x = P\hat{x}$$
$$\hat{x} = P^{-1}x$$

$$P = \begin{bmatrix} p_{11} & p_{12} & \cdots & p_{1n} \\ p_{21} & p_{22} & \cdots & p_{2n} \\ \vdots & \vdots & & \vdots \\ p_{n1} & p_{n2} & \cdots & p_{nn} \end{bmatrix}$$

式中，P 为非奇异变换矩阵。状态向量 x 和 $\hat{x}$ 之间的变换称为状态的线性变换或等价变换。实质就是坐标变换，状态 x 在一组基底下的坐标为 $(x_1, x_2, \cdots, x_n)$，在另一组基底下坐标为 $(\hat{x}_1, \hat{x}_2, \cdots, \hat{x}_n)$。设基底的变换矩阵为 P。现在我们讨论状态变换后，状态空间方程的变化。在某基底下的系统状态空间方程如下：

$$\dot{x}(t) = Ax + Bu$$
$$y(t) = Cx + Du$$

引入非奇异变换矩阵 P 对状态向量进行线性变换，把 $\hat{x}(t) = Px$ 代入上两式得

$$\dot{\hat{x}}(t) = \hat{A}\hat{x} + \hat{B}u$$
$$y(t) = \hat{C}\hat{x} + \hat{D}u$$

$$\begin{cases} \hat{A} = PAP^{-1} \\ \hat{B} = PB \\ \hat{C} = CP^{-1} \\ \hat{D} = D \end{cases}$$

以上三式就是系统原状态空间方程和输出方程经过线性变换得到的新的状态空间方程，对于线性定常系统有

$$\left| \lambda I - A \right| = \det(\lambda I - A) = \lambda^n + a_1 \lambda^{n-1} + \cdots + a_{n-1} \lambda + a_n = 0$$

上式的根称为系统的特征值，线性变换后系统的特征值不变。

8.3 线性系统状态空间方程的求解

8.3.1 线性系统状态空间方程的解

建立系统的状态空间方程后，就要对系统的运动规律进行分析，也就是要求解系统的状态空间方程。为此已知系统状态空间方程和输出方程为

$$\dot{x}(t) = Ax(t) + Bu \tag{8-22}$$

$$y(t) = Cx(t) + Du \tag{8-23}$$

式中，$x(t) \in \mathbf{R}^n$，$u \in \mathbf{R}^r$，$A \in \mathbf{R}^{n \times n}$，$B \in \mathbf{R}^{n \times r}$，$C \in \mathbf{R}^{1 \times n}$，$D \in \mathbf{R}^{1 \times r}$，且初始条件为 $x(t) \big|_{t=0} = x(0)$。对式（8-22）进行变化得到如下公式：

$$e^{-At} \dot{x}(t) = e^{-At} [Ax(t) + Bu]$$

$$e^{-At} [\dot{x}(t) - Ax(t)] = \frac{\mathrm{d}}{\mathrm{d}t} [e^{-At} x(t)] = e^{-At} Bu(t) \tag{8-24}$$

对上式由 0 到 t 进行积分，得到状态空间方程的解如下：

$$x(t) = \boldsymbol{\Phi}(t) x(0) + \int_0^t \phi(t - \tau) Bu(\tau) \mathrm{d}\tau \tag{8-25}$$

式中，$\boldsymbol{\Phi}(t) = e^{At}$ 称为系统的状态转移矩阵。其包含了系统自由运动的全部信息，决定了系统的动态行为。

系统状态的运动由两部分组成：第一部分为零输入响应，由初始状态引起，也就是自由运动模态；第二部分为零状态响应，由输入量引起，相当于强迫响应。

8.3.2 状态转移矩阵及其性质

时变系统的状态转移矩阵 $\boldsymbol{\Phi}(t, t_0)$ 是满足如下微分矩阵方程和初始条件的解：

$$\boldsymbol{\Phi}(t, t_0) = I \tag{8-26}$$

$$\dot{\boldsymbol{\Phi}}(t, t_0) = A \boldsymbol{\Phi}(t, t_0) \tag{8-27}$$

其主要性质如下（相关证明略）。

（1）$\boldsymbol{\varPhi}(0) = \boldsymbol{I}$；

（2）$\dot{\boldsymbol{\varPhi}}(t) = \boldsymbol{A}\boldsymbol{\varPhi}(t) = \boldsymbol{\varPhi}(t)\boldsymbol{A}$；

（3）$\dot{\boldsymbol{\varPhi}}(t_1 + t_2) = \boldsymbol{\varPhi}(t_1)\boldsymbol{\varPhi}(t_2)$；

（4）$\left[\boldsymbol{\varPhi}(t)\right]^{-1} = \boldsymbol{\varPhi}(-t)$；

（5）$\boldsymbol{\varPhi}(t_2 - t_1)\boldsymbol{\varPhi}(t_1 - t_0) = \boldsymbol{\varPhi}(t_2 - t_0)$；

（6）$\dot{\boldsymbol{\varPhi}}(t_1 + t_2) = \boldsymbol{\varPhi}(t_1)\boldsymbol{\varPhi}(t_2)$。

8.3.3 状态转移矩阵求取

状态转移矩阵主要有以下两种求取。

（1）根据状态转移矩阵的定义

$$\boldsymbol{\varPhi}(t) = \mathrm{e}^{At} = \boldsymbol{I} + \boldsymbol{A}t + \frac{1}{2!}\boldsymbol{A}^2 t^2 + \cdots + \frac{1}{k!}\boldsymbol{A}^k t^k + \cdots \tag{8-28}$$

（2）根据拉普拉斯变换求取状态转移矩阵，对 $\dot{\boldsymbol{\varPhi}}(t) = \boldsymbol{A}\boldsymbol{\varPhi}(t)$ 在初始状态为 $\boldsymbol{x}(0)$ 的条件下，进行拉普拉斯变换，同时在 $[s\boldsymbol{I} - \boldsymbol{A}]$ 非奇异的条件下有

$$\boldsymbol{x}(s) = [s\boldsymbol{I} - \boldsymbol{A}]^{-1}\boldsymbol{x}(0) \tag{8-29}$$

对上式进行拉普拉斯逆变换可得

$$\boldsymbol{x}(t) = L^{-1}[s\boldsymbol{I} - \boldsymbol{A}]^{-1}\boldsymbol{x}(0) \tag{8-30}$$

则有

$$\boldsymbol{\varPhi}(t) = \mathrm{e}^{At} = L^{-1}[s\boldsymbol{I} - \boldsymbol{A}]^{-1} \tag{8-31}$$

8.3.4 线性系统的输出方程

将式（8-31）代入式（8-23）中，则输出为

$$y(t) = \boldsymbol{C}\mathrm{e}^{At}\boldsymbol{x}(0) + \boldsymbol{C}\int_0^t \mathrm{e}^{A(t-\tau)}\boldsymbol{B}u(\tau)\mathrm{d}\tau + \boldsymbol{D}u(t) \tag{8-32}$$

系统的输出由三部分组成，第一部分为零输入响应，第二部分为零状态响应，第三部分为系统的直接传输响应。由上述公式可以看出，合理选择输入，有可能使系统的状态和输出具有我们期望的特性。

8.4 线性系统的可控性和可观测性

可控性、可观测性是现代理论中非常重要的概念，揭示了系统的内部结构关系。可控性一般是指输入能否对系统的所有状态产生影响。可观测性是指能否在有限的时间内由输出量识别出系统的所有状态。

8.4.1　线性系统的可控性

对于线性连续系统：

$$\dot{x}(t) = Ax(t) + Bu$$
$$y(t) = Cx(t) + Du$$

式中，$x(t) \in \mathbf{R}^n$，$u \in \mathbf{R}^1$，$A \in \mathbf{R}^{n \times n}$，$B \in \mathbf{R}^{n \times 1}$，$C \in \mathbf{R}^{1 \times n}$，$D \in \mathbf{R}^{1 \times r}$，初始条件为 $x(t)\big|_{t=0} = x(0)$。输入为无约束的控制信号，有限时间内 $t_0 \leq t \leq t_1$ 能使系统的任意一个初始状态转移到终端状态，则称系统在 t_0 时刻是状态可控的。如果 t_0 是任意的，则称该系统为状态完全可控的，否则系统是不完全可控的。

8.4.2　线性定常系统的状态可控性的代数判据

对于式（8-22）和式（8-23）描述的系统，我们直接给出可控性的代数判据，其证明略。定义可控性矩阵为

$$Q = [B \quad AB \quad \cdots \quad A^{n-1}B] \tag{8-33}$$

如果可控性矩阵的秩为 n，那么系统的状态是可控的，即式（8-22）和式（8-23）描述的系统可控的充要条件为系统可控性矩阵的秩为 n。该结论也可以推广到多输入-多输出系统。

8.4.3　线性系统的可观测性

对于线性连续系统：

$$\dot{x}(t) = Ax(t) + Bu$$
$$y(t) = Cx(t) + Du$$

式中，$x(t) \in \mathbf{R}^n$，$u \in \mathbf{R}^1$，$A \in \mathbf{R}^{n \times n}$，$B \in \mathbf{R}^{n \times 1}$，$C \in \mathbf{R}^{1 \times n}$，$D \in \mathbf{R}^{1 \times r}$，系统的任意一个初始时刻 t_0 的状态变量 $x(t_0)$，在 $t_f > t_0$ 时，可由系统的输出量唯一确定出来，则称该系统的状态变量 $x(t)$ 在 t_0 时刻是完全可观测的，否则系统是不完全可观测的。

8.4.4　线性定常系统的状态可观测性的代数判据

对于式（8-22）和式（8-23）描述的系统，定义可观测性矩阵：

$$R = \begin{bmatrix} C \\ CA \\ \vdots \\ CA^{n-1} \end{bmatrix} \tag{8-34}$$

该可观测性矩阵秩为 n，则系统是可观测的，即式（8-22）和式（8-23）描述的系统可观测的充要条件是系统可观测性矩阵的秩为 n。上述结论也可以推广到多输入-多输出系统中。

8.4.5 对偶原理

对于如下两个系统，它们之间的参数关系如下：

$$g_1 : \begin{cases} \dot{x} = Ax + Bu \\ y = Cx \end{cases} \tag{8-35}$$

$$x \in \mathbf{R}^n, \ u \in \mathbf{R}^r, \ y \in \mathbf{R}^m, \ A \in \mathbf{R}^{n \times n}, \ B \in \mathbf{R}^{n \times r}, \ C \in \mathbf{R}^{m \times n}$$

$$g_2 : \begin{cases} \dot{z} = A^{\mathrm{T}} z + C^{\mathrm{T}} v \\ w = B^{\mathrm{T}} z \end{cases} \tag{8-36}$$

$$z \in \mathbf{R}^n, \ v \in \mathbf{R}^m, \ w \in \mathbf{R}^r, \ A^{\mathrm{T}} \in \mathbf{R}^{n \times n}, \ B^{\mathrm{T}} \in \mathbf{R}^{n \times m}, \ C^{\mathrm{T}} \in \mathbf{R}^{r \times n}$$

则系统 g_1 和系统 g_2 是互为对偶的。

对偶原理：当且仅当系统 g_1 状态可控时，系统 g_2 是状态可观测的。当且仅当系统 g_1 状态可观测时，系统 g_2 是状态可控的。

8.5　线性系统状态空间的标准型

本节仅讨论单输入-单输出系统状态空间的几种标准型，单输入-单输出系统的传递函数如下：

$$\frac{y(s)}{u(s)} = \frac{b_n s^n + \cdots + b_1 s + b_0}{s^n + a_{n-1} s^{n-1} + \cdots + a_1 s + a_0} \tag{8-37}$$

8.5.1 可控标准型

可控标准型的形式如下：

$$\begin{bmatrix} \dot{x}_1 \\ \dot{x}_2 \\ \vdots \\ \dot{x}_{n-1} \\ \dot{x}_n \end{bmatrix} = \begin{bmatrix} 0 & 1 & 0 & \cdots & 0 \\ 0 & 0 & 1 & \cdots & 0 \\ \vdots & \vdots & \vdots & & 0 \\ 0 & 0 & 0 & \cdots & 1 \\ -a_0 & -a_1 & -a_2 & \cdots & -a_{n-1} \end{bmatrix} \begin{bmatrix} x_1 \\ x_2 \\ \vdots \\ x_{n-1} \\ x_n \end{bmatrix} + \begin{bmatrix} 0 \\ 0 \\ \vdots \\ 0 \\ 1 \end{bmatrix} u \tag{8-38}$$

$$y = [b_0 - a_0 b_n \quad b_1 - a_1 b_n \quad \cdots \quad b_{n-1} - a_{n-1} b_n] \begin{bmatrix} x_1 \\ x_2 \\ \vdots \\ x_n \end{bmatrix} + b_n u \tag{8-39}$$

8.5.2 可观测标准型

可观测标准型的形式如下：

$$\begin{bmatrix} \dot{x}_1 \\ \dot{x}_2 \\ \vdots \\ \dot{x}_{n-1} \\ \dot{x}_n \end{bmatrix} = \begin{bmatrix} 0 & 0 & \cdots & 0 & -a_0 \\ 1 & 0 & \cdots & 0 & -a_1 \\ \vdots & \vdots & & \vdots & \vdots \\ 0 & 0 & \cdots & 0 & -a_{n-2} \\ 0 & 0 & \cdots & 1 & -a_{n-1} \end{bmatrix} \begin{bmatrix} x_1 \\ x_2 \\ \vdots \\ x_{n-1} \\ x_n \end{bmatrix} + \begin{bmatrix} b_0 - a_0 b_n \\ b_1 - a_1 b_n \\ \vdots \\ b_{n-2} - a_{n-2} b_n \\ b_{n-1} - a_{n-1} b_n \end{bmatrix} u \tag{8-40}$$

$$y = \begin{bmatrix} 0 & 0 & \cdots & 0 & 1 \end{bmatrix} \begin{bmatrix} x_1 \\ x_2 \\ \vdots \\ x_n \end{bmatrix} + b_n u \tag{8-41}$$

8.6 线性系统的状态反馈和输出反馈

状态空间分析法中，我们可以通过状态反馈进行极点的配置，但是这些状态必须是可以测量的。输出反馈一定程度上也可以进行极点的配置，但是会受到一定的限制。

8.6.1 线性系统的状态反馈

1. 利用状态反馈进行极点配置问题

单输入-单输出定常系统 $\begin{cases} \dot{x} = Ax + Bu \\ y = Cx + Du \end{cases}$，选择线性反馈控制律为

$$u = v - Kx \tag{8-42}$$

式中，K 为状态反馈增益矩阵。把状态反馈给控制量形成闭环反馈控制系统，未引入状态反馈时和引入状态反馈后系统的结构图如图 8-4 和图 8-5 所示。

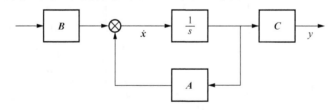

图 8-4 未引入状态反馈时系统的结构图

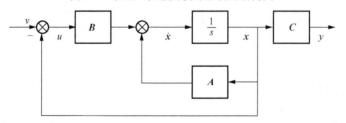

图 8-5 引入状态反馈后系统的结构图

把状态反馈矩阵代入原状态空间方程中得到闭环系统的状态空间方程如下：

$$\dot{x}(t) = (A - BK)x(t) + Bv \tag{8-43}$$

该闭环系统的特性由矩阵 $A - BK$ 的特征值决定，现在我们关心的是满足什么条件，系统的极点可以任意配置，也就是极点配置的条件。

极点配置定理：线性系统可以通过线性状态反馈任意配置全部极点的条件是，该被控系统状态完全可控（证明略）。

2. 极点配置步骤

第一步：计算系统可控性条件。

第二步：计算系统的特征多项式，即

$$\det(sI - A) = s^n + a_1 s^{n-1} + \cdots + a_{n-1}s + a_n \tag{8-44}$$

第三步：求取矩阵 P，使系统状态空间方程变换成可控标准型，即

$$P = QW, \quad Q = \begin{bmatrix} B & AB & \cdots & A^{n-2}B & A^{n-1}B \end{bmatrix}$$

$$W = \begin{bmatrix} a_{n-1} & a_{n-2} & \cdots & a_1 & 1 \\ a_{n-2} & a_{n-3} & \cdots & 1 & 0 \\ \vdots & \vdots & & \vdots & \vdots \\ a_1 & 1 & \cdots & 0 & 0 \\ 1 & 0 & \cdots & 0 & 0 \end{bmatrix} \tag{8-45}$$

第四步：已知期望的闭环极点为 $\beta_1, \beta_2, \beta_3, \cdots, \beta_n$，则期望的特征多项式为

$$(s - \beta_1)(s - \beta_2)\cdots(s - \beta_n) = s^n + a_1^* s^{n-1} + \cdots + a_{n-1}^* s + a_n^* \tag{8-46}$$

第五步：计算反馈增益矩阵，即

$$K = \begin{bmatrix} a_n^* - a_n & a_{n-1}^* - a_{n-1} & \cdots & a_2^* - a_2 & a_1^* - a_1 \end{bmatrix} P^{-1} \tag{8-47}$$

以上就是计算反馈增益矩阵的步骤。状态反馈不改变原系统的可控性，但是可能改变可观测性，主要可能出现零极点对消。

8.6.2 线性系统的输出反馈

输出反馈主要是输出量反馈到输出端和参考输入相加形成新的控制量。设原系统的状态空间方程和输出反馈控制律如下式。以多输入-多输出系统为例：

$$\begin{cases} \dot{x} = Ax + Bu \\ y = Cx \end{cases} \tag{8-48}$$

$$u = v - Hy$$

对应的结构如图 8-6 所示。

在式（8-48）中，把输入代入状态空间方程和输出方程，则可推导出引入输出反馈后的状态空间表达式：

$$\begin{cases} \dot{x} = \left[A - B(I + HD)^{-1}HC \right]x + B(I + HD)^{-1}v \\ y = \left[C - B(I + HD)^{-1}HC \right]x + D(I + HD)^{-1}v \end{cases} \tag{8-49}$$

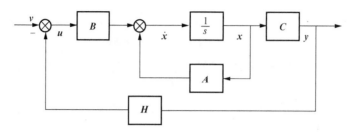

图 8-6　输出反馈结构图

与状态反馈比较，一般输出反馈只是包含了系统的部分信息，仅相当于部分状态反馈。因此采用输出反馈配置极点时，不能任意配置极点，但是输出反馈易于实现，同时输出反馈不改变原系统的可控性和可观测性。

8.6.3　状态观测器

1. 状态观测器原理

状态反馈控制器由于采用状态反馈，那么这些状态应该是可以测量的。但是有些物理环节状态不可测量，不可测量的状态变量的估计我们称为观测，观测状态变量的装置称为状态观测器。观测器分为降维观测器和全维观测器。

系统的状态空间方程和输出方程为 $\begin{cases} \dot{x} = Ax + Bu \\ y = Cx \end{cases}$，构造一个模拟受控系统，具有和系统基本一致的状态空间方程和输出方程：

$$\begin{cases} \dot{\hat{x}} = A\hat{x} + Bu \\ y = C\hat{x} \end{cases} \tag{8-50}$$

用模拟系统的状态来估计真实系统的状态，如果两者一致，我们可以采用模拟系统的状态来代替真实系统的状态进行反馈控制。但是实际上，即使两者系统的矩阵一致，由于初始状态存在着差异，使得模拟系统的状态和实际系统的状态存在差异，无法实现状态反馈控制，因此采用开环控制的观测器无法实现状态观测。因此可以根据两个系统的输出之差反馈到 $\hat{x}$ 处，使它们的输出尽快趋近于 0。从而使 $\hat{x}$ 尽快趋近于 x。因此状态向量可以由下面的状态来代替：

$$\dot{\hat{x}} = A\hat{x} + Bu + K_c \left(y - C\hat{x} \right) = \left(A - K_c C \right) \hat{x} + Bu + K_c y \tag{8-51}$$

2. 全维状态观测器的设计

全维状态观测器的结构图如图 8-7 所示。

观测器的误差方程 $e = x - \hat{x}$，则有

$$\dot{e} = \left(A - K_c C \right) e \tag{8-52}$$

矩阵 $A - K_c C$ 的选择非常重要，只要该矩阵稳定，那么无论状态 $x(0)$、$\hat{x}(0)$ 初值如何，误差都会趋近于 0，而且它还决定了误差趋近于 0 的速度。这是由 $A - K_c C$ 的特征值配置位置决定的。

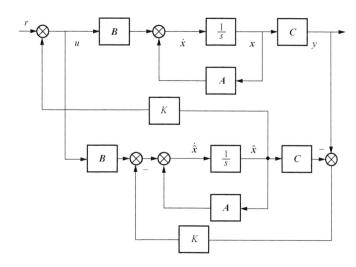

图 8-7　全维状态观测器结构图

系统状态观测器存在的充要条件：系统可观测。系统状态观测器［式（8-51）］任意配置特征值的充要条件：系统可观测。设系统状态空间方程描述为 $\begin{cases} \dot{x} = Ax + Bu \\ y = Cx \end{cases}$，设计其全维状态观测器。其过程如下：先把系统变换为可观测标准型。变换矩阵 $P = (WR)^{-1}$，其中 R 为可观测矩阵，利用系统的特征方程构造矩阵 W 如下：

$$W = \begin{bmatrix} a_{n-1} & a_{n-2} & \cdots & a_1 & 1 \\ a_{n-2} & a_{n-3} & \cdots & 1 & 0 \\ \vdots & \vdots & & \vdots & \vdots \\ a_1 & 1 & \cdots & 0 & 0 \\ 1 & 0 & \cdots & 0 & 0 \end{bmatrix} \tag{8-53}$$

经过线性变换后，系统状态反馈变为可观测标准型。然后设期望特征方程为

$$s^n + a_1^* s^{n-1} + a_2^* s^{n-2} + \cdots + a_{n-1} s + a_n = 0 \tag{8-54}$$

则有

$$K_c = p \begin{bmatrix} a_n^* - a_n \\ a_{n-1}^* - a_{n-1} \\ \vdots \\ a_1^* - a_1 \end{bmatrix} \tag{8-55}$$

式中，$a_i^* (i = 1,2,\cdots,n)$ 为系统期望的特征多项式系数；K_c 的选择要考虑系统响应的快速性及对干扰和噪声灵敏度之间的一种折中。

8.6.4　分离定理

状态反馈控制中，由于一些状态无法测量，必须设计观测器把观测到的状态用于反馈，所以整个过程包括反馈增益矩阵设计和观测器的增益矩阵设计，下面我们不加证明地利用观

测-状态反馈控制系统阐述一下分离定理。

分离定理：受控系统可控可观测，采用状态估计器，形成状态反馈时系统的极点配置和观测器的设计可以分别独立设计。两者设计时观测器极点在期望闭环极点的左边，一般观测器的响应比系统响应要快 2～5 倍。

8.7　李雅普诺夫稳定性分析

李雅普诺夫稳定性理论判断系统的稳定性有两种方法，第一种方法与经典的控制理论判别法一致，求解微分方程判别根的性质，称为间接法。第二种方法不必求解系统的微分方程，而是构造一个李雅普诺夫函数，根据这个函数的性质来判断系统的稳定性，称为直接法，该方法适用于任何系统。本节主要介绍第二种方法。

8.7.1　相关数学基础

（1）二次型函数：$V(x) = x^{\mathrm{T}} P x$，其中 P 为 n 阶实对称矩阵，x 为 n 维列向量，$V(x)$ 为二次型函数。

（2）二次型的标准型：只含有平方项的二次型称为标准型。

（3）二次型的性质。

性质 8-1：二次型经过线性变换成另一个二次型。

性质 8-2：二次型函数 $V(x) = x^{\mathrm{T}} P x$ 存在正交矩阵 A，通过变换 $x = A\bar{x}$ 使系统化为

$$V(\bar{x}) = \bar{x}^{\mathrm{T}} \begin{bmatrix} \lambda_1 & & & \\ & \lambda_2 & & \\ & & \ddots & \\ & & & \lambda_n \end{bmatrix} \bar{x}$$

式中，矩阵中其他元素为零；$\lambda_i (i=1,2,\cdots,n)$ 为矩阵 A 的特征值。

性质 8-3：二次型的标准型不唯一。

（4）标量函数的定号性。

① 标量函数的正定性：对于任意 $t \geq t_0$，在域 Ω 中所有非零状态 x，有 $V(x) > 0$，且在 $x = 0$ 处有 $V(x) = 0$，则在 Ω 中 $V(x)$ 是正定函数。对于任意，$t \geq t_0$ 有时变函数 $V(x,t) > W(x)$，其中 $W(x)$ 是正定函数，且 $V(0,t) = 0$，则在 Ω 中 $V(x,t)$ 是正定的。②标量函数的负定性：如果在 Ω 中 $-V(x)$ 是正定函数，则标量函数 $V(x)$ 是负定函数。③标量函数的正半定性：如果标量函数 $V(x)$ 除了原点以及某些状态等于零外，在域中其他状态均为正定，则 $V(x)$ 是正半定的。④标量函数的负半定性：如果 $-V(x)$ 是正半定的，则 $V(x)$ 是负半定的。⑤标量函数的不定性：如果在域 Ω 内 $V(x)$ 可正可负，则称 $V(x)$ 为不定的标量函数。

8.7.2 李雅普诺夫意义下稳定性的含义

1. 平衡状态

系统方程 $\dot{x} = f(x, t)$ 为 n 维向量函数，x 为 n 维状态向量。对于所有 t 有下式成立：

$$\dot{x}_e = f(x_e, t) = 0 \tag{8-56}$$

式中，x_e 称为平衡状态。

对于线性系统 $\dot{x} = Ax$ 而言，A 为非奇异矩阵，系统有唯一的零解。如果 A 为奇异矩阵，或系统是非线性系统，则可能存在多个平衡状态。

2. 李雅普诺夫意义下的稳定性

系统初始状态在以平衡状态 x_e 为球心、δ 为半径的闭球域 $s(\delta)$ 内，即 $\|x_0 - x_e\| \leqslant \delta$, $t = t_0$，如果系统方程的解为 $x(t, t_0, x_0)$，在 $t \to \infty$ 的过程中都位于以 x_e 为球心、任意大小半径为 ε 的闭球域 $s(\varepsilon)$ 内，即

$$\|x(t, t_0, x_0) - x_e\| \leqslant \varepsilon, \quad t \geqslant t_0 \tag{8-57}$$

则称系统的平衡状态 x_e 在李雅普诺夫意义下是稳定的。几何意义如图 8-8 所示。式中 $\|\cdot\|$ 表示欧几里得范数。一般情况下 δ 与 ε 和 t_0 是有关系的。如果 δ 与 t_0 是没有关系的，称平衡状态是一致稳定的。这种稳定性与经典控制中的稳定性不同，经典控制中的稳定是指渐近稳定。临界稳定这种情况在经典控制理论中是属于不稳定的情况，但是在李雅普诺夫稳定意义下，可以是稳定的。

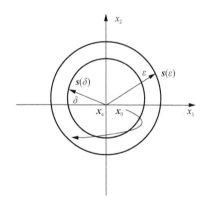

图 8-8　李雅普诺夫意义下的稳定性

3. 渐近稳定性

如果平衡状态 x_e 不仅具有李雅普诺夫意义下的稳定性，而且有

$$\lim_{t \to \infty} \|x(t, t_0, x_0) - x_e\| = 0 \tag{8-58}$$

则称此平衡状态是渐近稳定的，其几何意义如图 8-9 所示。经典控制理论的稳定性与此是一致的。

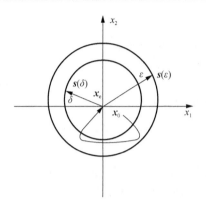

图 8-9 渐近稳定性

4. 大范围（全局）渐近稳定性

当初始状态遍历整个状态空间，且平衡状态均具有渐近稳定性时，称此平衡状态是大范围渐近稳定的，即由空间任一点出发的轨迹都收敛于 x_e。对线性系统而言是渐近稳定的，则必是大范围渐近稳定的，而非线性系统不具有该性质。

5. 不稳定性

对于某个实数 ε 和任意一个 $\delta > 0$，无论这两个数多小，在 $s(\delta)$ 内总存在 x_0 状态，从该点出发的轨迹超出 $s(\varepsilon)$，则平衡状态 x_e 是不稳定的，如图 8-10 所示。

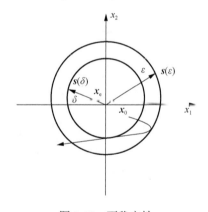

图 8-10 不稳定性

8.7.3 李雅普诺夫第二法

定常系统大范围渐近稳定判别定理 8-1。对于定常系统 $\dot{x} = f(x)$，$t \geq 0$，$f(0) = 0$，如存在一个具有连续一阶导数的标量函数 $V(x)$，$V(0) = 0$，并且对于状态空间中任意非零点 x 满足如下条件：①$V(x)$ 正定；②$\dot{V}(x)$ 负定；③当 $\|x\| \to \infty$ 时，$V(x) \to \infty$，则系统的原点平衡状态是大范围渐近稳定的。

定常系统大范围渐近稳定判别定理 8-2。对于定常系统 $\dot{x} = f(x)$，$t \geq 0$，如存在一个具

有连续一阶导数的标量函数 $V(x)$，$V(0) = 0$，并且对于状态空间中任意非零点 x 满足如下条件：① $V(x)$ 正定；② $\dot{V}(x)$ 负半定；③ 当 $\|x\| \to \infty$ 时，$V(x) \to \infty$；④ 任意 $x \in X$，$\dot{V}\left[x(t, x_0, 0)\right] \neq 0$，则系统的原点平衡状态是大范围渐近稳定的。

不稳定判别定理　对于定常系统 $\dot{x} = f(x)$，$t \geqslant 0$。如存在一个具有连续一阶导数的标量函数 $V(x)$，$V(0) = 0$，存在一个包含原点的区域 Ω，任意 $x \in \Omega$，任意 $t \geqslant t_0$，有如下结论：① $V(x)$ 正定；② $\dot{V}(x)$ 正定，则平衡状态不稳定。

8.7.4　李雅普诺夫第二法在线性定常系统中的应用

线性定常系统的方程 $\dot{x}(t) = \dot{x} = Ax$，$\dot{x}(t) = x(0) = x_0$，$t \geqslant 0$，$A$ 为非奇异矩阵。给定一个二次型函数 $V(x) = x^{\mathrm{T}} P x$ 作为一个可能的李雅普诺夫函数，则下述关系成立：

$$\dot{V}(x) = x^{\mathrm{T}}\left(A^{\mathrm{T}} P + P A\right) x, \quad A^{\mathrm{T}} P + P A = -Q, \quad \dot{V}(x) = -x^{\mathrm{T}} Q x$$

只要矩阵 Q 正定，则系统是大范围渐近稳定的。

实际应用时，我们经常选取 Q 为正定实对称矩阵，通常为单位矩阵或对角矩阵。然后再求取 P，如果 P 为正定实对称矩阵，那么系统是渐近稳定的。

线性定常连续系统 $\dot{x}(t) = \dot{x} = Ax$，$\dot{x}(t) = x(0) = x_0$，$t \geqslant 0$，$A$ 为非奇异矩阵渐近稳定的充要条件：对于任意一个给定的正定矩阵 Q，有唯一的正定对称矩阵 P 使 $A^{\mathrm{T}} P + P A = -Q$ 成立。根据线性定常连续系统大范围渐近稳定判别定理，如果系统的任意状态轨迹在非零状态不存在 $\dot{V}(x)$ 恒为零，矩阵 Q 可选择正半定的，而解得的矩阵 P 仍为正定。

小　　结

本章前三节属于状态空间法基础，介绍一些现代控制理论基本概念，分析论述状态空间描述的内涵形式，建立方法及求解等有关知识。状态空间是由系统结构导出的一类内部描述，可完全表征系统的动态行为和结构特性。状态空间变换代数实质是线性非奇异变换，其作用是推导状态空间描述的规范型，线性定常系统在线性非奇异变换下固有特性不变，如特征值、特征多项式、传递函数矩阵、极点等。状态空间方程求解，实质是为给定和初始状态求解。系统的状态空间方程属于系统的运动分析，即在状态空间中给出初始状态点，然后描述出从该点出发的状态运动轨迹。

后四节是本章的主要内容。可控性、可观测性是现代控制理论中两个最为基本的概念。很多控制问题、估计问题都是以这两个特性为前提的。可控性是指外部输入对系统运动的影响；要掌握对应的判据和相应的规范型。极点配置属于综合问题，归结为计算状态反馈或输出反馈的方法和步骤，现在通常由计算机完成。李雅普诺夫稳定性理论是研究稳定性理论最为基础的工具，适用于线性和非线性系统。本章主要讨论李雅普诺夫稳定性理论第二方法，其难点和核心在于构造一个合适的李雅普诺夫函数，然后根据其导数对系统稳定性进行判断。

习　题

8-1 系统的动态性能由 $\dddot{y} + 5\ddot{y} + 7\dot{y} + 3y = \ddot{u} + 3\dot{u} + 2u$ 微分方程描述，列写其相应的状态空间表达式，并画出相应的模拟结构图。

8-2 矩阵 $A = \begin{bmatrix} 0 & 1 & 0 \\ 0 & 0 & 1 \\ 2 & -5 & 4 \end{bmatrix}$，试用拉普拉斯逆变换法求 e^{At}。

8-3 判断矩阵 $\boldsymbol{\Phi}(t) = \begin{bmatrix} 1 & 0 & 0 \\ 0 & \sin t & \cos t \\ 0 & -\cos t & \sin t \end{bmatrix}$ 是否满足状态转移矩阵的条件，如果满足，试求与之对应的 A 矩阵。

8-4 线性定常系统 $d\boldsymbol{x} = \begin{bmatrix} -3 & 1 \\ 1 & -3 \end{bmatrix}\boldsymbol{x} + \begin{bmatrix} 1 & 1 \\ 1 & 1 \end{bmatrix}\boldsymbol{u}$，$\boldsymbol{y} = \begin{bmatrix} 1 & 1 \\ 1 & -1 \end{bmatrix}\boldsymbol{x}$。试使用两种方法判别其可控性和可观测性。

8-5 线性系统的传递函数为 $\dfrac{y(s)}{u(s)} = \dfrac{s+a}{s^3 + 10s^2 + 27s + 18}$。

（1）试确定 a 的取值范围，使系统为不可控或不可观测的；

（2）在上述 a 的取值条件下，求使系统为可控状态空间表达式；

（3）在上述 a 的取值条件下，求使系统为可观测状态空间表达式。

8-6 以李雅普诺夫第二法确定下列系统原点的稳定性：

（1）$\boldsymbol{x} = \begin{bmatrix} -1 & 1 \\ 2 & -3 \end{bmatrix}\boldsymbol{x}$；

（2）$\dot{\boldsymbol{x}} = \begin{bmatrix} -1 & 1 \\ -1 & -1 \end{bmatrix}\boldsymbol{x}$。

8-7 已知系统状态空间方程为 $\dot{\boldsymbol{x}} = \begin{bmatrix} 1 & -1 & 1 \\ 0 & 1 & 1 \\ 1 & 0 & 1 \end{bmatrix}\boldsymbol{x} + \begin{bmatrix} 0 \\ 0 \\ 1 \end{bmatrix}u$，试设计一反馈阵使闭环系统极点配置为-1、-2、-3。

8-8 设系统传递函数为 $\dfrac{(s-1)(s+2)}{(s+1)(s-2)(s+3)}$，试问能否利用状态反馈将传递函数变成 $\dfrac{s-1}{(s+2)(s+3)}$？若有可能，试求出状态反馈 $\boldsymbol{K}$，并画出系统结构图。

8-9 已知系统：$\dot{\boldsymbol{x}} = \begin{bmatrix} 0 & 1 \\ 0 & 0 \end{bmatrix}\boldsymbol{x} + \begin{bmatrix} 0 \\ 1 \end{bmatrix}u$，$y = \begin{bmatrix} 1 & 0 \end{bmatrix}\boldsymbol{x}$。试设计一个状态观测器，使观测器的极点为 $-r$、$-2r(r>0)$。

9 MATLAB 的应用

MATLAB 是美国 The Math Works 公司开发的三大计算机数学语言之一，MATLAB 语言及其 Simulink 仿真环境在控制方面有着广泛的应用。本章主要介绍 MATLAB 在控制系统的部分应用。

9.1 MATLAB 与控制系统的数学模型

9.1.1 线性连续系统的数学模型

1. 传递函数多项式模型

单输入-单输出系统的数学模型为 $G(s) = \dfrac{b_m s^m + b_{m-1} s^{m-1} + \cdots + b_0}{a_n s^n + a_{n-1} s^{n-1} + \cdots + a_0} = \dfrac{C(s)}{R(s)}$，可以用分子和分母多项式的系数表示，即 $b_j(j = 0,1,2,\cdots,m)$ 和 $a_i(i = 0,1,2,\cdots,n)$ 来确定系统的模型，利用 MATLAB 工具箱中的 tf() 函数来表示传递函数。$\text{num} = [b_1 \quad b_2 \quad \cdots \quad b_m]$，$\text{den} = [a_1 \quad a_2 \quad \cdots \quad a_n]$。

$$G = \text{tf}\left(\frac{\text{num}}{\text{den}}\right) \tag{9-1}$$

例 9-1 已知系统的传递函数为 $G(s) = \dfrac{16s + 7}{s^3 + 3s^2 + 2s + 1}$，用 MATLAB 语句实现此传递函数。

MATLAB 中的结果如下：

```
>>num=[16 7];
den=[1 3 2 1 ];
G=tf(num,den)
G =
      16 s + 7
  --------------------
  s^3 + 3 s^2 + 2 s + 1
Continuous-time transfer function.
```

例 9-2 如上例系统中存在时间延迟，延迟常数为 6，即系统的传递函数为 $G(s) = G_0(s)\mathrm{e}^{-6}$，用 MATLAB 语句实现此传递函数。用 MATLAB 语句实现的过程如下：

```
>> G.ioDelay=6
G= 16 s + 7
  exp (－6*s) * ---------------------
             s^3 + 3 s^2 + 2 s + 1
Continuous-time transfer function.
```

也可以利用如下语句实现：

```
>>G1=tf (num,den,'ioDelay',6 )
G1 =16 s + 7
  exp (－6*s) * ---------------------
             s^3 + 3 s^2 + 2 s + 1
Continuous-time transfer function.
```

关于传递函数多项式模型在 MATLAB 中也可以用符号变量 s 定义传递函数中的拉普拉斯变量 s，这样可以直接把传递函数的数学形式表示出来了。

例 9-3 系统的传递函数为 $G(s)=\dfrac{(16s+7)(s+1)}{s(3s^2+2s+1)(s+8)}$，用 MATLAB 语句实现此传递函数。

MATLAB 中的结果如下：

```
>>s=tf('s');
>>G2=(16*s+7)*(s+1)/(s*(3*s^2+2*s+1)*(s+8))
G2=
      16 s^2 + 23 s + 7
   ----------------------------
   3 s^4 + 26 s^3 + 17 s^2 + 8 s
 Continuous-time transfer function.
```

关于 tf()函数的其他使用形式和参数，可以使用 get(tf)和 help tf 语句来实现。

2. 传递函数的零极点模型

传递函数的零极点模型一般可以表示为 $G(s)=K\dfrac{(s-z_1)(s-z_2)\cdots(s-z_m)}{(s-p_1)(s-p_2)\cdots(s-p_n)}=\dfrac{C(s)}{R(s)}$，利用零极点和增益就可以确定系统的模型可以利用 MATLAB 工具箱中的 zpk()函数来实现传递函数的零极点模型。格式为 $Z=[z_1,z_2,\cdots,z_m]$，$P=[p_1,p_2,\cdots,p_n]$，$k=K$。

$$G=\mathrm{zpk}(Z,P,k) \tag{9-2}$$

例 9-4 已知系统的传递函数为 $G=\dfrac{16(s+7)}{(s+2)(s+10)(s+0.5)}$，用 MATLAB 语句实现此传递函数。

MATLAB 中的结果如下：

```
>>z=[-7];
p=[-2 -10 -0.5];
```

```
k=16; %输入零、极点及系统增益参数
G6=zpk(z,p,k)
G6 =
      16 (s+7)
  -------------------
  (s+2)(s+0.5)(s+10)
Continuous-time zero/pole/gain model.
```

9.1.2　线性离散系统的数学模型

一般线性离散系统的数学模型主要是指脉冲传递函数、零极点模型和差分方程。我们首先要掌握脉冲传递函数在 MATLAB 中是如何实现的。

1. 脉冲传递函数

和连续系统一样，MATLAB 利用函数 tf() 就可以实现。但是要输入采样时间，形式为 $G(z) = \text{tf}(\text{num}, \text{den}, T_s)$，其中 T_s 为采样时间。

例 9-5　已知离散系统的数学模型 $G(z) = \dfrac{16z+7}{z^3 + 3z^2 + 2z + 1}$，用 MATLAB 语句实现此数学模型，采样时间为 0.2s。

MATLAB 中的结果如下：

```
num=[16 7];
den=[1 3 2 1];
Gz=tf(num,den,0.2)
Gz=
      16 z + 7
  ---------------------
  z^3 + 3 z^2 + 2 z + 1
  Sample time: 0.2 seconds
Discrete-time transfer function.
```

2. 零极点模型

例 9-6　已知离散系统的数学模型 $G(z) = \dfrac{10(z+1)(z+8)}{(z+10)(z+0.2\text{i})(z-0.2\text{i})}$，用 MATLAB 语句实现此数学模型，采样时间为 0.1s。

MATLAB 中的结果如下：

```
>>z=[-1 -8];
p=[-10  0.2i -0.2i];
>>Gz=zpk(z,p,10, 'Ts',0.1)
Gz =
    10 (z+1)(z+8)
  -------------------
  (z+10)(z^2 + 0.04)
```

控制工程导论

```
Sample time: 0.1 seconds
Discrete-time zero/pole/gain model.
```

其中，$G(z) = \mathrm{zpk}(z, p, 10, 'T_s', 0.1)$语句中第三个参数 10 为离散系统增益。

9.1.3 数学模型间的变换

1. 线性连续系统数学模型之间的转换

线性连续系统数学模型之间的转换，在 MATLAB 中由以下语句实现：

[z,p,k]=tf2zp(num,den)，数学模型由多项式形式转变为零极点形式。

[num,den]=zp2tf(z,p,k)，数学模型由零极点形式转变为多项式形式。

[num,den]=residue(r,p,k)，数学模型由部分分式形式转变为多项式形式。

例 9-7 已知系统的数学模型 $G(s) = \dfrac{16s + 7}{s^3 + 3s^2 + 2s + 1}$，对应的零极点数学模型如何表示？

用 MATLAB 语句实现的过程如下：

```
>>num=[16 7];
den=[1 3 2 1];
[z,p,k]=tf2zp(num,den)
z =
   -0.4375
p =
 -2.3247 + 0.0000i
 -0.3376 + 0.5623i
 -0.3376-0.5623i
k =16
```

例 9-8 已知系统的数学模型 $G(s) = \dfrac{16(s + 7)}{(s + 2)(s + 10)(s + 0.5)}$，用 MATLAB 语句实现与此数学模型对应的多项式模型。

用 MATLAB 语句实现的过程如下：

```
>>z=[-7];
P=[-2  -10  -0.5];
k=16;
[num,den]=zp2tf(z,p,k);printsys(num,den)
num/den =
         16 s + 112
    -------------------------
    s^3 + 12.5 s^2 + 26 s + 10
```

2. 连续模型和离散模型的转换

利用 MATLAB 中 c2d 函数把连续模型转化为脉冲传递函数，格式一般为 Gz=c2d(Gs,Ts,

'method')和[numz,denz]=c2d(num,den,Ts, 'method')，Ts 为采样时间，'method'为转化方法。'method'的默认取值是'zoh'，也就是零阶保持器法。如果'method'的默认取值是'foh'、'tustin'、'prewarp'、'matched'，那它们分别代表一阶保持器、双线性变换法、改进双线性变换法、零极点匹配法。

例 9-9　已知 $G(s)=\dfrac{16s+7}{s^3+3s^2+2s+1}$，采样周期为 1 s，用 MATLAB 语句实现此连续系统离散化后的脉冲传递函数。利用零阶保持器法和一阶保持器法两种方法实现。

零阶保持器法的 MATLAB 语句实现过程：

```
>>den=[16 7];
num=[1 3 2 1];
Gs=tf(den,num);
Ts=1;
Gz1=c2d(Gs,Ts, 'zoh')
Gz1 =
     3.729 z^2-0.7618 z-1.062
   ---------------------------------
   z^3 - 1.305 z^2 + 0.6271 z - 0.04979
Sample time: 1 seconds
Discrete-time transfer function.
```

一阶保持器法的 MATLAB 语句实现过程：

```
>>den=[16 7];
num=[1 3 2 1];
Gs=tf(den,num);
Ts=1;
Gz1=c2d(Gs,Ts, 'foh')
Gz1 =
  1.502 z^3 + 2.476 z^2-1.796 z-0.2765
  ---------------------------------------
    z^3-1.305 z^2 + 0.6271 z-0.04979
Sample time: 1 seconds
Discrete-time transfer function.
```

两种方法求得的脉冲传递函数极点一致，零点不同。

3．离散模型的连续化转换

利用 SYSC=d2c(sysd,'method')函数实现，其中'method'为转化方法，sysd 为离散系统数学模型。'method'默认取值是'zoh'，也就是零阶保持器法。如果'method'的默认取值是'foh'、'tustin'、'prewarp'、'matched'，那它们分别代表一阶保持器法、双线性变换法、改进双线性变换法、零极点匹配法。

例 9-10　已知离散系统的数学模型 $G(z)=\dfrac{10(z+1)(z+8)}{(z+10)(z+0.2\mathrm{i})(z-0.2\mathrm{i})}$，采样时间为 0.1 s，利用零阶保持器法和一阶保持器法两种方法实现。

零阶保持器法的 MATLAB 语句实现过程：

```
>>z=[-1  -8];
p=[-10  0.2i  -02i];
Gz=zpk(z,p,10, 'Ts',0.1);
Gs=d2c(Gz, 'zoh')
Gs =
       -332(s-24.91)(s^2-44.72s+1460)
  -------------------------------------------
   (s^2 + 32.19s + 505.8)(s^2 -46.05s + 1517)
Continuous-time zero/pole/gain model.
```

一阶保持器法的 MATLAB 语句实现过程：

```
>>z=[-1  -8];
p=[-10  0.2i  -0.2i];
Gz=zpk(z,p,10, 'Ts',0.1);
Gs=d2c(Gz, 'foh')
Gs=
   31.221 (s^2 - 19.61s + 256.1)(s^2 - 45.94s + 1510)
  --------------------------------------------------
    (s^2 + 32.19s + 505.8)(s^2 - 46.05s + 1517)
Continuous-time zero/pole/gain model.
```

可以看出两种方法对系统的极点没有影响，但是对增益和零点分布是有影响的。

9.2　MATLAB 与控制系统的时域分析

9.2.1　线性系统的性能计算

1. 单位阶跃响应

利用 MATLAB 中 step 函数可以实现单位阶跃响应,其常用格式如下: step(sys)、step(sys,t)、step(sys1,sys2,…,sysN)、[y,t]=step(sys)。第一种形式是绘制 sys 的单位阶跃响应曲线, 第二种形式是绘制给定时间范围内的单位阶跃响应曲线,第三种形式是绘制一个窗口 N 个系统的单位阶跃响应曲线,第四种形式是返回在时间 t 内的单位阶跃响应的数据,并把这些数据存入变量 y 中。

例 9-11　绘制系统 $G(s) = \dfrac{2}{s+4}$ 的单位阶跃响应曲线。

用 MATLAB 语句实现的过程如下:

```
>>num=2;
den=[1 4];
step(tf(num,den)); xlabel('时间'); ylabel('幅值'); title('阶跃响应');
```

运行结果如图 9-1 所示。

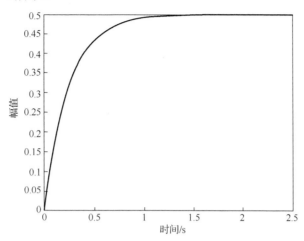

图 9-1 例 9-11 单位阶跃响应曲线

例 9-12 在同一窗口，绘制系统 $G_1(s) = \dfrac{2}{s+9}$ 和 $G_2(s) = \dfrac{2}{s^2+2s+4}$ 的单位阶跃响应曲线。

用 MATLAB 语句实现的过程如下：

```
>> num1=2;
den1=[1 9];
num2=2;
den2=[1 2 4];
step(tf(num1,den1));
hold on;step(tf(num2,den2));legend('G1','G2');
xlabel('时间');
ylabel('幅值');
title('阶跃响应');
```

运行结果如图 9-2 所示。

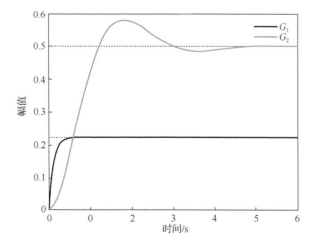

图 9-2 例 9-12 单位阶跃响应曲线

例 9-13 绘制系统 $G(s) = \dfrac{9}{s^2 + 2s + 9}$ 在 5 s 内的单位阶跃响应曲线。

用 MATLAB 语句实现的过程如下：

```
>> num1=9;
den1=[1 2 9];
G1=tf(num1,den1);
t=0:0.01:5;
step(G1,t); xlabel('时间'); ylabel('幅值'); title('阶跃响应');
```

运行结果如图 9-3 所示。

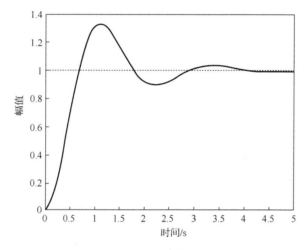

图 9-3　例 9-13 单位阶跃响应曲线

对于单位脉冲响应，MATLAB 中利用 impulse 函数可以实现，其格式与 step() 函数是一致的。

例 9-14 绘制系统 $G(s) = \dfrac{9}{s^2 + 2s + 9}$ 在 5s 内的单位脉冲响应曲线。

用 MATLAB 语句实现的过程如下：

```
>>num1=9;
den1=[1 2 9];
G1=tf(num1,den1);
t=0:0.01:5;
impulse(G1,t); xlabel('时间'); ylabel('幅值'); title('脉冲响应');
```

运行结果如图 9-4 所示。

2. 单位阶跃响应性能指标的描述

在自动绘制的系统阶跃响应曲线上单击曲线的任何一点就可以显示该点的时间和幅值信息，当我们分析系统的上升时间、超调量和调节时间等信息时，可以在 MATLAB 绘制的系统阶跃响应曲线上单击鼠标右键，得到如图 9-5 所示的菜单，选择 Characteristics 菜单就可以得到相应的性能指标。

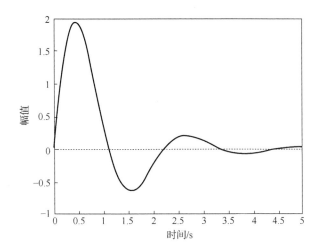

图 9-4　例 9-14 单位阶跃响应曲线

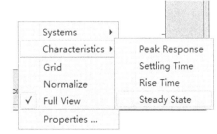

图 9-5　单位阶跃响应指标描述菜单

例 9-15　利用 MATLAB 中有关函数求系统 $G(s) = \dfrac{2}{s^2 + s + 2}$ 的性能指标。

用 MATLAB 语句实现的过程如下：

```
>>num=2;
den=[1 1 2];
step(tf(num,den)); xlabel('时间'); ylabel('幅值'); title('阶跃响应');
```

可以在 MATLAB 绘制的系统阶跃响应曲线上单击鼠标右键，得到如图 9-5 所示的菜单，选择 Characteristics 选项得到图 9-6 的结果。

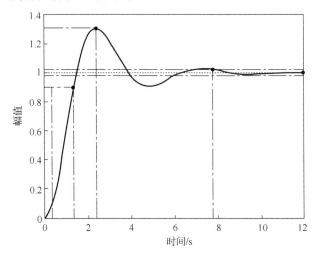

图 9-6　系统阶跃响应曲线 Characteristics 选项响应指标

9.2.2　稳定性分析

线性系统的稳定性与系统的零极点分布有密切的关系，可以通过绘制零极点分布图来判别系统的稳定性，在 MATLAB 中可以利用这几个函数来判别系统的稳定性。pzmap(sys)绘制系统零极点分布图，[p,z]=pzmap(sys)对系统的零极点来赋值。pole(sys)计算系统的闭环极点。

例 9-16　利用 MATLAB 中有关函数分析系统 $G(s) = \dfrac{2}{s^2 + s + 2}$ 的稳定性。

用 MATLAB 语句实现的过程如下：

```
>> num=[1 2];
den=[1 1 2];
G=tf(num,den);
p=pole(G)
pzmap(G)
xlabel('实轴'); ylabel('虚轴'); title('零极点分布图');
p =
  -0.5000+1.3229i
  -0.5000+1.3229i
```

运行结果如图 9-7 所示。

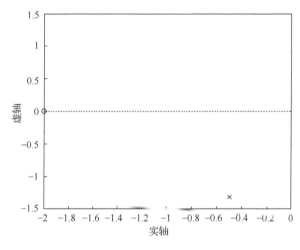

图 9-7　例 9-16 零极点分布图

9.3　MATLAB 与控制系统的频域分析

9.3.1　奈奎斯特曲线的绘制

利用 MATLAB 中 nyquist()函数来绘制奈奎斯特曲线。nyquist(sys)绘制系统 sys 的奈奎斯特曲线，nyquist(sys,w)绘制系统 sys 指定频率的奈奎斯特曲线，nyquist(sys1,sys2,…,sysN)绘制系统 sys1,sys2,…,sysN 的奈奎斯特曲线，nyquist(sys1,sys2,…,sysN,w)绘制系统 sys1,sys2,…,sysN 指定频率的奈奎斯特曲线，[re,im]= nyquist(sys,w)计算指定频率的频率图特性，返回实部和虚部。

例 9-17　利用 MATLAB 中有关函数绘制单位反馈系统的开环传递函数 $G(s)=\dfrac{s+2}{s^3+s^2+s+2}$ 的奈奎斯特曲线。

用 MATLAB 语句实现的过程如下：

```
>>num=[1 2];
den=[1 1 1 2];
G=tf(num,den);
nyquist(G)
```

运行结果如图 9-8 所示。

上例中奈奎斯特曲线的频率变化范围是 $(-\infty,\infty)$，但是一般我们只需观测频率范围是 $(0,\infty)$ 时的情况，我们用鼠标右键单击奈奎斯特曲线，出现如图 9-9 的菜单，单击 Negative Frequencies 即可绘制 $(0,\infty)$ 频率段奈奎斯特曲线，如图 9-10 所示。

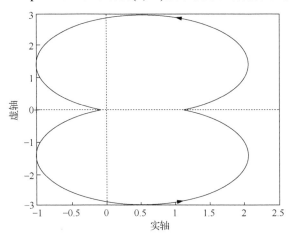

图 9-8　例 9-17 的奈奎斯特曲线

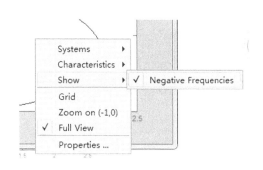

图 9-9　例 9-17 中频率选择菜单

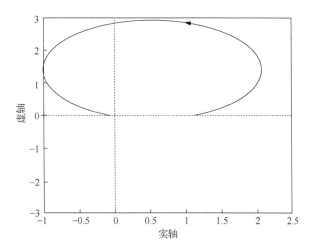

图 9-10　例 9-17 中 $(0,\infty)$ 频率段奈奎斯特曲线

9.3.2 伯德图的绘制

MATLAB 中可以利用 bode()函数来绘制伯德图。bode(sys)绘制系统 sys 的伯德图，bode (sys,w)绘制系统 sys 指定频率的伯德图，bode(sys1,sys2,…,sysN)绘制系统 sys1,sys2,…,sysN 的伯德图，bode(sys1,sys2,…,sysN,w)绘制系统 sys1,sys2,…,sysN 指定频率的伯德图，[mag, phase,w]=bode(sys,w)计算指定频率的模、相位并返回对应的数据。

例 9-18   利用MATLAB 中有关函数绘制单位反馈系统的开环传递函数 $G(s) = \dfrac{s+2}{s^3+s^2+s+2}$ 的伯德图。

用 MATLAB 语句实现的过程如下：

```
>>num=[1 2];
den=[1 1 1 2];
G=tf(num,den);
Bode(G)
```

运行结果如图 9-11 所示。

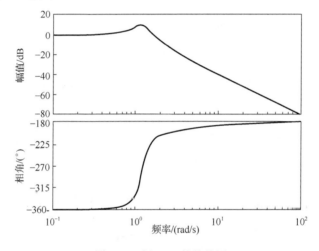

图 9-11   例 9-18 的伯德图

可以通过伯德图了解系统更多性质，我们用鼠标右键单击伯德图，出现如图 9-12 的菜单，单击 Characteristics 即可了解有关特性。

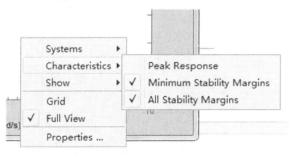

图 9-12   伯德图中的菜单

9.3.3 幅值裕度和相位裕度的求取

MATLAB 中可以利用 margin()函数来计算幅值裕度和相位裕度。margin(sys)绘制伯德图，并可在图上标出相应频域指标。[gm,pm,wcg,wcp]=margin(sys)不绘制图形，但可以返回幅值裕度和相位裕度。

例 9-19 利用 MATLAB 中有关函数计算系统的稳定裕度，系统的开环传递函数为 $G(s)=\dfrac{2}{s^3+3s^2+4s}$。

用 MATLAB 语句实现的过程如下：

```
>>num=2;
den=[1 3 4 0];
G=tf(num,den);
[gm,pm,wcg,wcp]=margin(G)
gm =
    6.0000
pm =
    68.4093
wcg =
    2.0000
wcp =
    0.4953
```

9.4 MATLAB 与离散系统的分析

9.4.1 离散系统的时域响应

MATLAB 中有多个函数可以用来计算离散系统的时域响应，这些函数的调用格式如表 9-1 所示。

表 9-1 基本的离散系统时域响应函数

函数	MATLAB 函数	说明
dstep	dstep(num,den)	绘制单输入-单输出离散系统单位阶跃响应曲线，N 为自定义显示点数
	dstep(num,den,N)	
dimpulse	dimpulse(num,den)	绘制单输入-单输出离散系统单位脉冲响应曲线，N 为自定义显示点数
	dimpulse(num,den,N)	
dlism	dlism(num,den,u)	绘制离散系统在输入 u 作用下响应曲线

例 9-20 系统的结构图如图 9-13 所示，$G_h(s)=\dfrac{1-\mathrm{e}^{-Ts}}{s}$ 为零阶保持器，其中 $T=1\mathrm{s}$。

图 9-13　例 9-20 系统的结构图

（1）计算与图 9-13 对应的连续系统的动态性能指标，即没有采样器和采样开关。

系统的闭环传递函数为 $G = \dfrac{1}{s^2 + s + 1}$，其阶跃响应如图 9-14 所示，超调量 16.3%，峰值时间 3.63 s，调节时间为 5.4 s。

```
>>num=[1];
den=[1 1 1];
step(num,den); xlabel('时间'); ylabel('幅值'); title('阶跃响应');
```

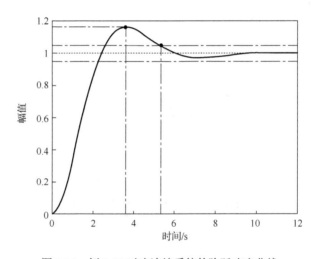

图 9-14　例 9-20 对应连续系统的阶跃响应曲线

（2）图 9-13 没有零阶保持器时，分析只有采样开关时系统的性能，先由图 9-13 得到开环脉冲传递函数 $G(z) = \dfrac{0.63z}{z^2 - 1.37z + 0.37}$，再根据开环脉冲传递函数与闭环脉冲传递函数的关系得到闭环脉冲传递函数为 $G(z) = \dfrac{0.63z}{z^2 - 0.74z + 0.37}$，取采样时间为 1 s，其阶跃响应如图 9-15 所示，分析得到系统的指标为超调量 21%，峰值时间 3.2 s，调节时间 5.2 s。

```
>>num=[0.63];
den=[1 -0.74 0.37];
dstep(num,den); xlabel('时间'); ylabel('幅值'); title('阶跃响应');
```

（3）图 9-13 再加入零阶保持器，取采样时间为 1 s，计算其性能指标。
首先计算开环脉冲传递函数：

```
>>num=[0.63];
den=[1 -0.74 0.37];
dstep(num,den)
Gz =
```

```
    0.3679 z + 0.2642
---------------------
 z^2-1.368 z + 0.3679
Sample time: 1 seconds
Discrete-time transfer function.
```

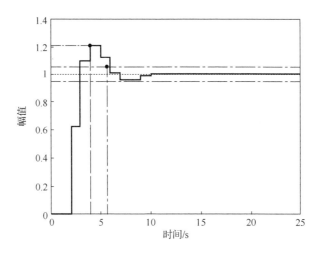

图 9-15　图 9-13 没有零阶保持器时的阶跃响应曲线

再根据开环脉冲传递函数与闭环脉冲传递函数的关系得到闭环脉冲传递函数为 $G(z) = \dfrac{0.37z + 0.26}{z^2 - z + 0.63}$，其响应如图 9-16 所示，分析得到系统的指标为超调量 40%，峰值时间 3.9 s，调节时间 11.6 s。

```
>>num=[0.37 0.26];
den=[1 -1 0.63];
dstep(num,den); xlabel('时间'); ylabel('幅值'); title('阶跃响应');
```

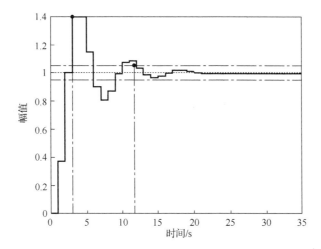

图 9-16　图 9-14 加入零阶保持器的单位阶跃响应曲线

9.4.2 离散系统的稳定性分析

稳定性分析的一个直观的方法就是找到闭环脉冲传递函数的零极点分布来判别离散系统的稳定性。利用 MATLAB 中的函数 pzmap(sys)就可以实现，其中 sys 是系统的模型。

例 9-21 已知系统的闭环脉冲传递函数 $G(z) = \dfrac{z+2}{z^2+z+2}$，应用 MATLAB 分析系统的稳定性。

```
>>num=[1 2];
den=[1 1 2];
sys=tf(num,den,-1);
pzmap(sys); xlabel('实轴'); ylabel('虚轴'); title('零极点分布图');
```

sys=tf(num,den,−1)中参数 −1 表示采样时间未知，运行结果如图 9-17 所示，可以看出特征根在单位圆外，系统不稳定。

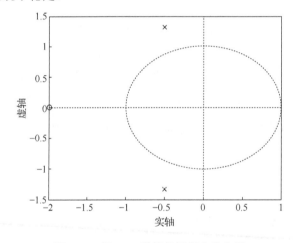

图 9-17 例 9-21 系统的零极点分布图

9.5 MATLAB 与系统的根轨迹

MATLAB 可以比较精准地绘制系统的根轨迹,但是在绘制前要把系统的开环数学模型表达成根轨迹方程的标准形式，即 $k^* \dfrac{\text{num}(s)}{\text{den}(s)}$，其中 k^* 为根轨迹增益， $\text{num}(s)$ 和 $\text{den}(s)$ 均为多项式。

9.5.1 绘制系统的根轨迹

我们一般利用如下函数实现根轨迹的绘制：rlocus(num,den)，rlocus(sys)，rlocus(sys,k)。其中 k 值范围由人工指定。

例 9-22　已知系统的开环传递函数为 $G(s) = k^* \dfrac{s+1}{s^3+s^2+2s+4}$，绘制系统的根轨迹。

```
>>num=[1 1];
den=[1 1 2 4];
rlocus(num,den); xlabel('实轴'); ylabel('虚轴'); title('根轨迹');
```

运行结果如图 9-18 所示。

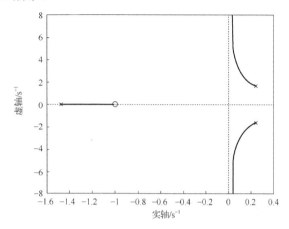

图 9-18　例 9-22 系统的根轨迹图

例 9-23　已知系统的开环传递函数为 $G(s) = k^* \dfrac{s+2}{s^2+s+2}$，绘制 k^* 在(0.1,8)变化时，系统的根轨迹。

```
>>num=[1 2];
den=[1 1 2];
k=[0.1:0.1:8];
rlocus(num,den,k); xlabel('实轴'); ylabel('虚轴'); title('根轨迹');
```

运行结果如图 9-19 所示。

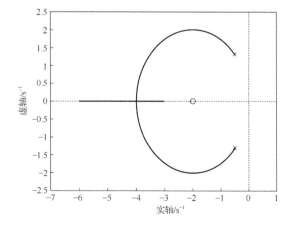

图 9-19　例 9-23 系统的根轨迹图

例 9-24 已知系统的开环传递函数 $G(s) = k^* \dfrac{s^2 + s + 2}{s^3 + s^2 + 3s + 2}$，绘制 k^* 在(1,100)变化时的根轨迹。

```
>>num=[1 1 2];
den=[1 1 3 2];
k=[1:0.5:100];
rlocus(num,den,k); xlabel('实轴'); ylabel('虚轴'); title('根轨迹');
```

运行结果如图 9-20 所示。

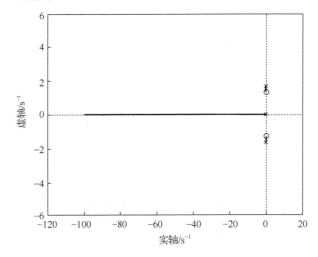

图 9-20 例 9-24 系统的根轨迹图

9.5.2 计算系统根轨迹的增益及其他极点的计算

系统分析设计时，根据系统的性能我们往往把系统的根部分或全面限制在一些特定的位置附近，这时需要求取系统其他极点和相应增益的数值，其他极点和相应增益的数值可以由 rlocfind 函数求得，其格式如下：

$$[k, \ poles]=rlocfind(num,den)$$

该命令先绘制系统的根轨迹，然后用光标选定闭环极点来获得所有闭环极点和增益。

$$[k, \ poles]=rlocfind(num,den,p)$$

计算给定极点 p 对应的根轨迹增益和其他没有给出的极点。

例 9-25 已知系统的开环传递函数为 $G(s) = k^* \dfrac{s+2}{s^3 + 2s^2 + 4s + 2}$，当有一闭环极点为 –4 时，求 k^* 及其他极点的值。

```
>>num=[1 2];
den=[1 2 4 2];
[k,poles]=rlocfind(num,den,−4)
k =
   23.0000
```

```
poles =
  -0.0992+5.1607i
  -0.0992-5.1607i
  -1.8016+0.0000i
```

可知系统根轨迹增益为 23，其余三个根为 $-0.0992+5.1607i$、$-0.0992-5.1607i$ 和 $-1.8016+0.0000i$。

小　　结

本章主要讨论了 MATLAB 在古典控制理论中的部分应用，通过学习应该掌握以下内容：
（1）如何在 MATLAB 中建立连续系统和离散系统的不同形式的数学模型。
（2）掌握不同形式模型间的转换函数及形式。
（3）利用 MATLAB 有关函数绘制连续和离散系统的阶跃响应曲线。
（4）利用 MATLAB 有关函数分析连续和离散系统的稳定性和动态性能。
（5）利用 MATLAB 有关函数绘制奈奎斯特曲线和伯德图。

习　　题

9-1　已知系统的传递函数 $G(s)=\dfrac{s+2}{s^3+s^2+s+2}$，在 MATLAB 中表示该系统。

9-2　已知系统的传递函数 $G(s)=\dfrac{s+2}{s^3+s^2+s+2}$，在 MATLAB 中建立系统的零极点模型。

9-3　已知系统的传递函数 $G(s)=\dfrac{s+2}{s^2+s+2}\mathrm{e}^{-2s}$，在 MATLAB 中表示该系统。

9-4　已知系统的传递函数 $G(s)=\dfrac{s+2}{s^3+s^2+s+2}$，在 MATLAB 中表示该系统的阶跃响应，并标出性能指标。

9-5　已知系统的传递函数 $G(s)=\dfrac{s+2}{s^3+s^2+s+2}$，在 MATLAB 中分析系统的稳定性。

9-6　已知系统的开环传递函数 $G(s)=k^*\dfrac{s+2}{s^3+s^2+s+2}$，在 MATLAB 中用相应函数绘制系统的根轨迹。

9-7　已知系统的开环传递函数 $G(s)=\dfrac{2}{s(0.1s+1)(Ts+1)}$，在 MATLAB 中用相应函数绘制参数 T 变化时系统的根轨迹。

9-8　已知离散系统的脉冲传递函数 $G(z) = \dfrac{9z+2}{z^3+z^2+z+2}$，在 MATLAB 中表示该系统。

9-9　已知离散系统的脉冲传递函数 $G(z) = \dfrac{9z+2}{z^3+z^2+z+2}$，在 MATLAB 中建立系统的零极点模型。

9-10　已知系统的传递函数 $G(s) = \dfrac{s+2}{s^2+s+2}$，采样时间为 1s，利用零阶保持器法，在 MATLAB 中求出此系统离散化后的脉冲传递函数。

9-11　已知系统的脉冲传递函数 $G(z) = \dfrac{9z+2}{z^2+z+2}$，在 MATLAB 中表示该离散系统的阶跃响应，并标出性能指标。

9-12　已知系统的脉冲传递函数 $G(z) = \dfrac{z+20}{z^3+2z^2+10z+2}$，在 MATLAB 中分析系统的稳定性。

9-13　在 MATLAB 中利用有关函数绘制单位反馈系统的开环传递函数 $G(z) = \dfrac{z+1}{z^3+z^2+z+2}$ 的伯德图。

9-14　在 MATLAB 中利用有关函数绘制单位反馈系统的开环传递函数 $G(s) = \dfrac{s+2}{s^3+3s^2+2s}$ 的奈奎斯特曲线。

10　控制系统在车辆工程中的应用

本章主要介绍控制在车辆上的应用，车辆的性能与控制的好坏关系是非常密切的，也是评价车辆高级性的重要指标。发动机、底盘及车身各个部分都有控制的应用，用于改善汽车动力性、经济性、排放性能、安全性、方便性与舒适性等性能。例如，电控燃油喷射系统，可以精确控制混合气空燃比及可燃混合气的形成，提高发动机的动力性和经济性，还能减少排放；控制点火系统，在最佳点火提前角时刻点火，避免爆燃，提高发动机的动力性、经济性，减少排放；进气控制系统，通过切换进气道、改变配气相位和气门升程等改善发动机在不同工况下的充气效率，提高发动机的输出转矩；废气涡轮增压系统，增加发动机进气量，提高发动机输出转矩；电子节气门控制系统，通过精确控制进入气缸的空气量，可以提高发动机的动力性和舒适性等性能；发动机怠速控制系统，在不同工况下怠速自动调节，降低油耗和减少排放；防抱死制动系统，制动时防止车轮抱死，缩短制动距离，保证制动时的方向稳定性和转向操纵能力；驱动防滑转系统，防止驱动轮滑转，提高汽车的加速性和操纵稳定性；电子控制制动力分配系统，自动调节前后轮的制动力分配，充分利用前后轮附着系数，缩短制动距离。以上只是列举了控制在车辆上的部分应用。由于被控对象车辆的复杂性，车辆控制一般都采用现代控制理论为主要手段，而古典控制理论在车辆控制中的应用则比较少。本章列举了汽车电子节气门控制系统及发动机怠速控制系统两个例子。

10.1　电子节气门控制系统

电子节气门控制系统的基本目标是节气门开度能够又快又精确且超调量尽可能小地到达期望的目标位置。采用电子节气门控制系统使加速踏板与节气门之间无机械连接，而是通过传感器、控制器及节气门驱动装置实现电子控制方式的连接，可使节气门的开度不完全取决于驾驶员对加速踏板的操纵，控制系统可根据发动机的工况、汽车的行驶状态等其他相关信息对节气门的开度做出实时的调节，使发动机总在最合适的状态下工作，从而提高了汽车的动力性、安全性及舒适性。电子节气门控制系统结构图，如图 10-1 所示。其中，电子控制单元（electronic control unit，ECU）的功能有两部分：最佳节气门开度计算和节气门开度跟踪控制。最佳节气门开度计算是根据加速踏板的位置信息及工作模式、发动机转速（怠速控制、巡航控制等）、发动机输出功率（牵引力控制）以及大气压力等，通过一定的计算方法得到一个与之相应的节气门目标开度，节气门开度控制模块运用一定的控制算法使节气门开度跟踪目标开度。

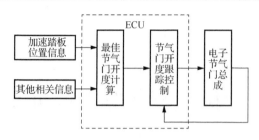

图 10-1　电子节气门控制系统结构图

10.1.1　电子节气门结构

电子节气门（以下简称节气门）作为一个机电一体化产品，由节气门驱动电机、节气门减速齿轮组、节气门阀体、复位弹簧和节气门位置传感器等组成。节气门的结构如图 10-2 所示。下面对节气门的主要结构进行详细说明。

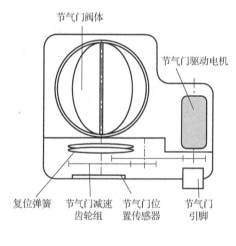

（a）节气门结构简图

（b）节气门实物图

图 10-2　节气门图示

1. 节气门驱动电机

节气门驱动电机采用直流伺服电机，该电机具有响应速度快、精度高等特点，比较符合节气门的跟踪控制要求。

2. 节气门减速齿轮组

驱动电机的输出扭矩通过减速齿轮组传递到节气门阀体的转轴上。如图 10-3 所示，此种结构可以通过减速齿轮来增加转动扭矩，同时使节气门阀体的尺寸变得更加紧凑，节省了空间。

3. 节气门阀体

节气门阀体由节气门阀片及转轴构成，节气门开度是指节气门阀片与节气门阀体垂直方向的夹角，为了避免节气门阀片在完全闭合的情况下卡在进气管中，将节气门全闭开度设置为2°，本章节气门开度范围为0°～105°，有效开度范围则是0°～103°。为了保证在节气门驱动电机失效的情况下，节气门仍能有个小开度来保证发动机在低转速工作时的进气量需求，在跛行回家（limp-home）的情况下就近维修或离开路面，此时设置节气门处在一个较小开度，这个开度称为"limp-home"位置。

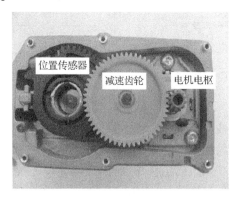

图10-3 节气门减速齿轮组实物图

4. 复位弹簧

复位弹簧组由两个弹性系数不同的弹簧组成，两个弹簧都有一定的预紧力，使节气门挡板在静态情况下保持在前文所说的"limp-home"位置，复位弹簧的扭矩特性如图10-4所示。

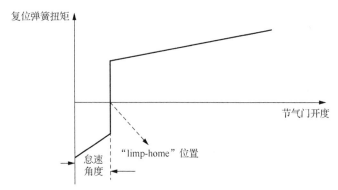

图10-4 节气门复位弹簧的扭矩特性

5. 节气门位置传感器

节气门位置传感器（throttle position sensor，TPS）的作用是实时将节气门开度信息转化为电压信号输出，是节气门唯一的传感器。为了保证节气门的可靠性，位置传感器采用了冗余设计，即两个传感器输出信号互补式变化，但两个传感器的输出电压之和与电源电压相等。节气门位置传感器的工作原理如图 10-5（a）所示。当某一个传感器出现异常时，系统可以及时检测，并且切换到另外一路传感器来保证系统继续正常工作。节气门位置传感器输出电压如图10-5（b）所示。

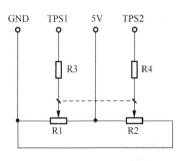 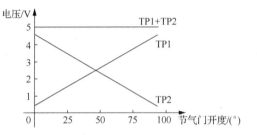

（a）节气门位置传感器的工作原理　　　　　（b）节气门位置传感器输出电压

图 10-5　节气门位置传感器

以上对节气门的主要组成部分做了介绍，节气门阀体的非线性因素主要包括摩擦的非线性、复位弹簧的非线性及齿轮齿隙的非线性，所搭建模型中主要考虑摩擦的非线性和复位弹簧的非线性特性。节气门控制系统的工作原理可简单概括为：节气门电控单元将期望的节气门开度通过驱动电路将控制信号转化为 PWM 驱动电压，在驱动电机的电枢回路中产生相应的电流驱动电机转动，通过减速齿轮组将电机转矩放大之后传递到节气门阀片，带动阀片转动，阀片转动带动同轴的位置传感器滑片在电位器上滑动，产生相应位置电压信号，反馈到节气门控制单元，形成闭环反馈系统。

10.1.2　节气门模型推导

下面从节气门机电特性的角度入手，分别对驱动电机电气特性的数据模型及描述节气门执行机构扭矩的数学模型进行推导和参数辨识。

1. 直流电机模型推导

根据基尔霍夫定律，电机电枢回路方程如下：

$$R_a i_a + L_a \frac{\mathrm{d}i_a}{\mathrm{d}t} + v_b = E_a \tag{10-1}$$

$$v_b = k_b \dot{\theta}_m \tag{10-2}$$

$$i_a = \frac{T_m}{k_t} \tag{10-3}$$

式中，E_a 为电机输入电压；R_a 为电枢回路总电阻；i_a 为电枢回路电流；L_a 为电枢回路总电感；v_b 为电机反电动势；k_b 为电机反电动势常数；θ_m 为电机转角；T_m 为电机转矩；k_t 为电机扭矩常数。

因为 L_a 非常小，因此忽略电枢电流的动态性能，令 $L_a \frac{\mathrm{d}i_a}{\mathrm{d}t} = 0$，并将式（10-2）代入式（10-1）得

$$i_a = \frac{E_a}{R_a} - \frac{k_b}{R_a} \dot{\theta}_m \tag{10-4}$$

根据扭矩平衡原理，电机转角 θ_m 的动力学方程为

$$J_m \ddot{\theta}_m = -k_m \theta_m - T_L + T_m \tag{10-5}$$

式中，J_m 为电机的转动惯量；k_m 为电机阻尼系数；T_L 为负载扭矩。

考虑到 H 桥驱动部分的数学模型，可以得到

$$\overline{E}_a = V_{bat}u \qquad (10\text{-}6)$$

式中，$\overline{E}_a$ 为电机输入电压 E_a 在一个周期内的平均值；V_{bat} 为汽车蓄电池电压；u 为输入占空比。

根据式（10-2）～式（10-6）得到直流电机的数学模型如下：

$$J_m\ddot{\theta}_m = -\left(k_m + \frac{k_b k_t}{R_a}\right)\theta_m + \frac{k_t V_{bat}}{R_a}u \qquad (10\text{-}7)$$

2. 复位弹簧模型

复位弹簧的扭矩特性如图 10-6 所示。

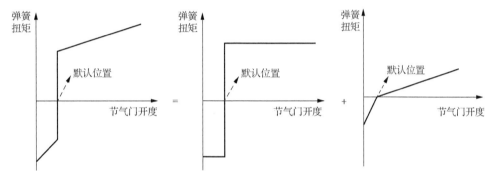

图 10-6　复位弹簧的扭矩特性

为了控制器设计方便，对模型进行简化，忽略两个复位弹簧预紧力矩的不对称性，得到复位弹簧力矩平衡方程为

$$T_s = k_{pre}\text{sgn}(\theta - \theta_0) + k_s(\theta)(\theta - \theta_0) \qquad (10\text{-}8)$$

$$\text{sgn}(x) = \begin{cases} 1, & x > 0 \\ 0, & x = 0 \\ -1, & x < 0 \end{cases} \qquad (10\text{-}9)$$

$$k_s(\theta) = \begin{cases} k_{sa}, & \theta \geqslant \theta_0 \\ k_{sb}, & \theta_0 > \theta \geqslant 0 \end{cases} \qquad (10\text{-}10)$$

式中，θ 为节气门转角；θ_0 为节气门静态开度；T_s 为弹簧输出扭矩；k_{pre} 为弹簧预紧力矩系数；k_{sa} 为 $\theta \geqslant \theta_0$ 时弹簧弹性系数；k_{sb} 为 $\theta < \theta_0$ 时弹簧弹性系数。

3. 减速齿轮组模型

在减速齿轮组扭矩平衡方程的推导过程中，忽略了齿轮齿隙的非线性影响，考虑减速齿轮组的理想传动比关系：

$$n = \frac{\theta_m}{\theta} = \frac{T_g}{T_L} \qquad (10\text{-}11)$$

式中，n 为减速齿轮组传动比；T_g 为齿轮传动比扭矩。

4. 节气门阀体模型

节气门阀片转动过程中需要克服摩擦扭矩及复位弹簧扭矩，同时忽略负载扭矩的影响，则节气门转角 θ 的动力学方程为

$$J_g\ddot{\theta} = T_g - T_s - T_{tf} \tag{10-12}$$

式中，J_g 为节气门阀片转动惯量；T_{tf} 为节气门阀片的摩擦扭矩。

进一步，将摩擦力分解为库仑摩擦力和滑动摩擦力，即 T_{tf} 分解如下：

$$T_{tf} = k_{tf}\mathrm{sgn}(\dot{\theta}) + k_f\dot{\theta} \tag{10-13}$$

式中，k_f 为库仑摩擦系数；k_{tf} 为滑动摩擦系数。

结合式（10-7）、式（10-8）、式（10-11）、式（10-12），可得节气门的动力学方程如下：

$$J\ddot{\theta} = -k_s(\theta - \theta_0) - k_{pre}\mathrm{sgn}(\theta - \theta_0) - A\dot{\theta} - k_f\mathrm{sgn}(\dot{\theta}) + Bu \tag{10-14}$$

式中，$A = n^2 k_m + k_f + \dfrac{nk_b k_t}{R_a}$；$B = \dfrac{nk_t}{R_a}$；$J = n^2 J_m + J_g$ 为折算到电机侧的系统总转动惯量。

忽略上式的非线性项，同时定义 $\tilde{\theta}_e = \theta - \theta_0$，则节气门动力学方程可以等效为如下的二阶线性系统：

$$J\ddot{\theta}_e = -k_s\theta_e - A\dot{\theta} + Bu \tag{10-15}$$

对上式两端求拉普拉斯变换，可以得到节气门系统的传递函数为

$$G_\theta(s) = \frac{B}{Js^2 + k_s s + A} \tag{10-16}$$

10.1.3 节气门系统中的 PID 控制

1. PID 控制基础

PID 控制是自动控制领域最为常用的控制算法之一，PID 控制器是利用设定的期望值与实际输出值之间构成的偏差，对被控制对象进行的闭环反馈调节。闭环控制系统由 PID 控制器和被控对象组成，其原理如图 10-7 所示，PID 控制器由比例环节、积分环节和微分环节构成，其中，$e(t)$ 表示期望值和实际值之间的偏差，是 PID 控制器的输入，PID 控制器的输出 $u(t)$，作用于系统。PID 控制器的形式为参考值和实际值之间的偏差即 $e(t) = r(t) - y(t)$。PID 控制器将控制偏差的比例、积分和微分通过先行组成构成控制量，对被控对象进行控制，其具体形式为

$$u(t) = K_p e(t) + K_i \int_0^t e(t)\mathrm{d}t + K_d \frac{\mathrm{d}e(t)}{\mathrm{d}t}$$

式中，K_p 为比例系数；K_i 为积分系数；K_d 为微分系数。

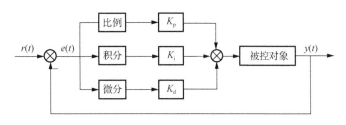

图 10-7 PID 控制原理图

PID 控制器中 K_p、K_i、K_d 这三个参数对系统的稳定性、响应速度、超调量和系统稳态误差等方面都起着不同的作用。

2. 节气门 PID 控制器试验验证

作为试验验证的例子，选用某款红旗轿车上的节气门，节气门 PID 控制系统的框图如图 10-8 所示，根据节气门的控制要求，选取 PID 控制器的控制参数为 $K_p = 0.7$，$K_i = 0.05$，$K_d = 0$，即采用 PI 控制器进行控制。

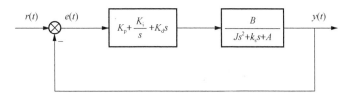

图 10-8 节气门 PID 控制结构图

节气门方波和正弦跟踪试验如图 10-9 和图 10-10 所示，其中实线表示期望值，虚线表示系统的实际输出值。从仿真曲线中可以看出，设计的 PI 控制器能够很好地跟踪期望值。

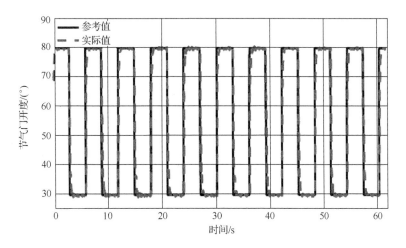

图 10-9 方波跟踪试验

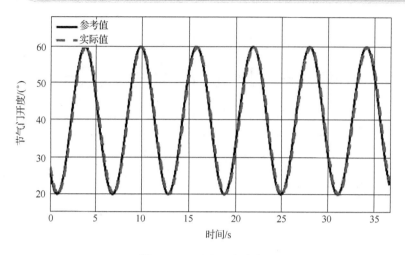

图 10-10 正弦跟踪试验

10.2 发动机怠速控制系统

怠速工况作为发动机的典型工况之一，怠速控制系统的性能对燃油经济性、排放、燃烧稳定性及舒适性产生重大的影响。在交通比较密集的大城市中，发动机的怠速油耗约占整个工况燃油消耗的 30%，怠速排放 CO 和 HC 占总排放量的 70% 左右。怠速控制是现代汽油、柴油发动机重要的反馈控制，它既涉及节能减排，也关系到发动机能否稳定地运行。下面主要就发动机怠速模型的建立及发动机怠速控制器的设计进行介绍。

10.2.1 发动机怠速模型的建立

发动机的怠速模型主要由气路模型和转速产生模型两部分组成。气路模型主要是描述由节气门开度到进气歧管压力动力学过程。转速模型主要是描述发动机生产扭矩并克服负载扭矩生成转速的动力学过程。

1. 发动机气路模型

发动机气路模型是对空气从外界大气到进入气缸整个过程的机理和数学描述，即建立进气通道内空气动力学的数学方程。对于普通汽油机，基于理想气体状态方程，忽略进气歧管内的温度变化，可得歧管压力计算公式为

$$\dot{P}_{\mathrm{m}} = \frac{RT_{\mathrm{m}}}{V_{\mathrm{m}}}\left(\dot{m}_{\mathrm{air}} - \dot{m}_{\mathrm{cyl}}\right) \tag{10-17}$$

式中，T_{m}、$\dot{P}_{\mathrm{m}}$、V_{m} 分别表示歧管内的温度、压强和体积；R 表示空气质量常数；$\dot{m}_{\mathrm{air}}$ 表示通过节气门的空气质量流量；$\dot{m}_{\mathrm{cyl}}$ 表示进入气缸的空气质量流量。

根据发动机平均值建模机理可知，通过节气门的空气质量流量依赖于节气门的开度 θ_{th}，通过节气门的空气压强 P_{atm} 和温度 T_{atm}，则通过节气门的空气质量流量 $\dot{m}_{\mathrm{air}}$ 可以写成如下表达式：

$$\dot{m}_{air} = C_d S(\theta_{th}) \frac{P_{atm}}{\sqrt{RT_{atm}}} f\left(\frac{P_m}{P_{atm}}\right) \tag{10-18}$$

式中，C_d 表示空气流量的补偿系数；$S(\theta_{th})$ 表示节气门阀体可供气体流动的面积。

在实际节气门阀体中都存在漏极面积，也就是节气门全关时气体流通面积大小比例，以 S_{leak} 表示，则节气门阀体可供气体流动的面积 $S(\theta_{th})$ 可表示如下：

$$S(\theta_{th}) = \frac{\pi}{4} d_{th}^2 \left[S_{leak} - \frac{1-S_{leak}}{2} \cos(2\theta_{th}) \right] \tag{10-19}$$

式中，d_{th} 表示节气门阀体的直径。

函数 $f\left(\frac{P_m}{P_{atm}}\right)$ 的形式如下：

$$f\left(\frac{P_m}{P_{atm}}\right) = \begin{cases} 1, & P_{atm} \leqslant \dfrac{P_m}{2} \\ 2\sqrt{P_{atm}P_m - P_{atm}^2}, & \dfrac{P_m}{2} < P_{atm} \leqslant P_m \\ -2\sqrt{P_{atm}^2 - P_{atm}P_m}, & P_m < P_{atm} \leqslant 2P_m \\ -1, & 2P_m < P_{atm} \end{cases} \tag{10-20}$$

函数 $f_1(P_r)$ 可以由如下经验公式描述：

$$f_1(P_r) = \begin{cases} \sqrt{\dfrac{P_r^{\frac{2}{k}} - P_r^{\frac{k+1}{k}}}{\left(\dfrac{2}{k+1}\right)^{\frac{2}{k-1}} - \left(\dfrac{2}{k+1}\right)^{\frac{k+1}{k-1}}}}, & P_r > \left(\dfrac{2}{k+1}\right)^{\frac{k}{k-1}} \\ 1, & P_r \leqslant \left(\dfrac{2}{k+1}\right)^{\frac{k}{k-1}} \end{cases} \tag{10-21}$$

式中，k 表示绝热系数；P_r 表示节气门前后的压强比，即 $P_r = \dfrac{P_m}{P_{atm}}$。

我们利用函数 $f_2(\theta_{th})$ 表示节气门空气质量流量特性系数，计算公式如下：

$$f_2(\theta_{th}) = \frac{\dot{m}_{air,max}}{2} \left[1 - \cos(2\theta) \right] \tag{10-22}$$

式中，$\dot{m}_{air,max}$ 表示通过节气门的空气质量的最大值。

函数 $f_3(T_{atm})$ 和 $f_4(P_{atm})$ 分别表示温度修正因子和压力修正因子，计算公式如下：

$$f_3(T_{atm}) = \sqrt{\frac{T_{atm}}{T_{ref}}} \tag{10-23a}$$

$$f_4(P_{atm}) = \frac{P_{atm}}{P_{ref}} \tag{10-23b}$$

将发动机当作有容积的泵，则根据典型的空气流量计算公式，可以得到进入气缸的空气质量流量模型为

$$\dot{m}_{\text{cyl}} = \frac{P_{\text{m}}}{RT_{\text{m}}} \eta_{\text{vol}} V_{\text{disp}} \frac{N}{120} \tag{10-24}$$

式中，N 为发动机转速；V_{disp} 为发动机总排量；η_{vol} 为容积效率，一般由 map 图表示。

2. 发动机转速模型

基于牛顿第二定律建立发动机转速方程为

$$\dot{N} = \frac{T_{\text{mean}} - T_{\text{l}}}{J} \cdot \frac{30}{\pi} \tag{10-25}$$

式中，T_{mean} 表示发动机平直制动扭矩；T_{l} 表示负载扭矩。

发动机平均制动扭矩为

$$T_{\text{mean}} = T_{\text{com}} - T_{\text{f}} - T_{\text{p}}$$

$$T_{\text{com}} = \frac{H_1 \dot{m}_{\text{f}} \eta_{\text{ind}} \cdot 9550}{N} = \frac{H_1 \dot{m}_{\text{cyl}} \eta_{\text{ind}} \cdot 9550}{\lambda N} \tag{10-26}$$

式中，λ 为空燃比，假定为 14.7；H_1 为空气燃烧低热值；$\dot{m}_{\text{cyl}}$ 表示进入气缸的空气量；$\eta_{\text{ind}} = f(N, \alpha)$ 表示发动机的指示效率，α 表示点火提前角，指示效率一般由下面的经验公式表示：

$$\eta_{\text{ind}} = h_1 + h_2 \alpha + h_3 N \tag{10-27}$$

式中，h_1、h_2、h_3 表示拟合参数，由发动机台架数据标定得到。

$T_{\text{f}}(N)$ 表示摩擦损失扭矩，由 map 图表示，T_{p} 为泵气损失扭矩，由下面的经验公式给出：

$$T_{\text{p}} = l_1 + l_2 (P_{\text{atm}} - P_{\text{m}}) \tag{10-28}$$

式中，l_1，l_2 为拟合参数，由发动机台架数据标定得到。

结合式（10-17）～式（10-28），可以得到发动机怠速控制的模型如下：

$$\dot{N} = -\frac{30}{J\pi}[T_{\text{f}}(N) + l_1 + l_2 P_{\text{atm}} + T_{\text{l}}] + \frac{30}{J\pi}\left[\frac{9550 H_1 V_{\text{disp}} \eta_{\text{vol}}(N) \eta_{\text{ind}}(N, u_1)}{120 \lambda R T_{\text{m}}} + l_2\right] P_{\text{m}}$$

$$\dot{P}_{\text{m}} = -\frac{V_{\text{disp}} \eta_{\text{vol}}}{120 R V_{\text{m}}} N P_{\text{m}} + \frac{RT_{\text{m}}}{V_{\text{m}}} C_{\text{d}} \frac{P_{\text{atm}}}{\sqrt{RT_{\text{atm}}}} f\left(\frac{P_{\text{m}}}{P_{\text{atm}}}\right) S(u_2) \tag{10-29}$$

式中，$u_1 = \alpha$，$u_2 = \theta_{\text{th}}$ 表示控制输入。

3. 面向控制的发动机怠速模型简化

通过上面的建模过程，我们了解了发动机怠速控制问题的输入输出关系，为控制器设计方便，针对如图 10-11 所示的模型结构，可以进一步将其简化为如图 10-12 所示的线性结构，这也是实际工程中设计控制器所广泛应用的模型结构。

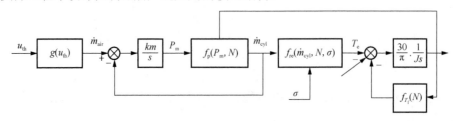

图 10-11　汽油发动机怠速非线性模型框图

非线性函数 $g(u_{th})$ 描述进入进气歧管空气量 $\dot{m}_{air}$ 和节气门开度 $u_{th} = \theta_{th}$ 的关系。平均进气歧管压力 P_m 的量值在进气歧管的各处都是一致的。发动机的进气效率 f_p 反映了进气歧管的空气量 $\dot{m}_{air}$ 与进入气缸空气量 $\dot{m}_{cyl}$ 之间的关系，是关于进气歧管压力 P_m 和发动机转速 N 的非线性函数。扭矩生成函数 f_{T_e} 与进气量 $\dot{m}_{cyl}$、发动机转速 N、点火正时 σ 以及空燃比 λ 有关，由于关系复杂，工程上通常用经验

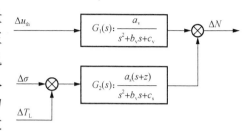

图 10-12　汽油发动机怠速简化线性模型框图

公式或试验标定近似得到；函数 f_{T_r} 表示发动机由于运动而产生的摩擦扭矩，和发动机转速 N 有关；发动机的旋转动态通过作用在曲轴上的扭矩和转动惯量 J 得到。

对于上述线性简化模型，其中节气门转角与发动机转速之间的关系可由一个二阶传递函数 $G_1(s)$ 表示，该二阶动力学是由两个一阶动力学（进气歧管压力动力学和发动机转速动力学）叠加产生的结果。类似地，点火提前角与发动机转速的关系可由二阶传递函数 $G_2(s)$ 表示，与 $G_1(s)$ 不同的是，$G_2(s)$ 多一个零点。根据模型的结构，我们可以清楚地看到，相比于控制量 Δu_{th}，控制量 $\Delta\sigma$ 与干扰 ΔT_L 的位置更邻近，并且干扰扭矩 T_L 在不考虑延迟的情况下与点火提前角 $\Delta\sigma$ 处在一个相同通路上。模型中的各个参数可用系统辨识的方法在真实发动机试验台架中得到，这里我们不做详细介绍，直接给出参数的数值：G_1 为 $a_v = 9.62$，$b_v = 2.4$，$c_v = 5.05$；G_2 为 $a_s = 15.9$，$z = 3$，$b_s = 2.4$，$c_s = 5.05$。下面我们将结合该模型，讨论和分析怠速控制，了解系统特点，从而明确控制量 Δu_{th} 和 $\Delta\sigma$ 在发动机怠速控制中所发挥的作用。

10.2.2　发动机怠速控制器设计

下面将在线性系统的框架下讨论和分析怠速控制器的设计方法。首先介绍工程上广泛应用的比例-积分（PI）控制器，分别分析基于节气门、基于点火提前角以及基于节气门和点火提前角的怠速控制器设计方法，并给出对比结果。

1. 基于节气门的怠速控制

怠速控制的执行机构中，节气门扮演着主执行机构的角色。它的作用是，当外界干扰介入时，通过改变节气门的开度来改变进气量，最终改变发动机的输出扭矩，补偿干扰扭矩，使发动机尽可能维持在目标转速附近。

为了方便分析，我们首先忽略系统延迟 δ_{IP}。根据图 10-12 所示的结构，干扰要通过二阶传递函数 $G_2(s)$，那么信号 ΔT_L 的最坏情况（worst case）就是呈阶跃式变化的形式，其幅值为 $|\Delta T_L|$。而接下来，就以信号 ΔT_L 为最坏（阶跃）的情况 $\Delta\tilde{T}_L$ 进行讨论。

1）比例控制

在只考虑节气门为控制量时，系统为单输入-单输出系统 $\Delta\theta_v - \Delta N$，控制框图如图 10-13 所示。

控制工程导论

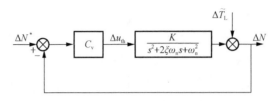

图 10-13 节气门控制系统框图

如果控制器 C_v 是比例（P）控制器，即 $C_v = K_p$，则系统灵敏度函数为

$$S(s) = \frac{1}{1 + C_v G_1(s)} = \frac{s^2 + 2\xi\omega_n s + \omega_n^2}{s^2 + 2\xi\omega_n s + \omega_n^2 + K_p K} \tag{10-30}$$

当外部干扰为 $\Delta\tilde{T}_L$（$\Delta\tilde{T}_L$ 为单位阶跃干扰信号）时，应用中值定理可得

$$\Delta N(\infty) = \lim_{s\to 0}\left[\Delta N(s)\right] = \lim_{s\to 0} s\left[S(s)\Delta\tilde{T}_L\right] = \lim_{s\to 0} s\left[S(s)\frac{1}{s}\right] = S(0) \tag{10-31}$$

$$S(0) = \frac{\omega_n^2}{\omega_n^2 + K_p K} < 1 \tag{10-32}$$

我们希望系统输出对干扰不灵敏，且系统稳态误差足够小，即为了让 $S(0)$ 足够小，应选取足够大的 K_p。但是 K_p 是否越大越好呢？为了说明这一问题，我们可以求得系统的闭环极点为

$$s_{1,2} = -\xi\omega_n \pm \mathrm{j}\sqrt{\left(\omega_n^2 + K_p K\right) - \left(\xi\omega_n\right)^2} \tag{10-33}$$

相应的根轨迹曲线如图 10-14（a）所示。可以看到，K_p 只会改变虚部的位置，随着 K_p 的增大，虚部距离实轴的位置增大。这也就意味着一味地增大控制增益 K_p 带来的结果是引起系统振荡，同时会放大测量噪声对控制系统的影响，导致执行机构饱和，对控制器的实际应用很不利。图 10-14（c）表示 $\Delta\tilde{T}_L$ 为单位阶跃干扰信号时 ΔN 的响应曲线。该图说明在有干扰的情况下，无论 K_p 如何选取，$\Delta N \neq 0$。因此，在有干扰的情况下，为了减少系统稳态误差，我们必须引入积分（I）控制。

2）比例-积分控制

定义比例-积分控制 $C_v(s) = K_p + \dfrac{K_i}{s}$，并定义 $\tau_c = \dfrac{K_p}{K_i}$。从极点配置的角度分析，引入积分控制后，相当于系统引入零点 $\left(-\dfrac{1}{\tau_c}, 0\right)$，这时的灵敏度函数将变成

$$S(s) = \frac{s\left(s^2 + 2\xi\omega_n s + \omega_n^2\right)}{s\left(s^2 + 2\xi\omega_n s + \omega_n^2\right) + K_i K\left(\tau_c s + 1\right)} \tag{10-34}$$

与式（10-31）类似，系统进入稳态时有

$$\Delta N(\infty) = \lim_{s\to 0} s\left[S(s)\frac{1}{s}\right] = S(0) = 0 \tag{10-35}$$

因此，引入积分控制可以消除系统稳态误差。图 10-14（b）、图 10-14（d）表示加入积分控制后的系统闭环根轨迹曲线及单位阶跃干扰响应曲线。由于积分控制引入了开环零点

$\left(-\dfrac{1}{\tau_{c}}, 0\right)$，零点的位置会影响系统的闭环响应。控制增益越大，零点距离复平面虚轴的距离逐渐变大，那么极点最终会穿过虚轴到达复平面的右半平面使闭环系统失稳。图 10-15（a）及图 10-15（b）给出了在临界状态下系统零极点位置以及单位干扰响应曲线，可以看到高增益使系统瞬态大幅振荡，导致执行器饱和。因此，通过对根轨迹的分析可以给出控制器参数选取的指导原则。

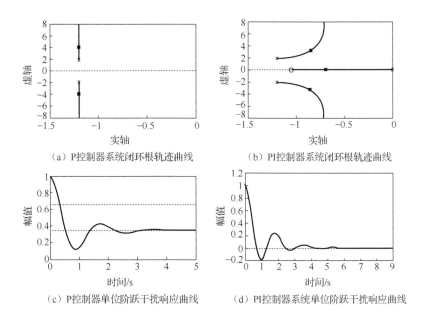

（a）P控制器系统闭环根轨迹曲线　　　（b）PI控制器系统闭环根轨迹曲线

（c）P控制器单位阶跃干扰响应曲线　　（d）PI控制器系统单位阶跃干扰响应曲线

图 10-14　系统根轨迹及单位阶跃干扰响应

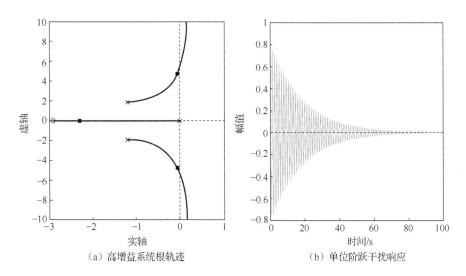

（a）高增益系统根轨迹　　　　　　　　（b）单位阶跃干扰响应

图 10-15　高增益系统根轨迹及单位阶跃干扰响应

控制工程导论 →→→

2. 基于点火提前角的怠速控制

在怠速控制中，点火提前角起到辅助调节的作用。相比于节气门调节，点火提前角调节的速度更快。当干扰负载突然变化时，通过点火提前角的调节，可使发动机转速更快地回到目标转速。与执行器为节气门的怠速控制相似，在控制量只考虑点火提前角的情况下，控制系统框图如图 10-16 所示。以 $\Delta\sigma$ 和 ΔN 为输入输出的系统含有两个开环极点和一个开环零点。在这里，如果只考虑点火提前角控制器为 P 控制形式，在有干扰的情况下，系统的灵敏度函数可以写成

$$\frac{\Delta N}{\Delta \tilde{T}_L} = S(s) = \frac{s^2 + 2\xi\omega_n s + \omega_n^2}{s^2 + \left(2\xi\omega_n + K_p K \tau_p\right)s + \left(\omega_n^2 + K_p K\right)} \qquad (10\text{-}36)$$

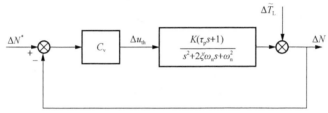

图 10-16　点火提前角控制系统框图

由于系统含有一个开环零点，位置为 $\left(-\dfrac{1}{\tau_p}, 0\right)$，据式（10-36）可以看出，在闭环系统中，如果改变控制器增益 K_p，阻尼比和自然频率都将随之受到影响。增大 K_p，则阻尼比和自然频率都会增大，在一定范围内，系统在加入干扰后的瞬态振荡会减小。这也就意味着，点火提前角的控制通道对外加干扰有更好的瞬态抑制作用。图 10-17 表示闭环系统的根轨迹曲线和单位阶跃干扰响应曲线。图 10-17（b）表明，相比于节气门开度为控制量的怠速控制，点火提前角 P 控制器虽然瞬态响应变好，但是同样不能消除干扰带来的系统稳态误差。

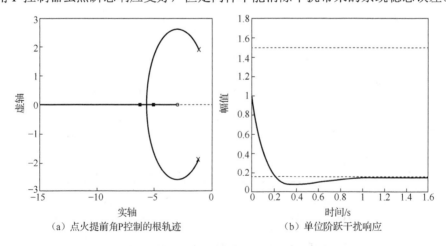

（a）点火提前角 P 控制的根轨迹　　　　（b）单位阶跃干扰响应

图 10-17　点火提前角 P 控制的根轨迹及单位阶跃干扰响应

然而，在工程上，通常对于点火提前角积分控制的使用非常谨慎，一般情况仅为比例控制下的瞬态调节。因为点火提前角直接影响燃烧正时，而燃烧正时又与燃油经济性密切相关，它们的稳态关系是事先标定好的，以此让燃油经济性最优。如果引入积分控制，点火提前角必然会偏离事先标定好的稳态值，如果偏离很大，最优的燃油经济性则无法得到保证。所以，为了同时得到较好的瞬态控制响应和稳态控制响应，只用一个执行器是不够的，节气门和点火提前角应该有机地结合起来。下面将介绍节气门与点火提前角联合的怠速控制。

　　怠速控制中的节气门和点火提前角具有主从（master-slave）的特点。在工程上，对于这种主从结构，最简单且易实现的控制器设计方案为依次通过闭环点火提前角控制回路和节气门控制回路来实现联合点火提前角和节气门的怠速控制。下面将介绍这种控制方案。

3. 基于节气门和点火提前角的怠速控制

　　首先还是忽略延迟对于系统的影响，节气门、点火提前角联合控制框图如图 10-18 所示。由于两个控制通路的存在，先闭环哪一个通路成为一个值得考虑的问题。从系统结构上来看，点火提前角所在的通路距离干扰最近，另外点火提前角调节属于快速调节，能够更快地抑制干扰对于发动机转速的影响，因此先闭环点火提前角通路是一个合适的选择。下面将据此设计怠速控制器。

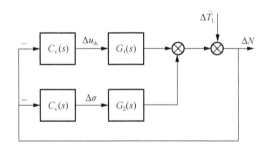

图 10-18　节气门、点火提前角联合控制框图

　　设计基于点火提前角的怠速控制器 $C_s(s)$，先闭环点火提前角通路，可以得到

$$\Delta N(s) = G_1(s)\Delta u_{\mathrm{th,v}} - C_s(s)G_2(s)\Delta N - \Delta \tilde{T}_{\mathrm{L}} \tag{10-37}$$

进一步可得

$$\Delta N(s) = \frac{G_1(s)}{1 + C_s(s)G_2(s)}\Delta u_{\mathrm{th,v}} - \frac{1}{1 + C_s(s)G_2(s)}\Delta \tilde{T}_{\mathrm{L}} \tag{10-38}$$

系统可以等效成

$$\Delta N(s) = \tilde{G}_1(s)\Delta u_{\mathrm{th,v}} - \tilde{G}_3 \Delta \tilde{T}_{\mathrm{L}} \tag{10-39}$$

式中，$\tilde{G}_1(s)$，$\tilde{G}_3$ 分别表示闭环点火提前角回路后 $\Delta u_{\mathrm{th,v}} \to \Delta N$，$\Delta \tilde{T}_{\mathrm{L}} \to \Delta N$ 的等效传递函数。按照设计基于节气门的怠速控制器的思路，同样可以为系统（10-39）设计反馈控制器 $C_v(s)$。显然，$C_v(s)$ 的设计依赖 $C_s(s)$。如果 $C_s(s)$ 为 PI 控制器，即 $C_v(s) = K_p + \dfrac{K_i}{s}$，则控制系统

的开环传递函数根轨迹如图 10-19（a）所示。在适当增益 K_p 和 K_i 下，干扰为单位阶跃时的响应见图 10-19（b）。

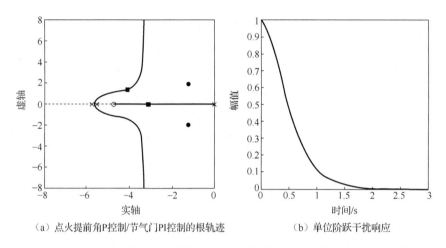

（a）点火提前角P控制/节气门PI控制的根轨迹　　　（b）单位阶跃干扰响应

图 10-19　点火提前角 P 控制/节气门 PI 控制的根轨迹及单位阶跃干扰响应

在理论上也可以先闭环节气门控制通路，然后再闭环点火提前角控制通路。由于思路是一致的，在这里不再详细介绍。下面通过三组不同情况的对比仿真说明控制器的有效性，具体参数的数值如下。

（1）控制器 1。仅节气门控制（PI）。节气门通路的控制器参数为 $C_{v0} = K_{p0} + \dfrac{K_{i0}}{s}$，其中 $K_{p0} = 0.42495$，$K_{i0} = \dfrac{1}{3}$。

（2）控制器 2。先点火提前角控制（P）通路后节气门控制（PI）通路：点火提前角通路的控制器参数为 $C_s = K_p$，其中 $K_p = 0.556$；节气门通路的控制器参数：$C_{v1} = K_{p1} + \dfrac{K_{i1}}{s}$，其中 $K_{p1} = 5.5314$，$K_{i1} = \dfrac{1}{4.97}$。

（3）控制器 3。先节气门控制（PI）通路后点火提前角控制（P）通路：节气门通路的控制器参数有变化，$C_{s2} = K_{p2}$，其中 $K_{p2} = 0.1388$。

将上述控制器分别应用到怠速控制中，得到仿真对比曲线如图 10-20 所示。仿真中，$\Delta \tilde{T}_L$ 为幅值 $10\,\mathrm{N \cdot m}$ 的阶跃信号。在同样的干扰下，只有节气门的控制方案调节得最慢，先闭环节气门再闭环点火提前角的方案虽然能稍快一些，而节气门控制已经起主导作用，点火提前角的作用并不明显。相比之下，先闭环点火提前角再闭环节气门的控制方案最佳。当在干扰刚介入时，点火提前角反应迅速，使转速很快地回到参考位置，当进入稳态时，点火提前角又重新回到原来的位置附近。

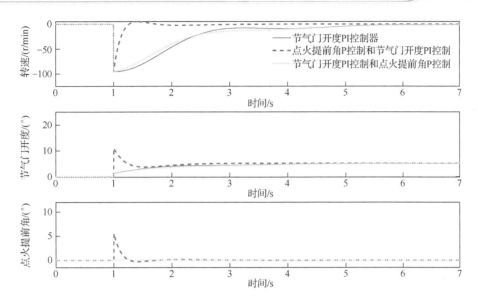

图 10-20 汽油发动机怠速控制对比曲线

小 结

　　汽车工业规模大、关联面广、技术密集，是一个国家制造业水平的显性缩影，自主创新能力对汽车产业的制约更具有代表性和典型性。为满足国家油耗法规及排放法规的一些硬性指标，一方面，可以通过提高电控技术来实现；另一方面，可以采用发动机新技术来实现，如可变气门正时、废气再循环、涡轮增压、缸内直喷等技术。这些新技术的性能完全依赖于电控技术的发展水平。因此，电控技术是降低油耗、减少排放的关键技术。汽车行驶的起停、加速、制动、匀速、驻车等方式，使得汽车必须在起动、怠速、加速、断油等多个工况下交替运行，传动系统的变速箱需要换挡实现力矩和转速之间的匹配。而且车辆性能，如动力性、燃油经济性、排放性、舒适性等往往存在冲突，控制系统的设计越来越复杂，传统的基于试验标定的电控设计方法已经无法满足越来越严格的控制要求，因此，控制技术对汽车性能的提升越来越重要，具有不可替代的作用。

参 考 文 献

胡寿松. 2019. 自动控制原理[M]. 7 版. 北京: 科学出版社.

胡云峰. 2012. 汽油发动机中若干非线性估计与控制问题研究[D]. 长春: 吉林大学.

胡云峰, 宫洵, 张琳, 等. 2022. 汽油发动机电控系统核心控制算法[M]. 北京: 机械工业出版社.

潘公宇, 陈龙, 江浩斌, 等. 2017. 汽车系统动力学基础及其控制技术[M]. 北京: 清华大学出版社.

阮毅, 杨影, 陈伯时. 2016. 电力拖动自动控制系统: 运动控制系统[M]. 5 版. 北京: 机械工业出版社.

万百五, 韩崇昭, 蔡远利. 2014 . 控制论[M]. 2 版. 北京: 清华大学出版社.

王兆安, 刘进军. 2009. 电力电子技术[M]. 5 版. 北京: 机械工业出版社.

吴麒, 王诗宓. 2006. 自动控制原理(上册)[M]. 2 版. 北京: 清华大学出版社.

吴麒, 王诗宓. 2015 . 自动控制原理(下册)[M]. 2 版. 北京: 清华大学出版社.

夏德钤, 翁贻方. 2012 . 自动控制理论[M]. 4 版. 北京: 机械工业出版社.

薛定宇. 2022 . 控制系统计算机辅助设计: MATLAB 语言与应用[M]. 4 版. 北京: 清华大学出版社.

张聚. 2018 . 基于 MATLAB 的控制系统仿真及应用[M]. 2 版. 北京: 电子工业出版社.

郑大钟. 2002 . 线性系统理论[M]. 2 版. 北京: 清华大学出版社.